Ihre Arbeitshilfen zum Download:

Die folgenden Arbeitshilfen stehen für Sie zum Download bereit:

Muster:
- Businessplan IT-Unternehmen
- Businessplan Handwerksbetrieb
- Business Model Canvas
- Protokolle für die Gründung einer Ein- und einer Mehrpersonengesellschaft

Excel-Tools:
- Rechentool für den Finanzplan
- Ergebnis aus dem Kano-Modell

Den Link sowie Ihren Zugangscode finden Sie am Buchende.

Mein Business Plan

Prof. Dr. Bernhard Plum

Mein Business Plan

Praxisleitfaden für startups — vom Handwerksbetrieb bis zum IT-Unternehmen

1. Auflage

Haufe Gruppe
Freiburg · München · Stuttgart

Bibliografische Information der Deutschen Nationalbibliothek

Die Deutsche Nationalbibliothek verzeichnet diese Publikation in der Deutschen Nationalbibliografie; detaillierte bibliografische Daten sind im Internet über http://dnb.dnb.de abrufbar.

Print: ISBN 978-3-648-09448-8 Bestell-Nr. 11424-0001
ePub: ISBN 978-3-648-09452-5 Bestell-Nr. 11424-0100
ePDF: ISBN 978-3-648-09453-2 Bestell-Nr. 11424-0150

Bernhard Plum
Mein Business Plan
1. Auflage 2017

www.haufe.de
info@haufe.de
Produktmanagement: Jasmin Jallad

Lektorat: Cornelia Rüping, München
Satz: kühn & weyh Software GmbH, Satz und Medien, Freiburg
Umschlag: RED GmbH, Krailling
Druck: Beltz Band Langensalza, Bad Langensalza

Inhaltsverzeichnis

Vorwort 11

1 **Entwicklung des Businessplans** 13
1.1 Selbsterkenntnis 13
1.1.1 Motive für die Existenzgründung 13
1.1.2 Auslöser der Gründungsaktivität 15
1.1.3 Unternehmerpersönlichkeit 16
1.2 Abwägung von Chancen und Risiken 21
1.2.1 Vor- und Nachteile einer selbstständigen Tätigkeit 21
1.2.2 Persönliche Risikoabwägung 22
1.2.3 Gründungsstrategie 28
1.3 Selbstständigkeit im Team 30
1.3.1 Vor- und Nachteile 30
1.3.2 Ideale Kombination 31
1.4 Entwicklung einer Geschäftsidee 31
1.4.1 Innovation 31
1.4.2 Generieren von Ideen 36
1.4.3 Bewertung von Ideen 51
1.5 Geschäftsmodell 52
1.5.1 Zielsetzung 52
1.5.2 Business-Model-Canvas 53

2 **Erstellung des Businessplans** 59
2.1 Allgemeine Hinweise 59
2.1.1 Sinn und Zweck 59
2.1.2 Adressaten 59
2.1.3 Grundregeln 64
2.2 Deckblatt und Verzeichnisse 69
2.2.1 Deckblatt 69
2.2.2 Inhaltsverzeichnis 70
2.2.3 Abbildungsverzeichnis 73
2.2.4 Tabellenverzeichnis 73
2.2.5 Abkürzungsverzeichnis 74
2.2.6 Literaturverzeichnis 75
2.3 Alles auf einen Blick 76

2.4 Geschäftsidee ... 77
2.4.1 Produktbeschreibung ... 78
2.4.2 Kundennutzen ... 85
2.4.3 Machbarkeit ... 96
2.5 Marktübersicht ... 99
2.5.1 Zielmarkt ... 101
2.5.2 Marktanalyse ... 102
2.5.3 Wettbewerbsanalyse ... 128
2.5.4 Zielmarktbestimmung ... 137
2.6 Marketing und Vertrieb ... 143
2.6.1 Marketingziele ... 144
2.6.2 Markteintrittsstrategie ... 146
2.6.3 Marketingmaßnahmen ... 164
2.7 Unternehmenskonzept ... 198
2.7.1 Gründerprofil ... 198
2.7.2 Geschäftsmodell ... 198
2.7.3 Organisation ... 200
2.7.4 Mitarbeiter ... 206
2.7.5 Standort ... 206
2.7.6 Rechtsform ... 208
2.8 Zeitplan ... 229
2.9 Chancen und Risiken ... 230
2.10 Finanzplan ... 233
2.10.1 Kapitalbedarfsplan ... 233
2.10.2 Liquiditätsplan ... 237
2.10.3 Plan-Jahresabschlüsse ... 238
2.10.4 Betriebswirtschaftliche Kennzahlen ... 244
2.10.5 Finanzierungsmöglichkeiten ... 250
2.11 Anhang ... 258

3 Präsentation des Businessplans ... 261
3.1 Bankgespräch ... 261
3.1.1 Auswahl der Hausbank ... 261
3.1.2 Vorbereitung ... 262
3.1.3 Termin ... 264
3.1.4 Nachbearbeitung ... 265
3.2 Elevator-Pitch ... 266
3.2.1 Attention ... 267
3.2.2 Interest ... 268
3.2.3 Desire ... 268
3.2.4 Action ... 269
3.2.5 Grundregeln ... 269

Abkürzungsverzeichnis 271

Literaturverzeichnis 273

Der Autor 277

Stichwortverzeichnis 279

Vorwort

Wenn Sie dieses Fachbuch in die Hand nehmen, tragen Sie sich offensichtlich mit dem Gedanken, eine Geschäftsidee in die Tat umzusetzen und sich selbstständig zu machen. Nicht jede gute Geschäftsidee führt aber automatisch zum Erfolg. Vielmehr muss jeder Unternehmer vor der Umsetzung seiner Idee in die Praxis Überlegungen anstellen, ob auch die Erfolgsfaktoren der Geschäftsidee erfüllt sind. Typische Fragestellungen sind insoweit:

- Worin liegt der Nutzen meines Angebots für den Kunden? Weshalb sollte er mein Produkt überhaupt kaufen?
- Ist meine Idee auch tatsächlich machbar? Stehen der Umsetzung technische oder rechtliche Hindernisse entgegen?
- Wie groß sind Marktvolumen und Marktpotenzial?
- Gibt es bereits Konkurrenz? Wie stark ist sie?
- Wie sind die Entscheidungszyklen im Markt?
- Welchen Preis kann ich für mein Produkt verlangen?
- Welche Rechtsform ist die beste für mich?
- Verfüge ich über genügend finanzielle Mittel, um zumindest die Startphase meines Unternehmens zu überstehen?

Ein Businessplan ist ein ausgefeilter Plan, der konkrete Antworten auf diese Fragen geben soll. Er enthält alle wichtigen Überlegungen dazu, wie eine Geschäftsidee in die Tat umgesetzt werden soll: vom Produkt, das man anbieten will, über das Marktumfeld, in dem man sich bewegen wird, und die Kunden, die man erreichen will, bis hin zur Geschäftsorganisation, die man hierfür aufbauen muss, und zum Kapitalbedarf, der durch die Finanzierung der Unternehmensgründung entsteht.

Erfolgsfaktoren für die Gründung

Der Businessplan sollte alle Faktoren berücksichtigen, die für den Erfolg der Gründung entscheidend sein können. Deshalb ist darin dezidiert darzustellen, was man plant und was zu tun ist, damit dieses Vorhaben gelingt.

Unterlage für das Gespräch bei der Bank

Nicht allein für das durchdachte und planmäßige Vorgehen der Gründer ist ein Businessplan wichtig. Er ist auch eine entscheidende Unterlage für das Bankgespräch, um einen Kredit zu beantragen. Ein schriftlicher und sorgfältig ausgearbeiteter Businessplan überzeugt den Finanzierungspartner von dem gemeinsamen Vorhaben. Dazu müssen sowohl die Chancen als auch die Risiken klar und deutlich aufgezeigt werden. Der Businessplan soll dem Kreditgeber die Gewissheit verschaffen, dass er das geliehene Geld zurückerhält.

Gewinnung von Kunden und Lieferanten

Außerdem verlangen zunehmend Kunden und Lieferanten einen Einblick in den Businessplan. Sie möchten sich von der langfristigen wirtschaftlichen Tragfähigkeit der Gründung überzeugen, bevor sie in ein Produkt investieren oder eine Lieferbeziehung eingehen.

Businessplan nach dem Unternehmensstart

Mit dem Unternehmensstart hat sich die Aufgabe eines Businessplans aber nicht etwa erschöpft. Vielmehr dient er dem Unternehmer nach der Gründung als Kompass, der die grobe Richtung für die weitere Unternehmensentwicklung vorgibt. Allerdings muss er immer wieder an neue Gegebenheiten angepasst werden, etwa wenn sich die Kundenwünsche ändern oder neue Konkurrenten mit einer ähnlichen Geschäftsidee auftauchen.

Einen aussagekräftigen Businessplan zu erstellen fällt in der Praxis vielen angehenden Gründern schwer. Zumeist verfügen sie zwar über das berufsnotwendige Know-how und sind von den Erfolgsaussichten ihrer Geschäftsidee überzeugt, aber sie unterschätzen häufig die Komplexität einer Existenzgründung.

Dieses Fachbuch soll nun Ihnen als Gründungswilligen helfen, einen aussagekräftigen Businessplan zu erstellen, der den Ansprüchen von Kapitalgebern, Investoren, Lieferanten und Kunden genügt. Auf Grundlage des aktuellen Stands in den Bereichen Entrepreneurship, Betriebswirtschaftslehre und Recht werden Ihnen Methoden und Vorlagen an die Hand gegeben, mit denen Sie alle relevanten Aspekte eines Businessplans abdecken können.

! **Wichtig**

Lassen Sie sich von den theoretischen Ausführungen nicht abschrecken! Ein professionell gestalteter Businessplan setzt nun einmal professionelles Denken voraus und beweist dem Leser, dass Sie über das notwendige betriebswirtschaftliche Know-how verfügen. Der Autor hat sich bemüht, die einschlägigen Modelle leicht verständlich darzustellen, sodass Sie diese einfach anwenden können.

1 Entwicklung des Businessplans

Einen Businessplan zu schreiben bedeutet viel Arbeit, für die Sie viel Zeit und Energie aufbringen müssen. Bevor Sie damit beginnen, sollten Sie daher im Vorfeld zahlreiche Überlegungen anstellen, um herauszufinden, was Sie genau wollen.

1.1 Selbsterkenntnis

»Erkenne dich selbst!« – »Gnothi seauton!«
Chilon von Sparta

Am Anfang steht die Selbsterkenntnis. Der Weg in die Selbstständigkeit ist nämlich stets schwierig und risikobehaftet. Bevor Sie diese weitreichende Entscheidung in Ihrem Leben treffen, sollten Sie daher vorab eingehend darüber nachdenken, welche Konsequenzen sich hieraus für Sie selbst und Ihr familiäres Umfeld ergeben. Zu den grundlegenden Fragen, die zu beantworten sind, gehören folgende:

- Warum will ich ein Unternehmen gründen?
- Warum will ich dies ausgerechnet jetzt tun?
- Was sind meine Stärken und Schwächen?
- Welche Chancen und Risiken ergeben sich für mich?
- Will ich die Gefahren alleine auf mich nehmen?

1.1.1 Motive für die Existenzgründung

Es gibt verschiedene Beweggründe, warum Personen die Gründung eines Unternehmens vorantreiben. In Untersuchungen haben Existenzgründer insbesondere folgende Motive angeben:[1]

- wirtschaftlicher Erfolg,
- Innovation,
- Unabhängigkeit,
- Anerkennung,
- Selbstverwirklichung,
- Rollenverhalten.

1 Vgl. Carter/Gartner/Shaver/Gatewood (2003).

Wirtschaftlicher Erfolg

Finanzielle Aspekte spielen die größte Rolle bei der Entscheidung für eine selbstständige Tätigkeit. Im Vordergrund steht hier der Wunsch nach einem überdurchschnittlichen Einkommen und dem Erwerb eines beträchtlichen Vermögens. Interessanterweise denken die Existenzgründer dabei überwiegend nicht nur an ihr eigenes Auskommen, sondern auch an den Aufbau eines Unternehmens, das sie ihren Kindern vererben wollen.

Innovation

Ein weiteres wichtiges Motiv stellt der Wunsch dar, etwas Neues zu erschaffen. Dies entspringt dem inneren Drang, eine Herausforderung zu meistern und/oder eine persönliche Vorstellung umzusetzen. Das erfolgreiche Beschreiten neuer Wege führt nicht nur zu einer Erweiterung des eigenen Horizonts, sondern regelmäßig ist hiermit auch eine starke Außenwirkung verbunden. So genießen Erfinder und Tüftler meist ein hohes Ansehen und übernehmen für andere Personen eine Vorbild- und Leitfunktion. Insofern ist ihr Einfluss innerhalb von Organisationen sehr groß.

Unabhängigkeit

Auch das Gefühl der Unabhängigkeit, das mit der Selbstständigkeit einhergeht, ist eine starke Triebfeder. So sind Selbstständige nicht an die Weisungen von Vorgesetzten gebunden und müssen keinen internen Wettbewerb mit Kollegen ausfechten. Dies verhindert nicht nur Frustration, sondern sorgt auch dafür, dass jede Tätigkeit, die man ausführt, und jede Entscheidung, die man trifft, die persönliche Entwicklung fördert.

Als sein eigener Herr kann man außerdem die Arbeits- und Urlaubszeiten weitgehend selbst bestimmen. Geht die Arbeitszeit über den Rahmen des bei einer Festanstellung Üblichen hinaus, kommt dies dem Unternehmer wenigstens selbst zugute.

Anerkennung

Der Wunsch nach sozialer Anerkennung ist ebenfalls von elementarer Bedeutung. Regelmäßig geht von einem hohen Einkommen und Vermögen ein erhebliches Prestige aus, dem sich Menschen nur sehr schwer entziehen können. Wer Erfolg hat, wird von den anderen – ob von Freunden, Familienangehörigen oder Fremden – respektiert und genießt einen höheren sozialen Status als andere.

Selbstverwirklichung

Nicht nur die mit einer erfolgreichen Selbstständigkeit verbundene Außenwirkung, sondern auch das Gefühl, im Leben etwas erreicht zu haben, verschafft den Unternehmern innere Genugtuung. Die eigenen Träume zu verwirklichen, sich den Herausforderungen zu stellen und schwierige Situationen zu überstehen sind wesentliche Bestandteile eines erfüllten Lebens.

Rollenverhalten
Eine nicht zu unterschätzende Rolle spielt bei einigen Gründern der Aspekt, eine bestimmte Rolle einzunehmen, von der sie glauben, dass sie von ihnen erwartet wird. So übernehmen viele Unternehmer das Geschäft ihrer Eltern und wollen damit eine Familientradition fortführen. Die Absicht, einem Idol nachzueifern oder sich seinem persönlichen Umfeld, zum Beispiel dem Freundeskreis, anzupassen, kann insoweit ebenfalls von Bedeutung sein.

1.1.2 Auslöser der Gründungsaktivität

Bei Betrachtung dieser Beweggründe für eine Existenzgründung wird erkennbar, dass sich die Ziele und Wünsche von Existenzgründern kaum von den Überlegungen derjenigen Personen unterscheiden, die sich gegen einen solchen Schritt entscheiden und ein Arbeitsverhältnis als Angestellter bevorzugen. Dies bedeutet, dass grundsätzlich jeder arbeitsfähige Mensch zumindest innerlich vor der Wahl steht, ein eigenes Unternehmen zu gründen. Neben den persönlichen Motiven ist somit der konkrete Auslöser, der einen Menschen dazu bewegt, ein eigenes Unternehmen zu gründen, bedeutsam. Grundsätzlich ist ein bestimmter Impuls nötig, der so stark ist, dass er eine Person dazu bewegt, ihre Komfortzone zu verlassen und ihre Lebenssituation zu verändern (sogenannte Deplatzierung), dass er seine wirtschaftliche Lebensgrundlage selbst in die Hand nimmt und auch das damit verbundene Risiko trägt.

Unternehmensgründungen sind regelmäßig kein spontanes Ereignis zu einem zufälligen Zeitpunkt, sondern das Ergebnis situativer und kultureller Faktoren. Solche deplatzierenden Ereignisse (*entrepreneurial events*) können aufgrund der Änderung äußerer oder innerer Lebensumstände entstehen und eine Unternehmensgründung initiieren, wenn eine positive Bewertung der Selbstständigkeit und ihrer Machbarkeit sowie eine persönliche hohe Handlungsbereitschaft hinzukommen.[2]

2 Vgl. Shapero/Sokol (1982).

Änderungen der äußeren Lebensumstände

Änderungen der äußeren Lebensumstände können sich insbesondere im bisherigen Berufsumfeld, aber auch aus allgemeinen Umbrüchen ergeben und positiver oder negativer Art sein, zum Beispiel:

- Berufsumfeld:
  - Angebote von Kunden, Partnern oder Investoren,
  - Verlust des Arbeitsplatzes,
  - Übergehen bei Beförderungen,
  - ungenügende Förderung,
  - Streit mit Vorgesetzten.
- Allgemeine Umbrüche:
  - Umzug in eine neue Stadt,
  - Flucht,
  - Erbschaft,
  - Lottogewinn.

Änderungen der inneren Lebensumstände

Änderungen der inneren Lebensumstände können sich durch zwei Anlässe ergeben, zum Beispiel:

- Biografische Zwischenstationen:
  - Abschluss einer Ausbildung,
  - Scheidung,
  - Auszug der Kinder.
- Änderung der Lebenseinstellung:
  - Langeweile,
  - traumatische Erlebnisse.

1.1.3 Unternehmerpersönlichkeit

Haben Sie sich Klarheit über Ihre wahren Motive und die konkreten Auslöser, die Sie veranlassen, den Schritt in die Selbstständigkeit zu wagen, sollten Sie sich vergewissern, ob Sie auch über die notwendigen Charaktereigenschaften verfügen, um ein Unternehmen zu führen. So liegt es auf der Hand, dass beispielsweise ein Lottogewinn oder die Kündigung Ihres bisherigen Arbeitsverhältnisses Sie noch nicht zu einem erfolgreichen Unternehmer macht. Vielmehr sollten Sie idealerweise weitere Eigenschaften aufweisen, die einem erfolgreichen Unternehmer zugeschrieben werden.

!

Hinweis

Von zentraler Bedeutung ist in diesem Zusammenhang der Begriff »Entrepreneur« (abgeleitet aus einer Verbindung der französischen Wörter »prendre« (= »nehmen«) und »entre« (= »unter«)). Das heutige Verständnis von einem Entrepreneur wurde maßgeblich vom österreichisch-amerikanischen Ökonomen Joseph Alois Schumpeter in seinem Werk »Theorie der wirtschaftlichen Entwicklung« geprägt. Er formulierte darin, dass ein Entrepreneur aufgrund seiner Schöpfungskraft und Schöpfungslust bereit und fähig ist, neue Ideen und Erfindungen in erfolgreiche Innovationen umzusetzen. Er selbst ist es, der somit die Ursache von Veränderungen setzt (sogenannte schöpferische Zerstörung).[3]
In betriebswirtschaftlicher Hinsicht wurde der Begriff erstmals von dem Iren Richard Cantillon verwendet. Er bezeichnete damit eine Person, die ein Geschäft auf eigene Rechnung betreibt und damit ein Gewinn-und-Verlust-Risiko trägt.

Zahlreiche empirische Studien[4] zeigen, dass sich ein erfolgreicher Existenzgründer (Entrepreneur) durch eine Reihe von Charakteristika von einem abhängig Beschäftigten unterscheidet. So sind Selbstständige dynamischer, durchsetzungsfähiger, entschlossener, unabhängiger, verantwortungs- und risikofreudiger als abhängig Beschäftigte. Sie sind Praktiker, stecken voller Pläne und haben zugleich einen Spürsinn für Kommendes. Im Einzelnen lassen sich insbesondere die folgenden Eigenschaften nennen.

Leistungsmotiv

Bei einem Entrepreneur ist der Wille besonders ausgeprägt, Leistung zu erbringen und sich mit beruflichen Aufgaben auseinanderzusetzen, die sowohl herausfordernd als auch realisierbar sind. Er hat das starke Bedürfnis, etwas zu leisten, aber auch ein ausgeprägtes Streben nach Macht und Prestige.[5]

Machbarkeitsüberzeugung

Des Weiteren ist der Entrepreneur oft davon überzeugt, dass der Prozess der Gründung sowie der Erfolg weniger von äußeren Umständen bestimmt wird, sondern vielmehr von ihm selbst abhängt. Er glaubt daran, für sein eigenes Schicksal und die Ergebnisse seines Handelns selbst verantwortlich zu sein und dies aktiv beeinflussen zu können.

3 Vgl. Schumpeter (1911)
4 Vgl. Jacobsen (2003).
5 Vgl. McCelland (1987).

Unabhängigkeitsstreben

Der Wunsch, sein eigener Herr zu sein, ist ein weiteres Charakteristikum, das einen Entrepreneur ausmacht. Er drängt danach, sich von Autoritäten unabhängig zu machen und sich selbst zu verwirklichen.

Risikofreude

Entrepreneure sind bereit, auch erhöhte Risiken in Kauf zu nehmen, die insbesondere dadurch entstehen, dass sie Investitionen tätigen, ohne den daraus entstehenden Gewinn genau zu kennen. Anders als risikoscheue Menschen tolerieren sie die Ungewissheit des Ausgangs, wenn die Gefahr eines Verlusts weniger wahrscheinlich ist, als einen größeren Gewinn zu erhalten.

Durchhaltevermögen

Entrepreneure müssen über eine starke psychische Widerstandsfähigkeit und eine hohe Stressresistenz verfügen. So sind gerade in der Gründungsphase frustrierende Erlebnisse häufig unvermeidlich. Um sich hiervon nicht entmutigen zu lassen und trotz der widrigen Umstände weiterzumachen, ist ein starkes Durchhaltevermögen erforderlich.

Soziale Kompetenz

Ein Unternehmen ist keine Insel, sondern unterhält intensive Beziehungen zu zahlreichen Personen, zum Beispiel zu Kunden, Lieferanten, Mitarbeitern, Beratern, Banken, Investoren oder Behörden. Ein Unternehmer muss in der Lage sein, zu all diesen Personen gute Kontakte aufzubauen und zu pflegen. Um erfolgreich zu sein, muss ein Entrepreneur deshalb über ausgeprägte soziale Fähigkeiten (Soft Skills) und ein hohes Maß an Empathie verfügen, die alle möglichen Bereiche des beruflichen Lebens beeinflussen.

Wachstumsorientierung

Weiterhin kennzeichnet die Neigung zum Wachstum einen Entrepreneur. Der Wille zu wachsen schlägt sich vor allem im Entscheidungsverhalten und in der strategischen Orientierung des Entrepreneurs nieder, zum Beispiel in der Auswahl der Investitionen oder der Auswahl seiner Mitarbeiter.

Entschlussfreudigkeit

Entschlussfreudigkeit ist ebenso ein typisches Persönlichkeitsmerkmal des Entrepreneurs. Gemeint ist hiermit die Fähigkeit, die richtige Gelegenheit zum richtigen Zeitpunkt zu erkennen – und sie dann tatsächlich zu ergreifen.

Flexibilität

Schließlich ist die Fähigkeit, sich flexibel an ständig ändernde Rahmenbedingungen anzupassen, ein Merkmal von Entrepreneuren. Flexibilität umfasst dabei auch die Fähigkeit, ein Produkt ohne ein ursprünglich genau festgelegtes Konzept so lange zu verändern, bis es von den Kunden akzeptiert wird.

Problemorientierung
Zudem ist die klare Fokussierung des Entrepreneurs auf die primären Einflussfaktoren eines Projekts ein notweniger Wesenszug, um sowohl analytisch als auch intuitiv mit Nicht-Routineaufgaben umgehen zu können.

!

Test: Haben Sie Unternehmergeist?

Um herauszufinden, ob Sie die notwendigen Eigenschaften eines Unternehmers mitbringen, ist es hilfreich, sich selbst einem kleinen Test zu unterziehen. Insofern ist die nachstehende Checkliste, die das Bundesministerium für Wirtschaft und Technologie (BMWi) in Zusammenarbeit mit Prof. Dr. Günter F. Müller von der Universität Koblenz-Landau entwickelt hat, ein nützliches Werkzeug. Bitte geben Sie im Folgenden an, was auf Sie eher zutrifft und was nicht. Seien Sie dabei ehrlich zu sich selbst! Es macht keinen Sinn, sich selbst etwas vorzumachen.
Für ein »Eher ja« gibt es einen Punkt, für ein »Eher nein« null Punkte. Addieren Sie am Schluss Ihre Punktzahl und lesen Sie anschließend die Auswertung.

	Eher ja	Eher nein
Antriebsstärke		
Sind Sie begeisterungsfähig?		
Sind Sie entscheidungsfreudig?		
Nehmen Sie Herausforderungen gern an?		
Sind Sie hartnäckig, wenn es um Ihre Sache geht?		
Unabhängigkeit		
Sind Sie jemand, der gern die Initiative ergreift?		
Geht es Ihnen eher gegen den Strich, wenn Ihnen jemand sagt, was Sie zu tun haben?		
Genießen Sie es, selbst entscheiden zu dürfen?		
Haben Sie eigene Ziele, die Sie erreichen wollen?		
Risikobereitschaft		
Sind Sie ein optimistischer Mensch?		
Sind Sie bereit, Risiken einzugehen, wenn Sie etwas erreichen wollen?		
Kommen Sie gut über Frustrationen hinweg?		
Hätten Sie als Unternehmer/-in Angst davor zu scheitern?		

	Eher ja	Eher nein
Wären Sie bereit, als Selbstständige/-r auf ein sicheres festes Einkommen zu verzichten?		
Kreativität		
Fällt es Ihnen leicht, neue Ideen zu entwickeln?		
Denken Sie: Es gibt für jedes Problem eine Lösung?		
Finden Sie Routine auf Dauer langweilig?		
Kontakt		
Fällt es Ihnen leicht, mit fremden Menschen ins Gespräch zu kommen?		
Können Sie sich gut gegen andere durchsetzen?		
Übernehmen Sie gern Verantwortung?		
Können Sie sich gut auf andere Menschen einstellen?		
Können Sie andere begeistern?		
Leistung		
Sind Sie ehrgeizig?		
Sind Sie ein/-e disziplinierter Arbeiter/-in?		
Kommen Sie mit Stresssituationen gut zurecht?		
Wären Sie bereit, als Selbstständige/-r 60 Stunden und mehr in der Woche zu arbeiten?		
Summe		

Auswertung
Null bis zehn Punkte: Sie sind wahrscheinlich nicht die geborene Unternehmerin oder der geborene Unternehmer. Wahrscheinlich würden Sie als Angestellter glücklicher.
Elf bis 20 Punkte: Das Ergebnis fällt für Sie nicht eindeutig aus. Die geborene Unternehmerin oder der geborene Unternehmer sind Sie wahrscheinlich nicht. Aber Sie zeigen schon eine ganze Reihe von Eigenschaften, die man als Unternehmer gut gebrauchen kann.
21 bis 25 Punkte: Sie scheinen viel von einer Unternehmerperson zu haben. Wenn Sie mit dem Gedanken spielen, sich tatsächlich selbstständig zu machen, sollten Sie sich trotzdem gut über den Weg dorthin informieren.

1.2 Abwägung von Chancen und Risiken

Schließlich sollten Sie sämtliche Chancen und Risiken Ihrer geplanten Unternehmensgründung unter Berücksichtigung der persönlichen Lebensumstände gegeneinander abwägen.

1.2.1 Vor- und Nachteile einer selbstständigen Tätigkeit

Zunächst sind die Vor- und Nachteile einer selbstständigen Tätigkeit gegenüber einem Arbeitsverhältnis zu betrachten. Die typischen Vorteile eines Arbeitsverhältnisses liegen auf der Hand:

- regelmäßiges Einkommen,
- regelmäßige Arbeitszeiten und bezahlter Urlaub,
- soziale Absicherung, insbesondere durch die gesetzlichen Kranken-, Pflege-, Renten-, Arbeitslosen- und Unfallversicherungen,
- Kündigungsschutz,
- Elternzeit/Mutterschutz,
- Karrierechancen,
- kollegiales Umfeld,
- klare Arbeitsvorgaben mit angemessener Einarbeitungszeit.

Demgegenüber scheint die Gründung eines eigenen Unternehmens zunächst überwiegend nur Nachteile zu haben:

- keine Erfolgsgarantie; im schlimmsten Fall droht nicht nur der Verlust des eingesetzten Eigenkapitals, sondern auch eine Verschuldung, die in nächster Zeit nicht abgebaut werden kann,
- keine Ansprüche auf gesetzliche Sozialleistungen wie Kranken-, Arbeitslosen- und Rentenversicherung, Unfallversicherung, Elternzeit /Mutterschutz,
- keine Ansprechpartner, um sich austauschen zu können oder die einem mit ihren Erfahrungen weiterhelfen können.

Wer etwas genauer hinschaut, sieht bei den beiden Modellen die jeweils andere Seite der Medaille. So können sich bei einer Festanstellung folgende Nachteile ergeben:

- Das Einkommen reicht gerade so zum Leben; Reichtümer lassen sich jedenfalls nicht erzielen.
- Die Arbeitszeiten stehen nur auf dem Papier. Nach den ungeschriebenen Gesetzen des Unternehmens – oder auch aufgrund eines selbst gesetzten Leistungsdrucks – geht die tatsächliche Arbeitszeit wesentlich über das Vereinbarte hinaus.

- Kollegen können sich als harte Konkurrenten um betriebsinterne Posten entpuppen, was nicht nur zu mehr Wettbewerb, sondern auch zu einem schlechten Betriebsklima führt.
- Nach dem deutschen Arbeitsrecht greift ein wirksamer Schutz vor Kündigungen aus betriebsbedingten Gründen häufig erst bei längerer Betriebszugehörigkeit.
- Die Inanspruchnahme sozialer Vergünstigungen wie Elternzeit kann die Aufstiegsmöglichkeiten mindern.
- Die Vorgesetzten sind nicht bereit oder in der Lage, den Neuankömmling ordentlich in seinen Tätigkeitsbereich einzuarbeiten, sodass dieser eine lange und schwierige Anlaufphase durchleben muss, in der Fehler und Frustration auftreten können.

Die eigene Existenzgründung kann dagegen folgende Vorteile bieten:
- Der wirtschaftliche Erfolg kann zu einem Vielfachen des Einkommens führen, das im Rahmen einer Festanstellung möglich wäre.
- Es besteht keine Bindung an die Weisungen von Vorgesetzten, auch muss man keinen internen Wettbewerb mit Kollegen ausfechten. Dies verhindert nicht nur Frustration, sondern jede Tätigkeit, die der Selbstständige ausführt, und jede Entscheidung, die er trifft, fördert die persönliche Entwicklung.
- Wer sein eigener Herr ist, kann die Arbeits- und Urlaubszeiten weitgehend selbst bestimmen. Wer mehr arbeitet, als im Rahmen einer Festanstellung üblich, dem kommt dies wenigstens selbst zugute.

1.2.2 Persönliche Risikoabwägung

Wenn Sie nun vor der Entscheidung stehen, sich selbstständig zu machen oder eine Anstellung zu suchen, ist die sogenannte SWOT-Analyse ein hilfreiches Mittel, um sich das Für und Wider vor Augen zu führen. Mit der SWOT-Analyse können Sie Ihre persönlichen Stärken (*strengths*) und Schwächen (*weaknesses*) sowie die sich Ihnen eröffnenden Möglichkeiten (*opportunities*) und Gefahren (*threats*) untersuchen. Das Ziel ist, auf Basis der internen Stärken-Schwäche-Analyse und einer externen Chancen-Risiken-Analyse mögliche Quellen für Wettbewerbsvorteile sowie für internen Handlungsbedarf zu identifizieren. Die SWOT-Matrix zeigt zudem ausbaufähige Chancen auf, konkretisiert die Gefährdungen, gegen die Sie sich absichern sollten, und weist auf Schwächen hin, die Sie aufholen sollten. Schließlich deckt sie auch diejenigen Risiken auf, die es doppelt zu meiden gilt, da gerade in ihnen die internen Schwächen der Unternehmung mit den externen Risiken des Umfelds zu einer doppelt gefährlichen Deckung kommen.[6]

Im Rahmen einer solchen Analyse sollten Sie als angehender Existenzgründer sich selbst zumindest die folgenden Fragen ehrlich beantworten können.

1.2.2.1 Stärken

Was ist meine Motivation?
Nur wer sich über das Ziel, das er mit der Existenzgründung verfolgen will, vollkommen im Klaren ist, kann den schwierigen Weg dorthin gehen. Wie in Kapitel 1.1 dargestellt, ist der wirtschaftliche Erfolg der wichtigste Grund für die Entscheidung zur Selbstständigkeit, aber zwangsläufig nicht der einzige. So spielen neben dem Streben nach Reichtum häufig soziale Aspekte wie Selbstverwirklichung, gesellschaftliche Anerkennung und Unabhängigkeit eine wichtige Rolle.

Achtung !

Wer nur dem Geld hinterherläuft, läuft schnell Gefahr, sich allein von finanziellen Faktoren leiten zu lassen. Zwar ist Gier eine starke Triebfeder, aber sie lässt einen schnell alle Skrupel vergessen. Wer jedoch grundlegende gesetzliche oder ethische Regeln missachtet, muss damit rechnen, dass sein Verhalten entsprechende Konsequenzen nach sich zieht, zum Beispiel Strafen oder soziale Ächtung, was den bis dahin erzielten Erfolg wieder gefährdet!

Über welches spezielle Know-how verfüge ich?
Sie sollten typischerweise über ein spezielles Know-how verfügen, durch das Sie sich gegenüber Ihren Mitbewerbern abheben können. Nur so werden Sie letztlich potenzielle Kunden dazu bewegen, ihr bisheriges Verhalten zu ändern und zu Ihrem neuen Unternehmen zu wechseln. Das liegt beispielsweise nahe, wenn Sie eine Erfindung gemacht und vielleicht sogar ein Patent darauf erworben haben oder sich auf einem neuen Markt bewegen, in dem noch nicht alle Segmente belegt sind, zum Beispiel derzeit bei der Entwicklung von Applikationen für Smartphones.

Weniger klar ist die Situation, wenn die Neugründung auf einem bereits bestehenden Markt erfolgt. Als Neuling in einer Branche haben Sie häufig nur

6 Vgl. Gabler Wirtschaftslexikon, Stichwort »SWOT-Analyse«.

eine beschränkte Kenntnis des Marktes und Ihnen fehlen die Erfahrungen der bereits etablierten Unternehmen. Allerdings sind Sie auch noch nicht durch eingefahrene Prozesse, Investitionen in mittlerweile veraltete Technologien oder einen trägen Mitarbeiterstamm bestimmt. Die hieraus resultierende Flexibilität kann Ihnen das notwendige spezielle Know-how sichern, um den Markt zu erobern, sei es durch den Einsatz neuer Technologien, die Kreation neuer Dienstleistungen oder die Einführung kostensparender Prozesse.

Verfüge ich über das notwendige Durchsetzungsvermögen?
Die Gründung eines Unternehmens und dessen Etablierung am Markt ist immer ein schwieriges Unterfangen, das vom Gründer außerordentlich viel Energie und Leistungsfähigkeit verlangt. Nur wer in der Lage ist, über mehrere Jahre hinweg Niederlagen einzustecken und Widrigkeiten zu meistern, hat die Chance, am Ende auch den ersehnten Erfolg zu erringen.

Besitze ich genügend soziale Kompetenz?
Neben der persönlichen Stärke ist ein hohes Maß an sozialer Kompetenz erforderlich. Idealerweise sollten Sie daher ein extrovertiertes Wesen haben, leicht auf Menschen zugehen können und über ein gewisses Maß an Einfühlungsvermögen verfügen.

Reichen meine finanziellen Mittel aus?
Auch wenn die notwendigen Eigenschaften des Existenzgründers vorhanden sind, muss sichergestellt sein, dass Sie ebenso über die erforderlichen Finanzmittel verfügen, um die Gründungsphase zu überstehen. So vergehen vom Zeitpunkt der Unternehmensgründung über die Generierung des ersten Umsatzes bis zum Erreichen der Gewinnzone regelmäßig mehrere Monate (manchmal sogar ein bis zwei Jahre). Diesen Zeitraum müssen Sie zumeist mit eigenen Mitteln finanzieren, und zwar nicht nur die anfänglichen Investitionen, sondern auch Ihren persönlichen Lebensbedarf. Anderenfalls droht die Insolvenz.

Habe ich genügend familiäre Unterstützung?
Die Bedeutung des familiären Hintergrunds sollte keinesfalls unterschätzt werden. Die starke finanzielle und psychische Belastung in der Startphase trifft nicht nur Sie als Existenzgründer, sondern regelmäßig auch Ihren Lebenspartner und andere Angehörige, zum Beispiel Kinder oder Eltern. Diese Menschen sollten ebenfalls zu einem gewissen Grad belastbar sein. Hinzu kommt, dass selbst bei dem stärksten Gründer irgendwann Zweifel aufkommen können und ihn ans Aufgeben denken lassen. In dieser Situation ist es wichtig, dass er neue Kraft durch seine Familie schöpfen kann und darin Halt findet.

1.2.2.2 Schwächen

Welche notwendigen Kenntnisse oder Eigenschaften fehlen mir?
Für eine erfolgreiche Existenzgründung genügt es nicht, bloß eine gute Geschäftsidee zu haben. Zusätzlich müssen Sie über das notwendige Know-how, Durchsetzungskraft und soziale Kompetenz verfügen. Die meisten Menschen sind aber nur in einigen Disziplinen stark, während sie in anderen lediglich rudimentäre Kenntnisse besitzen. Bewegt man sich in Stereotypen, ist beispielsweise ein »Nerd« eine introvertierte Person mit hervorragenden technischen Fähigkeiten, die aber eher in sozialer Isolation lebt. Demgegenüber ist ein »Jock« eine extrovertierte Person, die gesellschaftlich aktiv, aber intellektuell leicht überfordert ist.

Letztlich müssen Sie selbst einschätzen, welche Kenntnisse oder Eigenschaften bei Ihnen unterentwickelt sind. Sie sollten es sich eingestehen, wenn Sie beispielsweise nicht über das notwendige Know-how im technischen, kaufmännischen oder rechtlichen Bereich verfügen oder nicht auf fremde Menschen zugehen und sie von Ihrem Produkt überzeugen können.

Fehlen mir finanzielle Mittel?
Wie dargelegt, müssen Sie über genügend finanzielle Mittel verfügen, um wenigstens die Gründungsphase zu überstehen. Ist dies nicht der Fall, stellt die fehlende Finanzkraft definitiv eine Schwäche dar.

Ist meine familiäre Situation schwierig?
Ebenso kann eine angespannte familiäre Situation eine Schwäche sein. Dies gilt insbesondere, wenn Unterhaltspflichten gegenüber Angehörigen bestehen, zum Beispiel gegenüber Lebenspartnern und/oder Kindern, weil in diesem Fall der Zwang zum Erfolg übermächtig wird. Als ähnlich schwierig kann sich die Situation erweisen, wenn der Lebenspartner Ihre Vision nicht teilt oder eine risikoärmere Lebensplanung bevorzugt. Treten dann später im Unternehmen Schwierigkeiten auf, kann es passieren, dass Sie sich Vorwürfen ausgesetzt sehen, was wiederum Ihr Selbstvertrauen und Ihre Widerstandsfähigkeit schwächt.

Habe ich Sprachschwierigkeiten?
Eine häufig unterschätzte Schwäche sind Sprachschwierigkeiten. Damit sind nicht nur fehlende oder geringe Fremdsprachenkenntnisse, sondern insbesondere auch orthografische Schwächen gemeint. Während im allgemeinen Geschäftsverkehr für mangelndes Fremdsprachenwissen meist Verständnis aufgebracht wird, führt eine fehlerhafte Rechtschreibung häufig zu einem Vertrauensverlust, der nicht unbedingt offen kommuniziert wird. Erhält bei-

spielsweise ein potenzieller Kunde ein schriftliches Angebot, das voller Rechtschreibfehler ist, wird er es allein aus diesem Grund nicht ernsthaft in Betracht ziehen. Dahinter steht der unwillkürlich aufkommende Gedanke, dass die spätere Leistung nicht überzeugen wird, wenn schon das Angebot fehlerhaft ist.

1.2.2.3 Chancen

Habe ich eine innovative Geschäftsidee und lässt sie sich umsetzen?
Grundlage für die erfolgreiche Etablierung eines Start-ups kann eine innovative Geschäftsidee sein, vor allem dann, wenn zusätzlich bestimmte Voraussetzungen erfüllt sind. In technischer Hinsicht müssen insbesondere sowohl Maschinen und Material als auch Fläche bzw. Räume verfügbar sein. Zudem muss die notwendige Infrastruktur wie Kommunikationseinrichtungen, Transportmöglichkeiten und Energie vorhanden sein. In personeller Hinsicht muss geeignetes Personal in ausreichender Menge und mit den erforderlichen Fähigkeiten (Skills) zur Verfügung stehen. Darüber hinaus darf die Umsetzbarkeit der Idee nicht an rechtlichen Hindernissen scheitern, zum Beispiel an entgegenstehenden gewerblichen Schutzrechten Dritter wie Patente oder Gebrauchsmuster oder an Handelsbeschränkungen wie behördliche Genehmigungen oder Ausfuhrbeschränkungen.

Eine Geschäftsidee, wie neuartig sie auch sein mag, ist zudem nur tragfähig, wenn sie vom Markt angenommen wird. Entscheidend für die Marktakzeptanz ist das Vorhandensein eines echten Kundennutzens, der eine Nachfrage befriedigt. Es müssen sich also Abnehmer für die Ware oder Dienstleistung finden lassen, die bloße Umsetzung einer technischen Spielerei ohne konkrete Anwendungsmöglichkeit reicht nicht aus. Und selbst wenn die Geschäftsidee an sich umsetzbar und tragfähig ist, bedeutet dies nicht automatisch, dass sich Ihr Vorhaben auch lohnt. Das ist erst der Fall, wenn sich ein nachhaltiger Gewinn (Erlöse abzüglich Kosten) erzielen lässt, der Ihnen einen ausreichenden Lebensstandard ermöglicht.

Habe ich bereits potenzielle Kunden?
Vorteilhaft ist es insbesondere für Sie, wenn Sie bereits über potenzielle Kunden verfügen, denen Sie nur noch ein passendes Produkt anzubieten brauchen. Das gilt zum Beispiel, wenn Sie aktuell fest angestellt sind und für Ihren Arbeitgeber gute Kundenkontakte pflegen. Hier lässt sich manchmal ausloten, ob Kunden bereit wären, Ihnen bei Ihrem Schritt in die Selbstständigkeit zu folgen. Eine solche Konstellation ergibt sich häufig bei Freiberuflern wie Rechtsanwälten oder Steuerberatern, da bei ihnen die geschäftliche Bindung meist auf besonders engem persönlichem Vertrauen beruht.

Wird mir eine Partnerschaft angeboten?
Der Schritt in die Selbstständigkeit kann nicht nur von inneren Impulsen, sondern auch von außen angeregt werden. So wird insbesondere häufig verdienten festangestellten Mitarbeitern in freien Berufen die Chance eröffnet, als Gesellschafter in ein Unternehmen einzutreten. Hierbei handelt es sich meistens nicht um ein Geschenk, sondern es wird erwartet, dass der neue Partner entweder eine Einlage zahlt oder seinen Kundenstamm einbringt. In einigen Fällen wird die Partnerschaft auch nur deshalb angeboten, um das Abwerben von Bestandskunden zu verhindern, falls ein Mitarbeiter kündigt.

Kann ich ein bestehendes Unternehmen übernehmen?
Selbstständigkeit kann auch eine Überlegung sein, wenn sich die Möglichkeit ergibt, ein bestehendes Unternehmen zu übernehmen. Meist geht es um die Übernahme eines Familienunternehmens im Rahmen der gesetzlichen oder gewillkürten Erbfolge. Darüber hinaus können Unternehmenskäufe unter Fremden erfolgen, zum Beispiel im Rahmen eines Management-Buy-outs (MBO). Dabei erwirbt das Management eines Unternehmens die Mehrheit der Gesellschaftsanteile von den bisherigen Eigentümern.

1.2.2.4 Risiken

Bestehen technische Risiken?
In technischer Hinsicht können Risiken bezüglich der Realisierbarkeit des Produkts bestehen. Dies gilt insbesondere, wenn sich das Produkt im Stadium der Forschung und Entwicklung befindet und es noch ungewiss ist, ob es zur Marktreife gebracht werden kann.

Bestehen Absatzrisiken?
Selbst wenn ein marktreifes Produkt entwickelt wurde, wird es im Markt vielleicht nicht oder nicht hinreichend akzeptiert und findet daher keinen Absatz. Die Gründe hierfür sind vielfältig, zum Beispiel kann es daran liegen, dass das Produkt für potenzielle Kunden nicht von Nutzen ist oder dass der Marktzugang von den Wettbewerbern verstopft wird.

Bestehen rechtliche Risiken?
Rechtliche Risiken liegen vor, wenn noch nicht sicher feststeht, dass ein Produkt für den Markt zugelassen wird. So sind beispielsweise für die Herstellung zahlreicher Waren wie Waffen und Arzneimittel sowie für Dienstleistungen wie Arbeitnehmerüberlassung. Altenpflege und Kinderbetreuung behördliche Genehmigungen erforderlich.

Auch in Ihrer Person kann ein rechtliches Risiko liegen, etwa wenn Sie erst noch eine Berufserlaubnis erwerben müssen. Das gilt unter anderem für Ärzte, Rechtsanwälte, Makler und Führer von Inkassobüros.

Die mangelnde Schutzfähigkeit des Produkts kann ebenfalls rechtliche Risiken mit sich bringen, zum Beispiel wenn eine Erfindung nicht patentfähig ist. In diesem Fall besteht eine erhöhte Gefahr von Nachahmung durch Wettbewerber.

Bestehen finanzielle Risiken?
Finanzielle Risiken beruhen insbesondere auf der schwierigen Planbarkeit von Umsatzerlösen und Kosten. Selbst wenn anfänglich genügend Kapitalrücklagen vorhanden sind, kann durch eine unvorhergesehene Kostenexplosion, etwa wegen Preiserhöhungen für benötigte Materialien, Werbung oder Vertriebsprovisionen, oder durch unter den Erwartungen liegende Umsätze, etwa wegen mangelnder Nachfrage oder Verzögerung des Markteintritts, das finanzielle Polster schnell aufgebraucht sein.

Bestehen personelle Risiken?
Hängt der Erfolg des Unternehmens im Wesentlichen von der Mitarbeit fremder Personen ab, zum Beispiel von besonders fähigen Entwicklungs- oder Vertriebsmitarbeitern, einem Partner oder Unternehmensveräußerer, besteht ein erhöhtes Risiko, falls diese frühzeitig ausscheiden.

Bestehen persönliche Risiken?
Schließlich sollten Sie auch sich selbst als Risikofaktor betrachten. Da von Ihnen immer der Erfolg des Unternehmens abhängt, kann dieser erheblich gefährdet sein, falls Ihre Arbeitskraft nicht zur Verfügung steht, weil Sie krank sind oder in zeitlicher Hinsicht anderen Verpflichtungen nachkommen müssen, zum Beispiel einer Nebenerwerbstätigkeit oder Kinderbetreuung.

1.2.3 Gründungsstrategie

Wenn Sie sich als potenzieller Existenzgründer Klarheit über diese Fragen verschafft haben, entwerfen Sie im nächsten Schritt Ihre persönliche Gründungsstrategie. Als Grundlage hierfür kann ebenfalls die SWOT-Matrix dienen. Sie empfiehlt für die verschiedenen Kombinationen aus dem Stärken-Schwächen-Profil der internen Unternehmensanalyse und der externen Unternehmens-Umfeld-Analyse in Form eines Chancen-Risiken-Katalogs bestimmte Strategien (siehe Abb. 1.1).

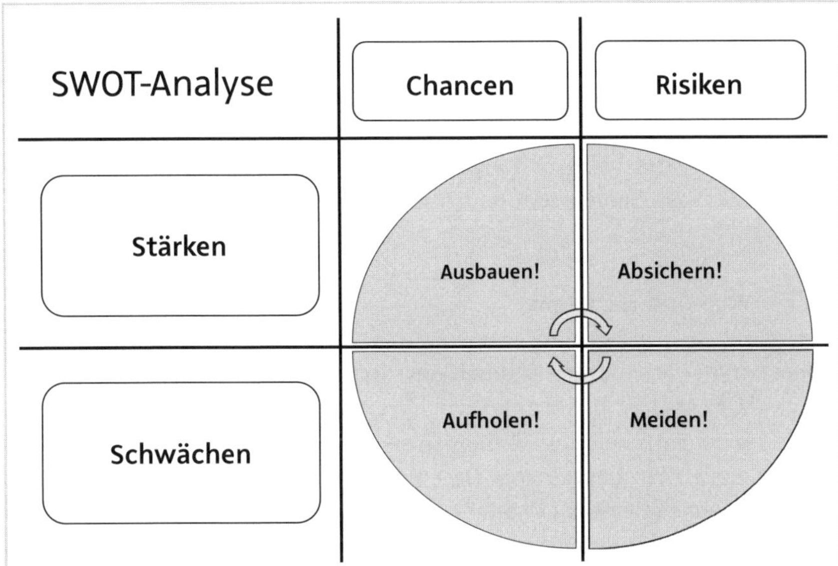

Abb. 1.1: SWOT-Matrix

- Stärken und Chancen: Die SWOT-Matrix zeigt die weiter ausbaufähigen Chancen auf. Es gilt herauszuarbeiten, wie Stärken genutzt werden können, sodass sich die Chancenrealisierung erhöht.
- Stärken und Risiken: Die Kombination aus Stärken und Risiken weist auf die Gefahren hin, gegen die Sie sich unter Nutzung Ihrer Stärken absichern sollten. Im Vordergrund steht dabei die Frage, wie Sie Ihre vorhandenen Stärken einsetzen können, um bestimmte Risiken abzuwenden.
- Schwächen und Chancen: Eine gemeinsame Betrachtung der Schwächen und Chancen deckt auf, an welchen Stellen Sie nacharbeiten sollten. Es geht darum herauszufinden, wie einerseits trotz Ihrer Schwächen bestehende Chancen genutzt werden und wie Sie andererseits Ihre Schwächen zu Stärken entwickeln können.
- Schwächen und Risiken: Die Kombination aus Schwächen und Risiken zeigt die Gefahren auf, die es doppelt zu meiden gilt. Denn die internen Schwächen der Unternehmung verbunden mit den kritischen Faktoren im Umfeld erhöhen die Risiken enorm. Hier gilt es, genau zu untersuchen, wie Sie trotz Ihrer Schwächen den Gefahren begegnen können und auf welche Gefahren Sie sich nicht einlassen dürfen, da entsprechende Stärken fehlen.

1.3 Selbstständigkeit im Team

Wenn Sie sich für die Selbstständigkeit entschieden haben, sollten Sie darüber nachdenken, ob Sie weitere Personen als Gesellschafter ins Boot holen wollen. Besonders bei Gründungen mit großem Wachstumspotenzial, zum Beispiel Software-Schmieden, sind Teamgründungen sehr häufig.

1.3.1 Vor- und Nachteile

Indem sich der Gründer mit anderen Gesellschaftern zusammentut, verliert er ein gewisses Maß an Unabhängigkeit, da er sich mit den anderen abstimmen muss und bei Entscheidungsfindungen sogar überstimmt werden kann. Auch muss er zugunsten der anderen Gesellschafter Anteile am Gewinn abtreten, weil diese zumeist eigenes Kapital in das Unternehmen einbringen und dafür eine entsprechende Beteiligung am Betriebsergebnis fordern. Diese Nachteile können durch mehrere Vorteile jedoch mehr als kompensiert werden.

Eine erfolgreiche Gründung erfordert regelmäßig viele Talente und Fähigkeiten – zum Beispiel technisches Know-how einerseits und vertriebliches Know-how andererseits –, die eine Person allein nur selten mitbringt. Wirken aber mehrere Personen mit unterschiedlichen Eigenschaften vertrauensvoll zusammen, kann jede ihre individuellen Stärken einsetzen, sodass das Unternehmen insgesamt optimal geführt wird. Die vielfältigen Aufgaben, die im Rahmen einer Unternehmensgründung anfallen, zum Beispiel Forschung und Entwicklung, Produktion, Finanzbuchhaltung, Marketing und Vertrieb, können zudem auf die einzelnen Gesellschafter aufgeteilt werden, wodurch sich die Arbeit effizienter gestalten und die zeitliche Belastung des Einzelnen deutlich reduzieren lässt. Ebenso ist zu berücksichtigen, dass bei einem Zusammenschluss mehrerer Gesellschafter der Austritt eines Teammitglieds besser verkraftet werden kann.

! **Wichtig**

Ein besonderer Vorteil besteht darin, dass sich die Gesellschafter gegenseitig als Ansprechpartner zur Verfügung stehen. Jeder von ihnen kann sich mit einer Person auf gleicher Höhe abstimmen, bevor er eine Entscheidung trifft, die in sein fachliches Ressort fällt. Ebenso können sich die Gesellschafter in psychischer Hinsicht Halt geben. So stellt sich bei vielen Gründern angesichts der Schwierigkeiten, die bei fast jeder Unternehmensgründung auftauchen, das Gefühl ein, die anstehende Herausforderung nicht bewältigen zu können und allein zu sein. Doch wenn mehrere Personen im gleichen Boot sitzen, können sie sich gegenseitig aufrichten getreu dem Motto: Geteiltes Leid, ist halbes Leid! Gleichermaßen gilt: Geteilte Freude ist doppelte Freude, wenn es Erfolge zu feiern gibt.

Entlastend wirkt auch, dass sich die Gesellschafter in der Regel die Kosten für die Finanzierung der Existenzgründung teilen. So sinkt zum einen das finanzielle Risiko jedes Einzelnen, zum anderen können manchmal nur auf diese Weise überhaupt erst die finanziellen Mittel aufgebracht werden, die eine Gründung ermöglichen oder zumindest auf eine gesunde Basis stellen.

1.3.2 Ideale Kombination

Um die beschriebenen Vorteile zur Geltung zu bringen, ist zu überlegen, wie die ideale Zusammensetzung des Unternehmerteams im Einzelfall aussieht. Ein funktionierendes Team zeichnet sich typischerweise durch folgende Merkmale aus:

- Die Mitglieder teilen eine gemeinsame Vision und sind gleichermaßen motiviert.
- Sie verfügen über komplementäre Eigenschaften und Stärken.
- Es bestehen klare Vereinbarungen über die Eigentumsverhältnisse sowie die Rechte und Pflichten jedes einzelnen Mitglieds.
- Die Zuständigkeiten innerhalb des Unternehmens sind eindeutig aufgeteilt: Wer übernimmt die Geschäftsführung, die Entwicklung, die Werbung, den Vertrieb usw.?
- Die Mitglieder sind teamfähig. Insbesondere bedeutet das, dass sie sich gegenseitig unterstützen und füreinander einstehen, wenn einer ausfällt oder Schwäche zeigt, zum Beispiel wegen Krankheit oder wenn Zweifel aufkommen. Dahinter steht der Gedanke: Einer für alle, alle für einen.
- Zwischen den Mitgliedern besteht eine offene und beständige Kommunikation.

1.4 Entwicklung einer Geschäftsidee

Jede Gründung beginnt mit einer Idee. Allerdings eignen sich nicht alle Ideen, um ein Unternehmen aufzubauen. So werden viele Vorhaben niemals durchführbar oder profitabel sein. Für den Existenzgründer ist es von großer Bedeutung, sich darüber klar zu werden, bevor er Zeit und Geld in die Umsetzung investiert.

1.4.1 Innovation

Kreative Ideen oder neues Wissen an sich sind noch keine Innovationen. Sie entstehen erst dann, wenn neue Produkte, Dienstleistungen oder Verfahren entwickelt werden (Invention), die sich tatsächlich erfolgreich anwenden lassen und den Markt durchdringen (Diffusion).

! **Wichtig**

Innovation = Idee + Invention + Diffusion

1.4.1.1 Einteilung von Technologien

Nahezu alle Technologien unterliegen einem Lebenszyklus: Sie werden erfunden, so lange weiterentwickelt, bis sie ausgereizt sind, und schließlich durch neue Technologien ersetzt. Dementsprechend lassen sie sich nach Verbreitungs- und Neuheitsgrad einteilen (siehe Abb. 1.2).

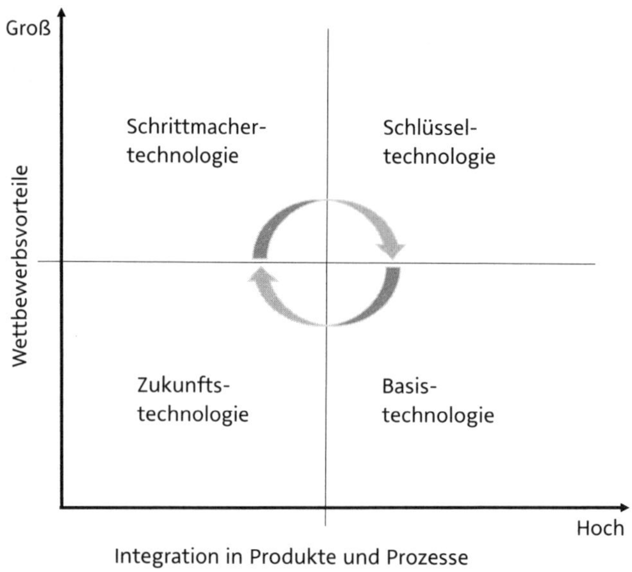

Abb. 1.2: Integration in Produkte und Prozesse

- Basistechnologien: Sie stellen den Standard der Anwendung in einer Branche dar. Sie haben ihre Wachstumsphase bereits überschritten und müssen beherrscht werden, ermöglichen aber keine Differenzierung gegenüber dem Wettbewerb. Aus diesem Grund werden nur noch geringe Ressourcen in die Entwicklung von Basistechnologien gesteckt.
- Schlüsseltechnologien: Sie stehen in der Mitte des Lebenszyklus. Sie befinden sich in einer starken Wachstumsphase und werden von den einzelnen Unternehmen unterschiedlich gut beherrscht. Sie können daher erhebliche Wettbewerbsvorteile bedeuten.

- Schrittmachertechnologien: Sie stehen erst am Anfang ihres Lebenszyklus. Sie verfügen über das Potenzial, Schlüsseltechnologien der Zukunft zu werden. Allerdings befinden sie sich noch in der Entwicklung, sodass ihnen die für marktfähige Produkte notwendige Reife fehlt. Mit ihnen sind daher sowohl bezüglich der technischen Machbarkeit als auch ihrer Zukunftsaussichten erhebliche Unsicherheiten verbunden.
- Zukunftstechnologien: Sie befinden sich im Frühstadium der Entwicklung. In dieser Phase betreiben die Unternehmen meist Grundlagenforschung, sodass noch völlig unklar ist, ob hier ein Potenzial liegt, das sich wirtschaftlich nutzen lässt.

1.4.1.2 Bedeutung des Neuheitsgrads

Betrachtet man das Gründergeschehen in Deutschland, so zeigt sich, dass im Jahr 2015 gerade einmal 16 % der Existenzgründer eine Marktneuheit eingeführt haben (siehe Abb. 1.3).

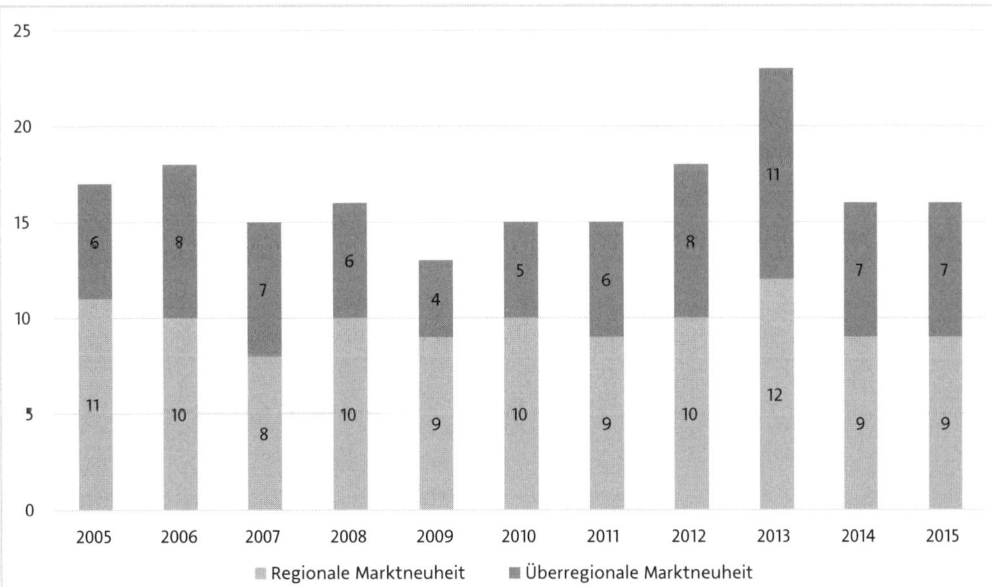

Abb. 1.3: Gründer mit Marktneuheiten (in %)

1.4.1.3 Überblick über neue Technologien

Eine gute Möglichkeit, sich einen Überblick über aktuelle Trends im Bereich technologischer Neuentwicklungen zu verschaffen, ist der Hype-Cycle. Dieser Begriff wurde von Jackie Fenn geprägt, einer Mitarbeiterin des Marktforschungsunternehmens Gartner, heute dient er Technologieberatern dazu, die Einführung neuer Technologien zu bewerten. Der Hype-Cycle stellt dar, welche Phasen der öffentlichen Aufmerksamkeit eine neue Technologie durchläuft, üblicherweise sind es fünf Abschnitte (siehe Abb. 1.4).

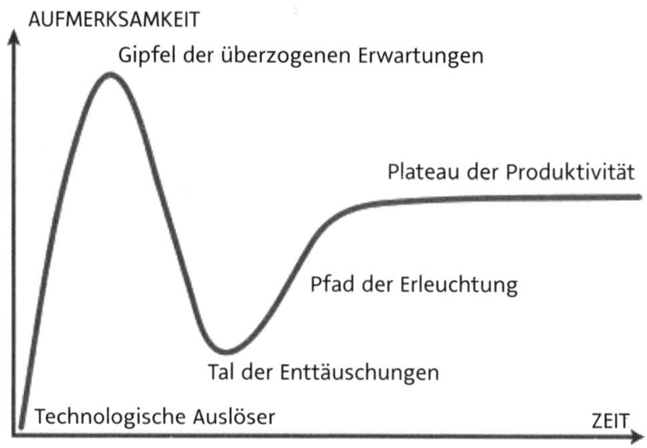

Abb. 1.4: Hype-Cycle

Technologischer Auslöser
Am Anfang steht ein technologischer Auslöser, der das Potenzial hat, mit vorhandenen Vorstellungen und Lösungsansätzen zu brechen. Erste Nachweise der technischen Machbarkeit und das Formulieren von Geschäftsmodellen erregen zumindest in den Fachmedien erhebliches Interesse. Allerdings existieren häufig noch keine brauchbaren Produkte und der wirtschaftliche Erfolg ist unbewiesen.

Gipfel der überzogenen Erwartungen
In der nächsten Phase erfolgt eine breite Berichterstattung über Erfolgsgeschichten von Unternehmen, die die neue Technologie als Erste eingesetzt haben. Dabei kommen in den meisten Fällen auch Schwierigkeiten zur Sprache, die mit der Anwendung oder Vermarktbarkeit der neuen Produkte einhergehen. Diese Berichte beflügeln die Fantasie von Kunden, Lieferanten und Mitbewerbern, erzeugen aber oft zu viel Euphorie und übertriebene Erwartungen.

Tal der Enttäuschungen
Werden diese überzogenen Vorstellungen nicht erfüllt, flaut das Interesse ab und die Technologie wandert in das »Tal der Enttäuschungen«. Die Berichterstattung wird spärlicher, die ersten Hersteller der Technologie scheitern und die überlebenden Anbieter investieren nur noch weiter, wenn sie ihre Produkte dadurch so verbessern können, dass sich zumindest ein pragmatischer, technikaffiner Teil der Kunden (*early adopters*) für diese interessiert.

Pfad der Erleuchtung
Kristallisieren sich in der Folgezeit Möglichkeiten heraus, wie sich eine Technologie sinnvoll einsetzen lässt, führt dies auf den »Pfad der Erleuchtung«. Ein allgemeines Verständnis für ihre Vorteile entwickelt sich, die praktische Umsetzung fällt leichter. Gleichzeitig werden die Nachteile und Grenzen der neuen Technologie deutlicher. Immer mehr Unternehmen interessieren sich für sie und entwickeln eigene Produkte.

Plateau der Produktivität
Eine Technologie erreicht das »Plateau der Produktivität«, wenn sie zu einer Schlüssel- oder sogar einer Basistechnologie geworden ist. Ihre Vorteile und Einsatzfelder sind klar definiert und allgemein anerkannt. Die Technologie findet in einem breiten Markt Anwendung und zahlt sich für die Unternehmen aus.

Hinweise !

Der Gartner Hype-Cycle wird jährlich aktualisiert und steht online auf der Webseite www.gartner.com/technology/research/methodologies/hype-cycle.jsp zur Verfügung.

1.4.1.4 Vorgehensweise

Da die Entwicklung von Prototypen sowie die Markteinführung neuer Produkte sehr kosten- und zeitintensiv sind, empfiehlt sich in der Regel folgende Vorgehensweise:

- Zunächst wird eine möglichst große Vielzahl an Ideen generiert.
- Im nächsten Schritt werden die Ideen nach bestimmten Kriterien bewertet und die untauglichen aussortiert.
- Nur für die verbleibenden Ansätze werden Geschäftsmodelle und Prototypen entwickelt.
- Produziert und in den Markt eingeführt wird schließlich nur die Idee, die den größten Markterfolg verspricht.

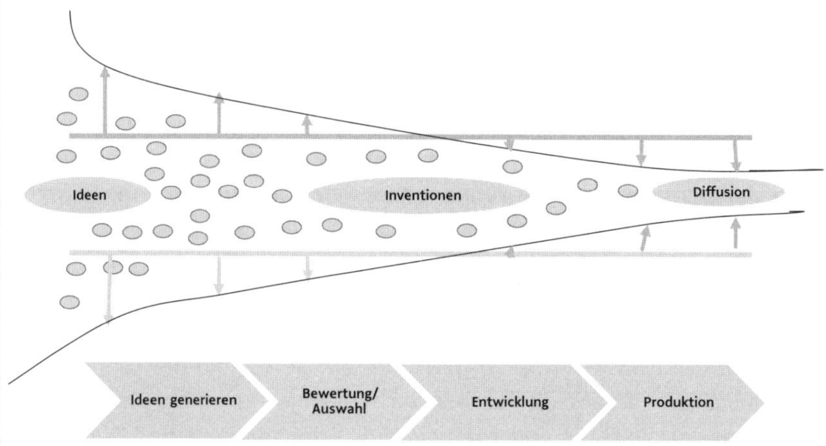

Abb. 1.5: Innovationstrichter

1.4.2 Generieren von Ideen

Grundsätzlich existieren zwei konkurrierende Ansätze dazu, wie sich unternehmerische Gelegenheiten ergeben:

- Entdeckungsansatz (*discovery*),
- Entstehungsansatz (*creation*).

1.4.2.1 Entdeckungsansätze

Für das Auffinden lohnenswerter unternehmerischer Vorhaben ist eine intensive Suche des Unternehmers nach Marktineffizienzen erforderlich (*opportunity recognition*).[7] Gemäß dem Sprichwort »Das Geld liegt auf der Straße« existieren jederzeit und überall günstige Gelegenheiten, die nur darauf warten, entdeckt und genutzt zu werden. Entrepreneure haben ja einen besonderen Sinn dafür, solche Chancen aufzuspüren, und verfügen über die notwendige Tatkraft, diese zu ergreifen. Dafür verschaffen sie sich aktiv die notwendigen Informationen und entwickeln hieraus eine neue Zweck-Mittel-Relation, die zu einer neuen Geschäftsidee führt. Untersuchungen haben gezeigt, dass sich unter bestimmten Voraussetzungen typischerweise unternehmerische Gelegenheiten ergeben.

7 Vgl. Frank/Mitterer (2009).

Informationsasymmetrien
Informationsasymmetrien können eine Möglichkeit eröffnen. In diesem Fall hat der Entrepreneur einen Wissensvorsprung gegenüber den anderen Marktteilnehmern, sodass diese die sich bietende Geschäftschance im Gegensatz zu ihm nicht erkennen.

Exogene Schocks
Ebenso können exogene Schocks, also einmalige Ereignisse, zu einer plötzlichen Veränderung des Angebots oder der Nachfrage führen, sodass neue unternehmerische Gelegenheiten entstehen, beispielsweise:

- technologische Veränderungen,
- politische Entwicklungen wie Umstürze und Revolutionen oder regulative Veränderungen wie der Wegfall staatlicher Monopole,
- soziale Veränderungen, zum Beispiel durch Migrationen oder demografische Entwicklungen.

Angebotsänderungen
Des Weiteren können bereits eingeführte Innovationen weitere Innovationen nach sich ziehen. Dies gilt insbesondere für folgende Neuerungen:

- neue Produkte wie Smartphones oder Dienstleistungen wie das Bereitstellen von Geo-Daten,
- neue Rohmaterialien, zum Beispiel Keramiken mit speziellen Eigenschaften,
- neue Produktionsmethoden, zum Beispiel Digitalisierung der Industrie,
- neue Organisationsmethoden, zum Beispiel modernes Personalmanagement.

Nachfrageänderungen
Bei Veränderungen auf der Nachfrageseite eröffnen sich ebenfalls neue Geschäftschancen. So kann sich das Kaufverhalten insbesondere durch neue Bedürfnisse wandeln, beispielsweise durch andere Vorlieben oder kulturelle Verschiebungen. Ebenso spielt die Leistungsfähigkeit und -bereitschaft der Kunden eine Rolle, die sich etwa wegen konjunkturbedingten Einkommensänderungen oder erhöhter Sparsamkeit verändern.

Inkongruenzen
Weiterhin erlauben es bestehende Inkongruenzen innerhalb einer Branche den Entrepreneuren, ökonomische Nischen zu besetzen. An Übereinstimmungen fehlt es beispielsweise, wenn die Mitbewerber

- die Bedürfnisse der Kunden falsch einschätzen,

- Produkte anbieten, die nicht hinreichend zur Lösung der Kundenprobleme beitragen,
- das Marktpotenzial und die Wettbewerbskräfte fehlerhaft beurteilen.

Vorausgehende unternehmerische Aktivitäten
Schließlich können sich aus früheren Unternehmungen des Entrepreneurs neue Chancen ergeben. Selbst wenn der Unternehmer mit seinen vorherigen Aktivitäten gescheitert sein sollte, hat er eventuell Erfahrungen gemacht, die ihn dazu befähigen, neue Herausforderungen zu erkennen und zu meistern.

1.4.2.2 Entstehungsansätze

Den Entstehungsansätzen liegt die Annahme zugrunde, dass günstige Gelegenheiten entstehen, indem sie von dem Unternehmer geschaffen werden. Sie entwickeln sich durch evolutionäre Prozesse, bei denen zu Beginn das Ergebnis völlig offen ist und erst durch einen kreativen Akt erarbeitet wird. Dazu wurden verschiedene Strategien entwickelt, die im Folgenden näher erläutert werden.

1.4.2.2.1 Design-Thinking

Aktuell ist das Design-Thinking ein beliebtes Konzept zur kreativen Problemlösung, erstmalig wurde es von der Ideenagentur IDEO entwickelt. Im Kern zielt diese Methode darauf ab, Innovationen hervorzubringen, die sich am Nutzer orientieren und dessen Bedürfnisse befriedigen. Dem liegt die Annahme zugrunde, dass echte Innovation nur in der Schnittmenge der drei gleichberechtigten Faktoren Mensch, Technologie und Wirtschaft entsteht. Sie vereint demzufolge Erwünschtheit (*desirability*), Durchführbarkeit (*feasibility*) und Wirtschaftlichkeit (*viability*). Nur wenn alle drei Faktoren berücksichtigt werden, kann sich eine Innovation durchsetzen (siehe Abb. 1.6).

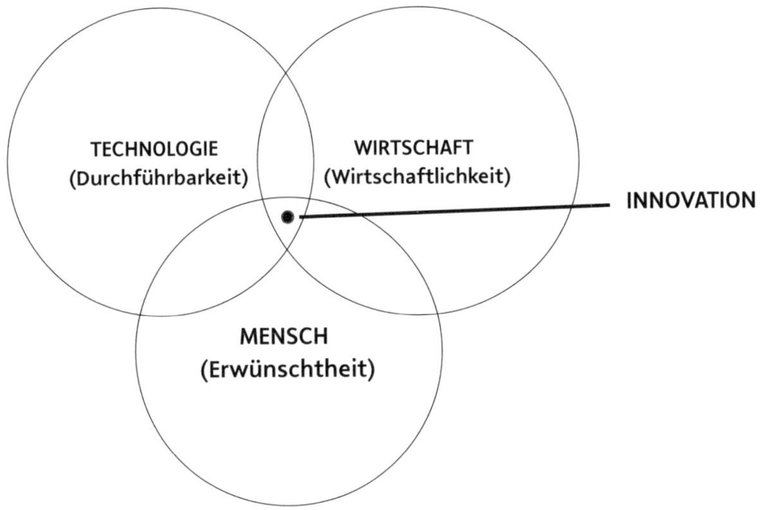

Abb. 1.6: Innovation

Interdisziplinäre Teams

Das Design-Thinking zielt darauf ab, möglichst unterschiedliche Erfahrungen, Meinungen und Perspektiven hinsichtlich einer Problemstellung zusammenzubringen. Hintergrundgedanke ist, dass nur interdisziplinäre Teams echte, herausragende Innovationen erschaffen können. Um möglichst vielfältige Herangehensweisen an eine Problemstellung zu gewährleisten, sollten die Teams aus Personen mit unterschiedlicher Ausrichtung bestehen, und zwar nicht nur in fachlicher, sondern auch in kultureller und nationaler Hinsicht. Unterschiede bei Alter und Geschlecht sind ebenfalls ausdrücklich erwünscht, so können ganz unterschiedliche Blickwinkel in die Betrachtung eingehen.

Iterativer Prozess

Ein wesentliches Element des Design-Thinking ist ein strukturierter Ablauf, der sich in iterativen Schleifen vollzieht. Dabei sind sechs Phasen zu unterscheiden (siehe Abb. 1.7).

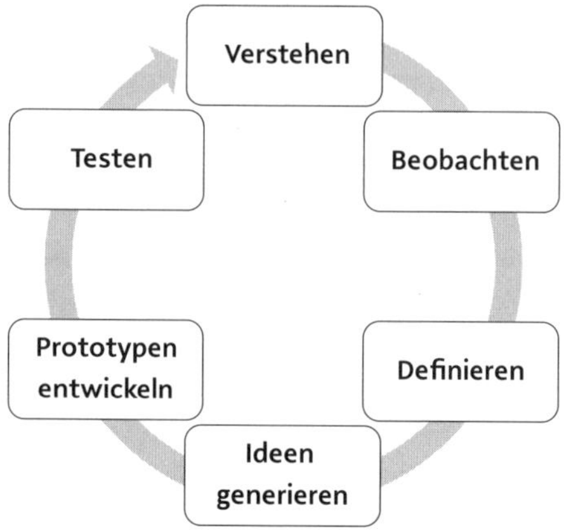

Abb. 1.7: Design-Thinking als Prozess

Der Prozess beginnt damit, ein gemeinsames Verständnis zu entwickeln, worin das zu lösende Problem besteht. Ziel ist es, das Aufgabenfeld zu definieren, abzugrenzen und das Vorhaben zu formulieren. Typische Orientierungsfragen sind:

- Wer ist die Zielgruppe?
- Welche Regeln herrschen in der Branche?
- Welche Gestaltungsmöglichkeiten und Begrenzungen bestehen?
- Was sind die wesentlichen Erfolgsfaktoren?
- Worin bestehen die eigentlichen Herausforderungen?

Dabei sollte das Problem in der Sprache der Betroffenen beschrieben werden, was voraussetzt, dass man diese Menschen und ihre Beziehungen zum Problem genau kennt.

Anschließend wird erforscht, wie die Menschen bisher mit dem Problem umgehen. Dies erfordert eine sorgfältige Analyse der Ist-Situation, zu ergründen sind die tatsächlichen Verhaltensweisen, Hintergründe, Ursachen und Motive. Dazu ist eine intensive Recherche und Feldbeobachtung nötig. Zum einen werden Informationen aus primären Quellen, zum Beispiel den Kundendaten, und aus sekundären Quellen wie dem Internet oder den Branchendaten zusammengetragen. Zum anderen empfiehlt es sich, den unmittelbaren Kundenkontakt zu suchen, Interviews zu führen, wenn möglich konkrete Orte zu besuchen und eigene Erfahrungen zu machen.

Darüber hinaus geht es darum, echte Empathie für die anvisierten Nutzer und ihre Situation zu entwickeln. Nur auf dieser Basis lässt sich herausfinden, was diese Menschen brauchen, was ihnen wichtig ist, was sie sich wünschen und wie sie ihre Entscheidungen treffen. Oft sind ihnen ihre eigenen Anforderungen gar nicht bewusst, sie erschließen sich erst durch die Kombination aus Beobachtung, Befragung und Reflexion. Bei diesem Schritt ist es wichtig, ergebnisoffen nach allen Seiten zu schauen und möglichst viele Informationen zu sammeln.

Das Ziel der nächsten Phase besteht darin, das Kernproblem zu definieren, für das eine Lösung gefunden werden soll. Es gilt, die gesammelten Informationen so zu verdichten, dass Zusammenhänge, Abhängigkeiten, Gemeinsamkeiten, Konflikte und Spannungen sichtbar werden.

Tipp !

Um die Wünsche und Bedenken der Zielgruppe besser erfassen zu können, ist es oft hilfreich, sich eine fiktive Person auszudenken, sich ein konkretes Bild von ihr zu machen und ihr einen Namen zu geben. Diese Person steht stellvertretend für die Zielgruppe. Das Gesicht und der Name erleichtern es den Teammitgliedern, sich den anvisierten Kunden vorzustellen, für den anschließend ein detailliertes Profil entwickelt werden kann.

Sobald die Aufgabenstellung genau definiert ist, beginnt der kreative Teil der Arbeit. Zunächst werden so viele Ideen wie möglich entwickelt, dabei können Kreativitätstechniken eingesetzt werden, zum Beispiel das Brainstorming oder die Kopfstandtechnik (siehe unten). Erst wenn keine Ideen mehr aufkommen, werden die Vorschläge strukturiert und bewertet. Die Bewertung erfolgt im Hinblick auf die Erwünschtheit, Durchführbarkeit und Wirtschaftlichkeit einer Idee. Aufgrund der Orientierung des Design-Thinking am Menschen ist der Faktor Erwünschtheit etwas stärker zu gewichten als die anderen beiden.

Im nächsten Schritt werden die gesammelten Ideen auf ihre Praxistauglichkeit hin untersucht. Hierfür werden mit möglichst wenig Aufwand erste Prototypen entwickelt, um die Ansätze zu veranschaulichen und praktisch erfahrbar zu machen. Häufig ist es aus Kostengründen nicht wirtschaftlich, für jeden Vorschlag ein Modell anzufertigen, daher sollten die vielversprechendsten Ideen ausgewählt werden. Für die anderen Ansätze lassen sich vielleicht zumindest Zeichnungen oder virtuelle Konstrukte mit EDV (zum Beispiel CAD-Modelle) erstellen.

Schließlich werden die angefertigten Prototypen auf ihre Praxistauglichkeit hin getestet, dies geschieht in Zusammenarbeit mit potenziellen Kunden. Denn nur wenn die Menschen, um deren Bedürfnisse es geht, bestätigen, dass sie mit dem neuen Produkt zufrieden sind, kann eine Idee als sinnvoll bezeichnet und mit guten Aussichten an den Markt gebracht werden. Voraussetzung ist ein offener Dialog mit der Zielgruppe. Es empfiehlt sich, die Anwender einfach machen zu lassen und zu beobachten, wie sie mit dem Prototyp umgehen und was sie dazu sagen. Ihr Feedback gibt Ansatzpunkte für Verbesserungen und Alternativen. Ebenso kann es sein, dass ein Prototyp und damit eine Idee letztlich verworfen wird, wenn sich kein echter Nutzen ergibt.

! **Hinweis**

Beim Design-Thinking spielt die Arbeitsumgebung eine große Rolle. Ideal sind Räume, die genügend Platz und eine entspannte Arbeitsatmosphäre bieten und in denen sich Stehtische, Sessel oder Ruheliegen befinden. Außerdem sollten Whiteboards sowie verschiedene Materialien und Geräte zur Verfügung stehen, zum Beispiel Zettel, Marker, Beamer, eventuell sogar ein 3D-Drucker zur schnellen Erstellung von Prototypen.

1.4.2.2.2 Lean Startup

Ein weiterer derzeit populärer Ansatz zur Generierung von Geschäftsideen ist die Lean-Startup-Methode, die von Eric Ries entwickelt wurde.[8] Der Begriff »lean« (im Sinne von »schlank«) ist dem Prinzip des Lean Managements entlehnt, also den Denkansätzen und Methoden zur effizienten Gestaltung der gesamten Wertschöpfungskette industrieller Güter. Das weist auf die Zielsetzung dieser Methode hin, es geht darum, schnellstmöglich und kostengünstig eine Ware oder Dienstleistung zu gestalten und auf den Markt zu bringen. Aus dem Feedback der ersten Kunden können dann Rückschlüsse für die weitere Produktentwicklung gezogen werden. Auf diese Weise soll ein Produkt kreiert werden, das einerseits die Bedürfnisse der Kunden befriedigt und andererseits für den Unternehmer wirtschaftlich tragfähig ist.

Entwickeln – Messen – Lernen

Das Lean Startup setzt sich aus folgenden Elementen zusammen: Entwickeln – Messen – Lernen (*build – measure – learn*). Ausgangspunkt hierfür ist die Entwicklung einer Idee auf der Grundlage von Hypothesen, von denen der Unternehmer annimmt, dass sie dazu beitragen, das Problem der Zielgruppe

8 Vgl. Ries (2014).

zu lösen. Auf dieser Basis wird ein Produkt entwickelt (*build*) und dieses den potenziellen Kunden zugänglich gemacht. Deren Reaktionen werden gesammelt und gewertet (*measure*). Mit den gewonnenen Daten werden die getroffenen Annahmen überprüft und Lehren aus den Ergebnissen gezogen (*learn*).

Die derart ermittelten Erkenntnisse werden umgesetzt und die neue Version des Produkts kommt an den Markt. So lässt sich wieder Feedback bei den Anwendern einholen, um erneut Verbesserungspotenziale aufzudecken. Auf diese Weise entsteht ein Kreislauf, mit dem letztlich die Wünsche und Bedürfnisse einer Zielgruppe identifiziert und durch ein passendes Angebot befriedigt werden können (siehe Abb. 1.8).

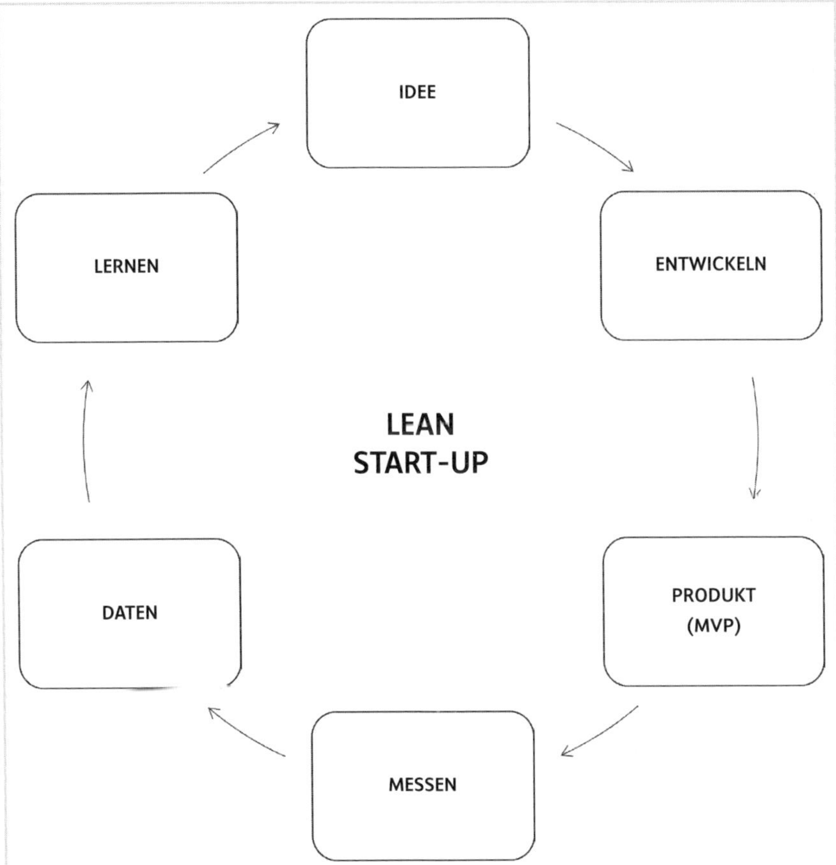

Abb. 1.8: Entwickeln – Messen – Lernen

Mindestlebensfähiges Produkt

Wesentlicher Bestandteil der Lean-Startup-Methode ist das sogenannte mindestlebensfähige Produkt (*minimum viable product*, MVP). Hierbei handelt es sich um einen Prototypen, der über die wichtigsten Merkmale des endgültigen Produkts verfügen muss, um sinnvolles Feedback von den ersten Nutzern einzuholen. Dahinter muss das Potenzial für sie erkennbar sein, damit sie aktiv in Form von Kritik und Verbesserungsvorschlägen bei der Produktgestaltung mitwirken können.

Umsetzbare Daten

Ein weiteres wichtiges Element der Lean-Startup-Methode sind umsetzbare Daten (*actionable metrics*). Hierbei handelt es sich um Kennzahlen, die Aufschluss darüber geben, welche Handlungen tatsächlich ausgeführt werden sollten. Diese Marker sind individuell für jedes Produkt festzulegen und zu ermitteln, was häufig nicht leichtfällt, da marktgängige Kennzahlen, etwa die Anzahl der Webseiten-Aufrufe, meist nicht hilfreich sind.

! **Beispiel**

Umsetzbare Daten für ein Produkt lassen sich mit dem sogenannten Split-Test ermitteln. Hierfür werden zwei Kundengruppen gebildet. Eine Gruppe erhält das bereits geänderte Produkt, um es vorab auszuprobieren, die andere Gruppe nutzt weiterhin das bestehende Produkt (oder das MVP). Durch einen Vergleich der Feedbacks beider Gruppen lässt sich ermitteln, wie sich die Neuerung auf das Nutzerverhalten auswirkt und inwieweit sie sinnvoll ist. Ruft die Neuerung positive Resonanz hervor, kann sie freigegeben und endgültig umgesetzt werden.

Richtungswechsel

Beim Lean Startup spielt die Bereitschaft eine große Rolle, die eigenen Hypothesen aufgrund der Lerneffekte aus den Kunden-Feedbacks aufzugeben und bei der Gestaltung des Produkts eine neue Richtung einzuschlagen (»Pivot«). Denn entscheidend für den Erfolg eines Produkts ist es, nicht nur die bestehenden Annahmen zu überprüfen und zu validieren, sondern auf Grundlage der Ergebnisse auch neue Hypothesen zu postulieren, die wiederum auf ihr Potenzial am Markt getestet werden.

1.4.2.2.3 Blue-Ocean-Strategy

Ein weiteres beliebtes Konzept für das Kreieren neuer Geschäftsmodelle ist die Blue-Ocean-Strategy[9], die W. Chan Kim und Renée Mauborgne auf Grund-

9 Vgl. Kim/Mauborgne (2005).

lage empirischer Studien entwickelt haben. Der Begriff »Ozean« steht in diesem Zusammenhang für einen Markt oder Industriezweig:

- Als »Blaue Ozeane« (*Blue Oceans*) werden unberührte Märkte bezeichnet, die wenig bis gar keinen Wettbewerb aufweisen.
- »Rote Ozeane« (*Red Oceans*) sind dagegen gesättigte Märkte, in denen alle die gleichen Produkte anbieten und die daher durch harte Konkurrenz charakterisiert sind.

Diese Strategie basiert auf der Idee, dass sich erfolgreiche Unternehmen nicht am Wettbewerb orientieren, sondern eigene Wege suchen sollen. Erforderlich sind dazu Innovationen, durch die sich entweder neue Märkte erschließen lassen oder durch die in bestehenden Märkten die Nachfrage gesteigert werden kann, da die bisherigen Wettbewerber die neuen Eigenschaften (noch) nicht bieten. Erfolgreiche Innovationen beruhen meistens nicht auf technologischen Neuerungen, sondern vielmehr auf einer neuartigen Gestaltung des Gesamtangebots. Der Schwerpunkt bei diesem Ansatz liegt daher auf der Neudefinition des Marktes oder der Konsumenten.

»Gehe dahin, wo Gewinne und Wachstum sind –
und nicht der Wettbewerb.«
W. Chan Kim und Renée Mauborgne

»Die Konkurrenz lässt sich nur auf eine Weise schlagen:
Indem man aufhört, es zu versuchen.«
W. Chan Kim und Renée Mauborgne

Die beiden Ozean-Strategien sind durch folgende Kennzeichen charakterisiert:

Red-Ocean-Strategie	Blue-Ocean-Strategie
Wettbewerb im vorhandenen Markt	Schaffung neuer Märkte
Die Konkurrenz schlagen	Der Konkurrenz ausweichen
Die existierende Nachfrage nutzen	Neue Nachfrage erschließen
Direkter Zusammenhang zwischen Nutzen und Kosten	Aushebeln des direkten Zusammenhangs zwischen Nutzen und Kosten
Ausrichtung des Gesamtsystems der Unternehmensaktivitäten an der strategischen Entscheidung für Differenzierung oder niedrige Kosten	Ausrichtung des Gesamtsystems der Unternehmensaktivität auf Differenzierung und niedrige Kosten

Tab. 1.1: Red-Ocean- versus Blue-Ocean-Strategie

Value-Innovation

Grundstein der Blue-Ocean-Strategy ist die sogenannte Nutzeninnovation (*value innovation*). Gemeint ist damit das gleichzeitige Streben nach Differenzierung und niedrigen Kosten. Die Nutzeninnovation konzentriert sich darauf, einen sprunghaften Anstieg des Produktnutzens sowohl für die Käufer als auch für das Unternehmen zu schaffen, um damit neue und unbestrittene Märkte zu erschließen und damit die Konkurrenz bedeutungslos zu machen.

Vorteilhaft für die Käufer sind der verbesserte Nutzen des Angebots und ein niedriger Preis. Der Vorteil für das Unternehmen ergibt sich dagegen aus dem Unterschied zwischen dem Angebotspreis und den Kosten. Nutzeninnovation lässt sich also nur erreichen, wenn das gesamte System auf die Stärkung des Kundennutzens einerseits und die Senkung der Kosten des Unternehmens andererseits ausgerichtet ist (siehe Abb. 1.9).

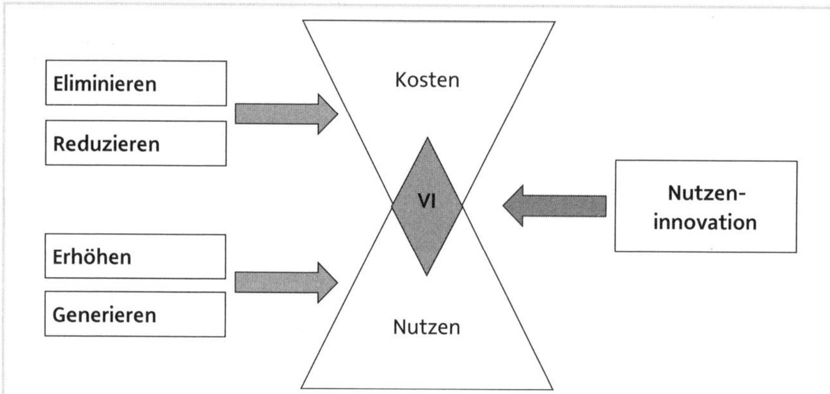

Abb. 1.9: Nutzeninnovation

Strategy-Canvas

Die Strategy-Canvas (sogenannte Strategie-Leinwand) ist das zentrale Diagnosewerkzeug, aus dem die notwendigen Elemente für eine erfolgreiche Blue-Ocean-Strategy hergeleitet werden. Hierbei handelt es sich um ein Diagramm, auf dessen horizontaler Achse die Faktoren angezeigt werden, mit denen die Industrie konkurriert und in die sie investiert. Die vertikale Achse zeigt den Grad des Nutzens für den Kunden an.

Dieses Instrument hilft dabei, einen Überblick über den aktuellen Stand und die marktbeeinflussenden Faktoren der jeweiligen Branche zu erhalten. Dabei werden sowohl der Spitzenanbieter als auch kleinere Anbieter auf einem Markt betrachtet. Abhängig von der Branche können Eigenschaften des Produkts, aber auch andere Aspekte wie Service, Ambiente oder Preisgestaltung von Bedeutung sein. Am Ende ergibt sich eine Nutzenkurve, die aufzeigt, worauf die jeweiligen Konkurrenten Wert legen.

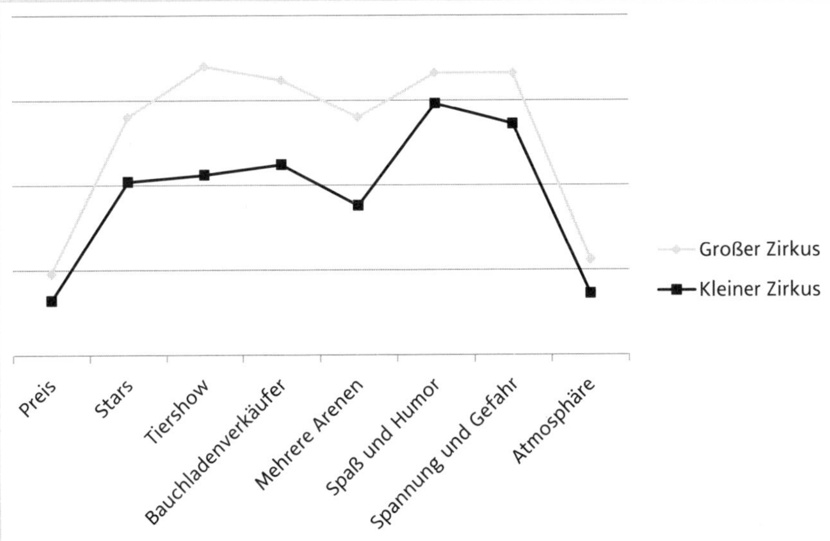

Abb. 1.10: Nutzenkurven der Zirkus-Konkurrenz

4-Actions-Framework

Im nächsten Schritt werden mithilfe des 4-Actions-Framework die wichtigsten Merkmale aus Kundensicht erarbeitet. Dabei wird eine Nutzen-Kosten-Abwägung mit folgenden Fragen durchgeführt, um eine neue Nutzenkurve erstellen zu können:

- Welche Faktoren, die in der Branche üblicherweise angeboten werden, können beseitigt werden?
- Welche Faktoren lassen sich deutlich unter den Industriestandard reduzieren?
- Welche Faktoren können deutlich über den Industriestandard gehoben werden?
- Welche Faktoren können geschaffen werden, die von der Branche noch nie angeboten wurden?

Die ersten beiden Fragen tragen dazu bei, die Kosten zu verringern. Mithilfe der frei werdenden Ressourcen kann das betreffende Unternehmen die Faktoren, auf die sich die letzten beiden Fragen beziehen, abwandeln, sodass wichtige Merkmale verbessert werden und neue Eigenschaften einen neuen Kundennutzen erzeugen.

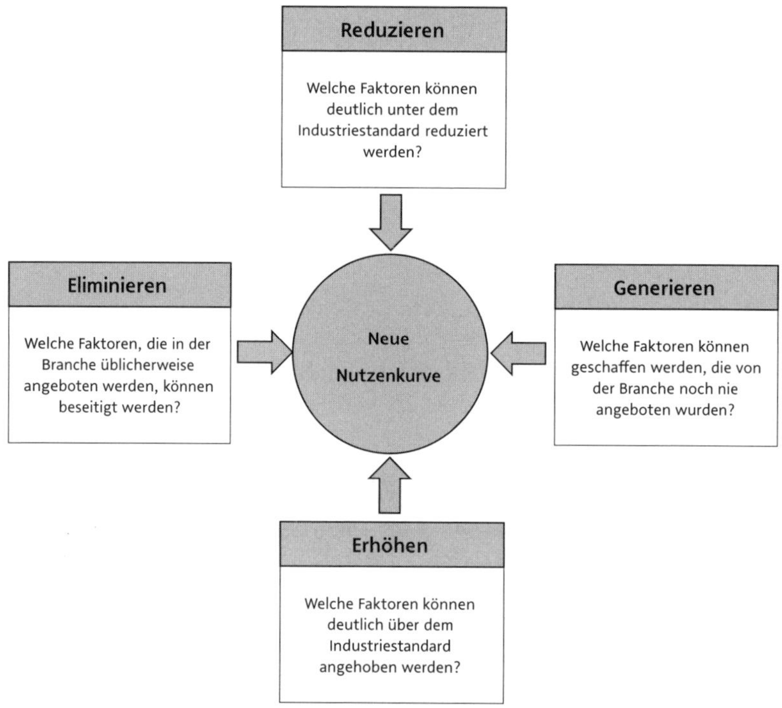

Abb. 1.11: 4-Actions-Framework

ERRC-Grid

Die Nutzenkurve für das Unternehmen lässt sich anhand des Eliminate-Reduce-Raise-Create-Grid (ERRC-Grid) erstellen. Dazu werden dieselben Fragen wie beim 4-Actions-Framework gestellt, diesmal aber aus Sicht des Unternehmens. Das Ergebnis zeigt, wo es in Aktion treten kann, und benennt konkret die Faktoren, die eliminiert, reduziert, gesteigert oder kreiert werden sollten.

Dieses Vorgehen bringt folgende Vorteile mit sich:

- Es zwingt dazu, gleichzeitig über Produktdifferenzierung und Kostenreduzierung nachzudenken.
- Es wird sofort offensichtlich, welche Unternehmen nur auf Leistungs- oder Qualitätssteigerung ausgerichtet sind und dabei die Kostenstruktur außer Acht lassen (Stichwort »Overengineering«).
- Das Ergebnis ist von Managern auf allen Ebenen leicht zu verstehen, woraus ein hohes Maß an Engagement bei der Umsetzung resultiert.
- Die Vollendung des Gitters ist eine anspruchsvolle Aufgabe, bei der die Beteiligten jeden Leistungsfaktor der Branche kritisch hinterfragen müssen.
- Nach dem Einsatz des ERRC-Grid kann auf Basis der gewonnenen Erkenntnisse die neue Nutzenkurve in die Strategy-Canvas eingetragen werden.

Abb. 1.12: ERRC-Grid

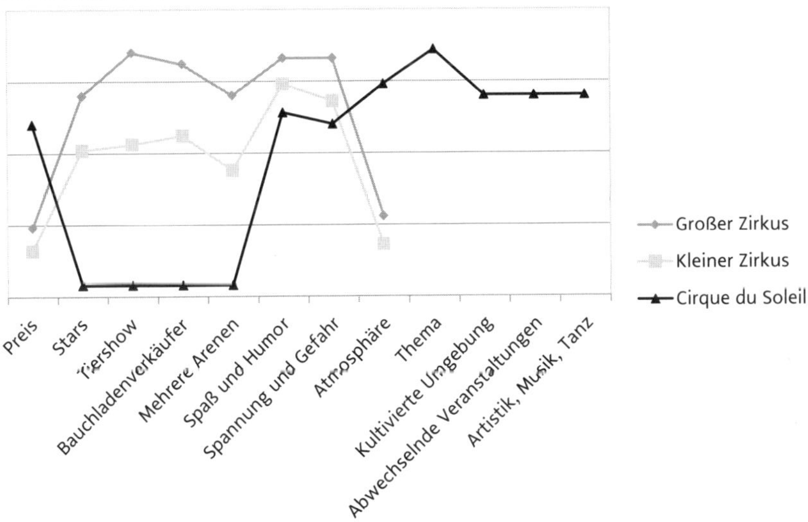

Abb. 1.13: Nutzenkurve des eigenen Unternehmens (im Beispiel Cirque du Soleil)

1.4.2.3 Kreativitätstechniken

Die zuvor beschriebenen Ansätze für Innovationen setzen das Generieren von Ideen voraus, was stets einen kreativen Prozess erfordert. Unter Kreativität versteht man die Fähigkeit des Menschen, Denkergebnisse beliebiger Art hervorzubringen, die ihm vorher unbekannt waren und daher für ihn neu sind. Sie ist dadurch gekennzeichnet, dass aus bekannten Informationen neue

Kombinationen gebildet werden oder dass bekannte Beziehungen auf andere Sachverhalte übertragen werden.[10]

Jeder Mensch verfügt über ein gewisses Maß an Kreativität, Ansätze können intuitiv und spontan entstehen. Dies kann bei der Arbeit passieren, jedoch haben Untersuchungen ergeben, dass Ideen am häufigsten in der Freizeit ersonnen und weitergedacht werden.[11]

Anlässe	Anteil der Befragten
In der Natur	28%
Zu Hause, zum Beispiel beim Fernsehen oder Essen	14%
Ferien, Reisen	13%
Geschäftsreisen, Fahrten ins Büro	11%
Langweilige Meetings	10%
Sport	10%
Andere Gelegenheiten	9%

Tab. 1.2: Wann entstehen Ideen?

Das Maß an Kreativität hängt nur bedingt von den Fähigkeiten der jeweiligen Person und ihrer Intelligenz ab. Vielmehr handelt es sich um eine Fertigkeit, die erlernbar ist, sie kann durch Ausbildung und Übung gefördert werden. Voraussetzung für Kreativität ist,

- dass sich die betreffende Person mit dem anstehenden Thema auseinandersetzen will,
- dass sie sich in die fachliche Thematik hineinversetzen kann und
- dass die inneren und äußeren Bedingungen Kreativität zulassen.

In Wissenschaft und Praxis wurden verschiedene Techniken entwickelt, mit denen ein kreativer Prozess eingeleitet und durchgeführt werden kann. Sie lassen sich anhand der jeweiligen Durchführungsmerkmale in sechs Kategorien einteilen.[12]

10 Vgl. Oberschmid/Stugger (2006).
11 Vgl. Fueglistaller (2005).
12 Vgl. Fueglistaller (2005).

Methodengruppe	Verfahrensmerkmale	Wichtige Repräsentanten
Methoden der systematischen Problemspezifizierung	Aufdeckung der Kernfragen eines Problems oder Problembereichs durch systematisches und hierarchisch-strukturierendes Vorgehen	▪ Progressive Abstraktion ▪ KJ-Methode ▪ Problemlösungsbaum
Methoden der systematischen Strukturierung	Aufteilung des Problems in Teilkomplexe; Lösung der Teilprobleme und Zusammenfügen zu einer Gesamtlösung; Systematisierung von Lösungsmöglichkeiten	▪ Morphologischer Kasten ▪ Funktionsanalyse ▪ Attribute-Listing ▪ Mindmapping
Brainstorming und seine Abwandlungen	Ungehemmte Diskussion, in der keine Kritik geübt werden darf; fantastische Einfälle und spontane Assoziationen sollen geäußert werden	▪ Brainstorming ▪ Diskussion 66 ▪ Imaginäres Brainstorming ▪ SIL
Brainwriting-Methoden	Spontanes Niederschreiben von Ideen in Formulare oder auf Zetteln; Umlauf der Formulare	▪ Methode 635 ▪ Brainwriting-Pool ▪ Ideen-Delphi
Methoden der schöpferischen Orientierung	Befolgung bestimmter Prinzipien bei der Lösungssuche	Bionik
Methoden der schöpferischen Konfrontation	Stimulierung der Lösungsfindung durch Auseinandersetzung (Konfrontation) mit Aspekten, die scheinbar nicht mit dem Problem zusammenhängen	▪ Synektik ▪ Semantische Intuition

Tab. 1.3: Kreativitätstechniken im Überblick

1.4.3 Bewertung von Ideen

Wurden genügend Ideen generiert und gesammelt, müssen sie bewertet werden. Ziel ist es, die Ansätze zu finden, die den größten Erfolg versprechen. Eine Nutzwertanalyse stellt ein ebenso einfaches wie effizientes Instrument dar, um eine Entscheidungsgrundlage zu erhalten, damit das Ergebnis nicht nur auf reinem Bauchgefühl beruht. Zunächst werden Kriterien entwickelt, die für die Entscheidung relevant sind. Dies können unter anderem sein:

- Höhe des Kundennutzens,
- Eignung zur Problemlösung,
- Innovationsgrad,

- Praktikabilität,
- Durchführungsaufwand,
- Verständlichkeit,
- Reproduzierbarkeit,
- Abhängigkeit von externen Faktoren wie Verfügbarkeit von Rohstoffen, Lieferanten oder Vertriebskanälen.

Diese Kriterien werden thematisch strukturiert in eine Tabelle eingetragen und entsprechend ihrer Bedeutung gewichtet (üblicherweise mit Werten zwischen null und eins). Jede Idee wird an den einzelnen Kriterien gemessen und ihre Erfüllung anhand einer einheitlichen Skala eingeschätzt. Anschließend werden die einzelnen Bewertungen mit dem Wert der Gewichtung multipliziert und die so gewonnenen Ergebnisse addiert. Der Idee mit dem summarisch besten Ergebnis ist der Vorzug zu geben.

	Gewichtung	Idee 1		Idee 2	
Kundennutzen	0,4	3	1,2	2	0,8
Innovationsgrad	0,2	1	0,2	4	0,8
Praktikabilität	0,3	2	0,6	3	0,9
Reproduzierbarkeit	0,1	4	0,4	2	0,2
Summe	1,0		2,4		**2,7**

Tab. 1.4: Nutzwertanalyse

1.5 Geschäftsmodell

Eine Geschäftsidee zu entwickeln reicht nicht aus, um wirtschaftlichen Erfolg zu haben. Vielmehr stehen Sie nun vor der Aufgabe herauszufinden, wie sich Ihre Idee unter Berücksichtigung der vorhandenen Ressourcen und des Marktpotenzials optimal wirtschaftlich nutzen lässt. Hierfür bietet es sich an, ein Konzept für ein Geschäftsmodell zu entwickeln, das die wirtschaftliche Tragfähigkeit zumindest in groben Zügen erkennen lässt.

1.5.1 Zielsetzung

Unter einem Geschäftsmodell versteht man im Allgemeinen eine vereinfachte und komprimierte Darstellung, welche Ressourcen in die Unternehmung fließen und wie diese durch den innerbetrieblichen Leistungserstellungsprozess in vermarktungsfähige Produkte oder Dienstleistungen umgesetzt werden können. Das Geschäftsmodell sollte die folgenden grundlegenden Fragen beantworten:[13]

- Welches Nutzenversprechen (Value-Proposition) hat das zukünftige Unternehmen für Kunden und strategische Partner?
- Auf welche Art und Weise soll dieser Nutzen gegenüber den Kunden generiert werden (Architektur der Wertschöpfung)?
- Aus welchen Quellen soll das Unternehmen seine Einnahmen und Ausgaben generieren (Erlös- und Kostenmodell)?

In der Fachliteratur sind verschiedene Ansätze zu finden, wie ein solches Geschäftsmodell praxistauglich entwickelt werden kann. Im Folgenden soll die von Alexander Osterwalder und Yves Pigneur entwickelte Methode des Business-Model-Canvas näher beleuchtet werden, sie hat sich parallel zur Lean-Startup-Methode entwickelt und in der Praxis weitgehend durchgesetzt.[14]

1.5.2 Business-Model-Canvas

Das Ziel einer Business-Model-Canvas (Geschäftsmodell-Leinwand) besteht darin, die einzelnen Bereiche eines Unternehmens strukturiert auf einer einzigen Seite (der Canvas) darzustellen. So lässt sich auf einen Blick erfassen, wie sie sich gegenseitig beeinflussen und wie ihre Beziehungen optimiert werden können.

Zur Erstellung der Canvas benötigt man einen großen Papierbogen, es empfiehlt sich das Format DIN A0. Auf diesem wird ein Quadrat mit neun gleichen Feldern gezeichnet, die die wesentlichen Unternehmensbereiche (die sogenannten Schlüsselfaktoren) darstellen. Im Zentrum der Canvas steht das Wertangebot für den Kunden (Value-Proposition). Links hiervon sind die unternehmensbezogenen Schlüsselfaktoren aufgeführt, nämlich:

- Schlüsselpartner,
- Schlüsselaktivitäten,
- Schlüsselressourcen,
- Kostenstruktur.

13 Vgl. Stähler (2001).
14 Vgl. Osterwalder, Pigneur (2011); BMWi: Business Model Canvas.

Rechts sind die marktbezogenen Schlüsselfaktoren aufgezeichnet:

- Kundenbeziehungen,
- Kundensegmente,
- Kanäle,
- Einnahmequellen.

ARBEITSHILFE ONLINE

Hinweis

Ein Muster für eine Business-Model-Canvas steht als Arbeitshilfe online bereit, ebenso ein Beispiel aus der Praxis.

Sobald die Canvas fertig gestellt ist, werden – am Besten in einem interdisziplinären Team – zu jedem Schlüsselfaktor Ideen entwickelt und stichwortartig auf Zettel geschrieben. Diese werden den Schlüsselfaktoren thematisch zugeordnet und in die betreffenden Felder des Canvas einsortiert. Das Canvas funktioniert wie ein Baukasten, der es erlaubt, die einzelnen Aspekte des Unternehmens zu betrachten, zu verschieben und neu zusammenzufügen, bis ein marktfähiges Geschäftsmodell entstanden ist.

Bei der Erstellung des Canvas müssen für jeden einzelnen Schlüsselfaktor Kernfragen beantwortet werden. Diese werden im Folgenden näher beschrieben.

1.5.2.1 Kundensegmente

Ausgangspunkt der Betrachtung sind die Kundensegmente (*customer segments*). Es geht darum, sich klar zu werden, welche Kundengruppen für das Produkt (Ware oder Dienstleistung) infrage kommen. Dabei ist auch zu analysieren, wie groß diese Gruppen sind, welche Wertvorstellungen sie haben und wie ihre Entscheidungsprozesse verlaufen. Festgelegt wird zudem, in welchem Maß die Unterscheidung der potenziellen Kunden nach ihren Bedürfnissen und Problemen (»Segmentierung«) erfolgen sollte, denn dies wirkt sich auf die anderen Bausteine des Geschäftsmodells aus. Liegt der Fokus des Unternehmens auf sogenannten Nischenmärkten, ist regelmäßig ein hohes Maß an Spezifizierung des Kundensegments erforderlich. Richtet sich das Unternehmen dagegen eher auf einen »Massenmarkt« aus, kann auf eine eingehende Differenzierung der einzelnen Kundensegmente verzichtet werden.

!

Wichtig

Wer ist die Zielgruppe?

1.5.2.2 Wertangebot

Anschließend wird das Produkt (Ware oder Dienstleistung) betrachtet. Es gilt herauszuarbeiten, welches Wertangebot oder Nutzenversprechen (Value-Proposition) mit ihm verbunden ist. Denn nur wenn das Produkt ein Bedürfnis der Kunden befriedigt oder zur Lösung eines speziellen Problems dient, kann es sich am Markt etablieren.

Die Wertangebote können unterschiedlicher Natur sein. Sie können sich beispielsweise dadurch auszeichnen, dass sie aufgrund ihrer Neuheit überhaupt erst ein Bedürfnis des Kunden wecken. Die Wertschöpfung für den Kunden kann aber auch durch eine Verbesserung bestehender Produkte, Arbeitserleichterung, niedrigere Kosten oder mehr Anwenderfreundlichkeit steigen. Zu guter Letzt kann der Wert für Kunden im bloßen Design bestehen.

Wichtig !

Welchen Nutzen haben die Kunden, wenn sie das Produkt erwerben?

1.5.2.3 Kanäle

Hat ein Unternehmen seine Zielgruppen und den Produktnutzen für diese erkannt, untersucht es, welche Kommunikations- und Vertriebskanäle (*channels*) sich eignen, um den potenziellen Kunden das Produkt bekannt und verfügbar zu machen. Es sind also Überlegungen anzustellen, wie und wo Werbung für das Produkt gemacht und an welchen Verkaufsorten (*point of sale*) es angeboten werden sollte, zum Beispiel im Groß- oder Einzelhandel oder in Online-Shops.

Nach Osterwald und Pigneur existieren fünf Kanalphasen und fünf wesentliche Kanaltypen, die sich zum einen als direkte oder indirekte und zum anderen in eigene und Partnerkanäle untergliedern lassen, darunter Verkaufsabteilung, Internetverkauf, eigene Filiale, Partnerfiliale oder Großhändler. Die Herausforderung für ein Unternehmen besteht darin, die Kanäle derart auf die regelmäßig bei der Kaufentscheidung ablaufenden Phasen Aufmerksamkeit, Bewertung, Kauf, Vermittlung sowie nach dem Kauf abzustimmen, dass die Kundenerfahrung als hervorragend erlebt und der Umsatz dadurch maximiert wird.

Wichtig !

Wie erfahren Kunden von dem Angebot und wie bekommen sie es?

1.5.2.4 Kundenbeziehungen

Im nächsten Schritt wird festgelegt, wie die Kundenbeziehungen (*customer-relations*) gestaltet werden sollen. Entscheidend hierfür sind die Erwartungshaltungen der Kunden. Einige Märkte setzen den Aufbau einer persönlichen Bindung und einen vertrauensvollen Umgang voraus – das gilt insbesondere für Freiberufler wie Rechtsanwälte, Steuerberater oder Unternehmensberater –, in anderen Märkten ist die Interaktion mit dem Kunden nahezu vollständig automatisiert, etwa bei Smartphone-Applikationen.

! **Wichtig**

Wie können die anvisierten Kunden gewonnen und gebunden werden?

1.5.2.5 Einnahmequellen

Nachgedacht wird zudem über die Einnahmequellen (*revenue streams*) in dem Geschäftsmodell. Zu diesem Zeitpunkt geht es nicht darum, konkrete Umsatzerwartungen zu formulieren, sondern die Erlösstruktur festzulegen. Sie sollte so gestaltet sein, dass sie aus Kundensicht die Hürde senkt, eine Geschäftsbeziehung einzugehen. Es geht beispielsweise darum, ob der Kunde eine Ware nur durch Zahlung eines einmaligen Kaufpreises erwerben kann oder ob ihm auch anderweitige Finanzierungsmöglichkeiten wie Miete oder Leasing angeboten werden sollen. Ebenso kann eine Dienstleistung durch ein Pauschalhonorar abgegolten oder auf Stundenbasis abgerechnet werden.

! **Wichtig**

Woher kommt das Geld?

1.5.2.6 Schlüsselressourcen

Nach einer eingehenden Betrachtung des Produkts und des Marktes wird geprüft, ob und inwieweit das Unternehmen in der Lage ist, das Produkt anzubieten. Dazu wird zunächst festgestellt, über welche Schlüsselressourcen es verfügt. Darunter fallen alle intellektuellen, physischen, menschlichen und finanziellen Faktoren, die für die Produktion einer Ware oder die Erbringung einer Dienstleistung zwingend notwendig sind, zum Beispiel Know-how, Geschäftsräume, Personal und Investitionskapital.

! **Wichtig**

Welche Ressourcen sind unverzichtbar?

1.5.2.7 Schlüsselaktivitäten

Zu den Schlüsselaktivitäten gehören die wichtigsten Handlungen eines Unternehmens, die zum Gelingen des Geschäftsmodells beitragen. Sie ermöglichen erst, dass ein Produkt geschaffen und angeboten werden kann. Bei der Analyse werden die Aspekte herausgearbeitet, die im Hinblick auf das Wertangebot, die Kanäle sowie die Einnahmequellen eine Rolle spielen.

Wichtig !

Was ist zu tun, um das Geschäftsmodell zu realisieren?

1.5.2.8 Schlüsselpartner

Des Weiteren ist zu überlegen, ob und inwieweit Beziehungen mit Schlüsselpartnern eingegangen werden sollen. Dazu zählen Lieferanten und Partner, die nötig sind, damit ein Geschäftsmodell funktioniert. Allianzen werden vor allem gebildet, um Geschäftsmodelle zu optimieren, Risiken zu minimieren und/oder Zugang zu wesentlichen Ressourcen zu erhalten.

Wichtig !

Wer kommt als Partner infrage?

1.5.2.9 Kostenstruktur

Schließlich bedarf es einer Analyse der Kostenstruktur, denn neben den Einnahmen haben die Kosten entscheidenden Einfluss auf den Gewinn. Dazu werden zunächst alle Kosten, die für den Betrieb des Geschäftsmodells anfallen, erfasst und anschließend strukturiert. Die Kostenstruktur kann sich aus einer Einteilung in fixe und variable Kosten ergeben oder aus der Unterscheidung zwischen kostenorientierten und wertorientierten Geschäftsmodellen.

Bei kostenorientierten Geschäftsmodellen, insbesondere beim Streben nach der Preisführerschaft, liegt der Fokus auf der Minimierung von Kosten. Diese werden demnach in erster Linie danach beurteilt, ob sie reduziert oder sogar eliminiert werden können. Dagegen richtet sich der Fokus bei wertorientierten Geschäftsmodellen auf die Erhöhung der Wertschöpfung, um sich von den Wettbewerbern zu differenzieren. Hier werden Kosten vor allem danach beurteilt, ob und inwieweit sie für die Wertsteigerung erforderlich sind.

! **Wichtig**

Welches sind die wichtigsten Ausgaben, ohne die das Geschäftsmodell nicht funktionieren würde?

2 Erstellung des Businessplans

Wenn Sie die beste Geschäftsidee ausgewählt und ein Geschäftsmodell konzipiert haben, geht es darum, die konkretere Geschäftsplanung zu entwickeln.

Definition Businessplan !

Ein Businessplan ist die Beschreibung von unternehmerischen Vorhaben, in dem die unternehmerischen Ziele, geplante Strategien und Maßnahmen sowie die Rahmenbedingungen inhaltlich und quantitativ vollständig und übersichtlich dargestellt werden.

2.1 Allgemeine Hinweise

Zu jeder Unternehmensgründung – sei sie noch so klein – gehört ein ausgefeilter Businessplan.

2.1.1 Sinn und Zweck

Der Sinn eines Businessplans besteht in erster Linie in einer detaillierten und strukturierten gedanklichen Durchdringung des Gründungsvorhabens. So sollen Planungsfehler im Vorfeld der Unternehmensgründung soweit möglich vermieden werden. Er dient insbesondere den Personen, die in Bezug auf das Vorhaben Entscheidungen mit großer Tragweite zu treffen haben, als wesentliche Grundlage. Mit dem Businessplan müssen sie daher in die Lage versetzt werden, einen fundierten Entschluss über das weitere Vorgehen fassen zu können. Damit kann der Businessplan sowohl als Planungs- als auch als Kommunikationsinstrument eingesetzt werden.

2.1.2 Adressaten

An dem Inhalt eines Businessplans sind viele Personenkreise interessiert, und zwar außerhalb und innerhalb des Unternehmens.

Wichtig !

Die einzelnen Adressaten haben unterschiedliche Interessen und legen daher auf verschiedene Gesichtspunkte besonderen Wert. Abhängig davon, wem Sie Ihren Businessplan vorlegen wollen, sollten Sie daher insbesondere auf die Aspekte ausführlich eingehen, die für den Leser von spezieller Bedeutung sind!

2.1.2.1 Unternehmensextern

Beschaffung von Fremdkapital

In der Praxis ist ein Businessplan vor allem bei der Beschaffung von Fremdkapital von Bedeutung. Insbesondere gewähren Banken keinen Kredit, ohne dass ein ordnungsgemäßer Businessplan vorliegt. Sie verlangen regelmäßig einen vollständig durchdachten und durchgerechneten Plan, aus dem sich die wirtschaftliche Tragfähigkeit des Gründungsvorhabens ergibt. Der Schwerpunkt der Betrachtung liegt dabei auf einer detaillierten Finanzplanung, aus der sich ergibt, dass das Unternehmen in der Lage ist, ohne nennenswerte Risiken seinen Zahlungsverpflichtungen – also Ratenzahlungen und Rückzahlung des Darlehens nach Ablauf der Darlehensdauer – nachzukommen, und dass die eventuell vom Gründer zur Verfügung gestellten Sicherheiten nicht an Wert verlieren.

Aber auch weniger strenge Darlehensgeber, zum Beispiel Crowd-Investoren, benötigen für ihre Entscheidung über die Kreditvergabe einen Einblick in die Planungen. Im Vordergrund stehen dabei häufig nicht unbedingt die rein wirtschaftlichen Aspekte der Unternehmensgründung, sondern häufig auch kulturelle, ökologische oder soziale Ziele, die das Unternehmen verfolgen will.

Schließlich verlangt selbst der deutsche Staat, wenn er im Rahmen von öffentlichen Förderprogrammen Zuschüsse oder Kredite für Unternehmensgründungen gewährt, dass ein Businessplan vorgelegt wird. Da es nun Aufgabe des Staates ist, in erster Linie die Wohlfahrt der Allgemeinheit und nicht den Reichtum eines Einzelnen zu fördern, legt er vor allem Wert auf den volkswirtschaftlichen Nutzen der Unternehmensgründung. Dieser kann sich beispielsweise aus der starken technischen Innovation eines neuen Produkts ergeben, die den Standort Deutschland wirtschaftlich stärkt, oder aus einer relevanten Anzahl von neuen Beschäftigungsverhältnissen, die das Unternehmen schaffen kann. Ebenso können unternehmerische Nebenziele wie Integration oder Verbesserung der Umwelt und Gesundheit von Bedeutung sein. Nicht zuletzt fördert der Staat auch solche Gründungen, durch die der Gründer als Bezieher staatlicher Sozialleistungen wie Arbeitslosengeld oder »Hartz IV« ausscheidet und eine reguläre Beschäftigung aufnimmt.

Beschaffung von Eigenkapital von Investoren

Häufig benötigen Unternehmensgründer nicht nur einen Kredit, sondern sie sind auf der Suche nach Investoren, die bereit sind, Anteile an dem neuen Unternehmen zu erwerben. Investoren sind jedoch regelmäßig nur bereit, in das Unternehmen einzusteigen, wenn sich ihre Investition zumindest mittelfristig für sie rechnet. Meist erhoffen sie sich, dass der Wert ihrer Anteile in den nächsten Jahren wesentlich steigt und sie diese dann wieder mit hohem Gewinn verkaufen können. Insofern ist ihnen besonders wichtig, ob eine explosionsartige Steigerung des Unternehmenswerts möglich erscheint. Dies ergibt sich nur in seltenen Fällen aus einer außergewöhnlichen Gewinnsituation, sondern vielmehr aus dem Potenzial, kurzfristig große Marktanteile zu gewinnen. Investoren sind daher oft auf der Suche nach sogenannten disruptiven Innovationen, durch die eine bestehende Technologie oder ein bestehendes Produkt theoretisch vollständig verdrängt werden kann. Ob ein neues Unternehmen dieses Potenzial hat, muss sich aus dem Businessplan ergeben.

Gewinnung von Kunden

Des Weiteren interessieren sich auch potenzielle Kunden für den Businessplan. Dies ist der Fall, wenn sich ein gewerblicher Kunde für eine langfristige Geschäftsbeziehung entscheiden soll und das angebotene Produkt für ihn von besonderer strategischer Bedeutung ist. Der Kunde möchte vor allem sichergestellt wissen, dass das neue Unternehmen auch in Zukunft noch besteht. Anderenfalls wären seine Investitionen in das neue Produkt nutzlos.

Beispiel !

Ist ein Kunde auf der Suche nach einer neuen Unternehmenssoftware, zählt für ihn nicht nur die Leistungsfähigkeit und die einmalige Lizenzgebühr, wenn er eine Wahl trifft. Vielmehr hat auch die Frage großes Gewicht, ob der Anbieter zukünftig noch in der Lage ist, die Software an weiteren Arbeitsplätzen zu installieren, auftretende Fehler zeitnah zu beheben, Personal zu schulen und die Software an neue technische Anforderungen anzupassen, beispielsweise bei der Migration der Software auf neue Betriebssysteme. Ist dies nicht gewährleistet, wird sich der Kunden selbst dann nicht für die Implementierung der Software entscheiden, wenn sie leistungsstark und günstig ist!

Ähnlich ist die Interessenlage bei der Erschließung von Vertriebskanälen. Insbesondere der Groß- und Einzelhandel sowie Handelsvertreter legen bei ihrer Entscheidung, ob sie ein neues Produkt in ihr Sortiment aufnehmen, nicht nur Wert darauf, ob die Unternehmenskontinuität gewährleistet ist, sondern auch darauf, dass Wettbewerbsfähigkeit besteht. Ausschlaggebend sind insoweit beispielsweise der Kundennutzen und etwaige Alleinstellungsmerkmale des neuen Produkts, das Marktpotenzial, die Konkurrenzsituation, die geplanten Werbemaßnahmen und die Preisgestaltung – also alles Aspekte, die sich aus einem ordnungsgemäßen Businessplan ergeben sollten.

Orientierung von Lieferanten

Ebenso verlangen Lieferanten häufig einen Einblick in den Businessplan. Dies gilt zumindest dann, wenn der Lieferant seinerseits eigene erhebliche Investitionen tätigen muss, um seinen Verpflichtungen gegenüber dem neu gegründeten Unternehmen nachzukommen. In solchen Fällen rentiert sich nämlich für ihn die Geschäftsbeziehung zumeist eher mittel- bis langfristig, da seine Einnahmen hieraus seine anfänglichen Investitionen erst zu einem späteren Zeitpunkt decken (Amortisation). Für den Lieferanten ist es daher wichtig, zumindest dem Businessplan entnehmen zu können, ob die Fortführung des neuen Unternehmens auch über die Amortisationsdauer hinaus sichergestellt ist.

Rekrutierung potenzieller Mitarbeiter
Schließlich können mithilfe eines Businessplans Arbeitnehmer für das neu gegründete Unternehmen gewonnen werden. Dies gilt insbesondere für Mitarbeiter, die über besondere Fähigkeiten oder Netzwerke verfügen, zum Beispiel Softwareentwickler oder Vertriebsdienstleister. Da gute Leute begehrt sind und sich daher ihre Arbeitgeber aussuchen können, müssen sie davon überzeugt werden, sich für das neu gegründete Unternehmen zu entscheiden. Neben den wirtschaftlichen Aspekten ist deshalb im Businessplan für diese Personengruppe hervorzuheben, wie sich das Unternehmen in Zukunft weiterentwickeln soll. Von regem Interesse ist insoweit, wie breit der Aufgaben- und Verantwortungsbereich des Bewerbers sein soll, welche Karrierechancen er hat, wie der Personalbestand ausgebaut werden soll oder ob eine Internationalisierung angestrebt wird.

2.1.2.2 Unternehmensintern

Unternehmer
Für den Unternehmer ist der Businessplan in mehrfacher Hinsicht von Bedeutung. Zunächst ist der Gründer im Rahmen der Erstellung und Niederschrift des Businessplans gezwungen, sein Konzept strukturiert darzustellen. Dies setzt zum einen voraus, dass er die Ziele, die er mit der Unternehmensgründung verfolgt, genau definieren muss. Erst wenn er sich hierüber im Klaren ist, kann er Strategien entwerfen, wie diese Ziele erreicht werden sollen und welche konkreten Maßnahmen zu treffen sind. Zum anderen erfordert die Erstellung eines Businessplans, dass sich der Gründer mit allen Aspekten seines Vorhabens eingehend beschäftigt und tiefgehende Recherchen anstellt. Dabei müssen Gründer häufig feststellen, dass sie bei der Entwicklung einer Geschäftsidee bestimmte Gesichtspunkte nicht berücksichtigt oder falsch eingeschätzt haben. Typischerweise machen Gründer bei einer ersten Einschätzung folgende Fehler:

- Sie über- oder unterschätzen das Marktpotenzial des neuen Produkts und die Konkurrenz.
- Sie übersehen fremde gewerbliche Schutzrechte, zum Beispiel Patente, Gebrauchsmuster und Urheberrechte.

- Sie bewerten Risiken nicht oder unzutreffend.
- Sie haben überhöhte Preisvorstellungen und setzen die Kosten zu niedrig an.

Aufgrund der intensiven Beschäftigung mit dem Geschäftsmodell beim Erstellen des Businessplans kann nun der Unternehmer seine ursprünglichen Annahmen korrigieren, seine Ziele und Strategien anpassen und somit Planungsfehler vermeiden.

Wichtig !

Im schlimmsten Fall erkennt der Gründer, dass sein Geschäftsmodell wirtschaftlich nicht tragfähig ist. Wenn er deshalb von der Verwirklichung Abstand nimmt, ist dies jedoch nicht tragisch. Es ist vernünftiger, eine Geschäftsidee ohne Aussicht auf Erfolg nicht umzusetzen, als sehenden Auges Geld und Zeit zu verschwenden und am Ende mit nichts dazustehen!

Die Funktion des Businessplans ist aber für den Unternehmer mit der erstmaligen Erstellung nicht erschöpft. Vielmehr dient er nun als Leitfaden für jeden einzelnen Schritt bei der Umsetzung. Er ermöglicht jederzeit einen Abgleich zwischen den geplanten Maßnahmen (Soll) und den tatsächlich eintretenden Ereignissen (Ist), damit stellt er ein nützliches Überwachungsinstrument bei der Realisierung der Gründungs- und Markteintrittsplanung dar.

Unvorhergesehene Gegebenheiten, zum Beispiel geänderte Kundenwünsche, neue Konkurrenten, höhere Selbstkosten, aber auch neue Geschäftschancen können dazu führen, dass der ursprüngliche Businessplan angepasst werden muss. In diesem Fall sind ggf. eine neue Definition der Ziele, Strategien und Maßnahmen sowie eine neue Bewertung des Geschäftsmodells erforderlich.

Kontrollgremien

In einigen Unternehmen existieren Gremien, die die Geschäftsführung überwachen. Dies können beispielsweise ein Beirat bei Personengesellschaften und GmbHs sowie ein Aufsichtsrat bei einer Aktiengesellschaft sein. Solche Gremien werden von Anteilseignern oder Kapitalgebern eingesetzt, wenn sie nicht selbst an der Geschäftsführung beteiligt sind. Diese Kontrollgremien verlangen bei der Umsetzung neuer Geschäftsvorhaben von der Geschäftsführung einen Businessplan, um sich von der Rentabilität der Investition zu überzeugen. Sie legen insbesondere Wert auf die wirtschaftliche Tragfähigkeit der neuen Unternehmung, eine eingehende Risiko-Analyse sowie ggf. die Übereinstimmung mit den anvisierten Zielen.

Mitarbeiter
Schließlich kann der Businessplan (zumindest in Teilen) der Belegschaft bekannt gemacht werden. Das Wissen um die Pläne, Ziele und Strategien des Arbeitgebers kann nicht nur sehr motivationsfördernd auf die Mitarbeiter wirken, wenn sie sich damit identifizieren können und von ihrer Position aus an der Umsetzung mitwirken wollen, sondern es kann auch als Richtschnur für die tägliche Arbeit dienen. Wenn nämlich die Mitarbeiter wissen, was der Chef eigentlich will, sind sie auch ohne dessen ausdrückliche Weisung in der Lage, in ihrem Tätigkeitsbereich schnell und unbürokratisch zumindest kleinere Entscheidungen zu treffen. Dies erhöht die Eigenständigkeit und Flexibilität der Mitarbeiter und damit wiederum deren Motivation.

2.1.3 Grundregeln

Bedenkt man den breiten Adressatenkreis eines Businessplans, liegt es auf der Hand, dass Sie bei der Erstellung sehr sorgfältig arbeiten müssen. Damit der Plan für jeden aus sich selbst heraus verständlich ist, sollten Sie einige Grundregeln beachten.

2.1.3.1 Klarheit

Ihr Businessplan sollte klar strukturiert sein, sodass er für einen Fremden lesbar und nachvollziehbar ist.

! **Wichtig**
Der Leser muss Ihren Businessplan auch ohne Ihre Erklärungen verstehen können!

Achten Sie deshalb darauf, dass Ihr Businessplan so aufgebaut ist, dass der Leser Schritt für Schritt in Ihr Geschäftsmodell eingeführt wird. Wesentlich ist insoweit, dass der Leser jeden einzelnen Ihrer Gedanken logisch nachvollziehen kann. Für eine solche Struktur gibt es zwar keine feste Regel, in der Praxis hat sich jedoch in den meisten Fällen folgender Aufbau bewährt:[1]

- Deckblatt und Verzeichnisse,
- Alles auf einen Blick,
- Geschäftsidee,
- Unternehmerprofil,

1 Vgl. BMWi (2015); Voigt.

- Markt und Wettbewerb,
- Marketing und Vertrieb,
- Geschäftsorganisation,
- Realisierungsplan,
- Chancen und Risiken,
- Finanzplan,
- Anhang.

Die Grundidee dieser Struktur ist, dass – nach einer Einführung in das Thema – die Darstellung des Geschäftsmodells vom Allgemeinen ins Spezielle führt. So wird nach der Beschreibung Ihrer Geschäftsidee und Ihrer Person zunächst das allgemeine Marktumfeld dargestellt, in dem Sie sich bewegen wollen. Daraus ergeben sich Ihre Ziele, Strategien und Maßnahmen, die Sie konkret umsetzen wollen. Stehen diese fest, resultieren hieraus eine bestimmte Geschäftsorganisation und ein Zeitplan, nach dem die Umsetzung erfolgen soll. Abschließend werden die Chancen und Risiken gegeneinander abgewogen und die finanziellen Auswirkungen ermittelt.

2.1.3.2 Sachlichkeit

Die Angaben in Ihrem Businessplan müssen sachlich korrekt und nachweisbar sein. Soweit möglich, sind daher Aussagen, zum Beispiel zu Marktdaten und Wettbewerber, mit entsprechenden Quellenangaben zu versehen. Ist dies ohne Weiteres nicht möglich, etwa bei der Planung von Verkaufszahlen, können Sie auch Annahmen treffen. Legen Sie aber in diesem Fall zumindest die Grundlagen Ihrer Schätzung offen, sodass der Leser selbst entscheiden kann, ob er Ihre Auffassung teilt.

Wichtig !

Seien Sie bei Ihren Annahmen nicht zu euphorisch. Auch wenn Sie selbst von Ihrer Geschäftsidee ehrlich überzeugt sind, erweckt ein übersteigerter Optimismus bei anderen Argwohn.

Falls Ihr Businessplan noch nicht vollständig ausgereift ist, sondern Schwächen aufweist, beispielsweise wenn sich das Produkt noch in der Phase der Forschung und Entwicklung befindet und die technische Umsetzbarkeit daher noch nicht gewährleistet ist, sollten Sie dies offen ansprechen. Sie können aber Lösungswege aufzeigen oder die Schwäche zumindest im Rahmen der Risiko-Analyse entsprechend bewerten.

! **Achtung**

Wenn Sie gegenüber Dritten bewusst falsche Angaben machen oder wahre Angaben pflichtwidrig unterdrücken, um sich einen Vermögensvorteil, zum Beispiel einen Kredit, zu verschaffen, können Sie sich wegen Betrugs strafbar machen!

Vermeiden Sie es, in Ihrem Businessplan plakative Werbung für Ihr Produkt zu machen. Sinn und Zweck eines solchen Plans besteht nämlich nicht in erster Linie darin, Kunden für Ihr Produkt zu gewinnen, sondern er dient als Planungs- und Kommunikationsinstrument für Entscheidungsträger.

! **Wichtig**

Eine überzogene Darstellung der Vorzüge Ihres Produkts oder Unternehmens erzeugt beim Leser Argwohn! Selbst wenn es tatsächlich hervorragende Erfolgsaussichten haben sollte, wird der Leser sich intuitiv gegen die von den werblichen Aussagen ausgehende Manipulation innerlich wehren und sich aus reiner Vorsicht gegen Ihr Vorhaben entscheiden.

2.1.3.3 Verständlichkeit

Ein Businessplan muss für den Leser verständlich sein. Da Sie davon ausgehen müssen, dass er nicht über Ihr Know-how verfügt, sollten Sie daher insbesondere technische Details so erklären, dass sie für Laien verständlich sind. Komplexe technische Dokumente, zum Beispiel Konstruktionszeichnungen oder Quellcodes, können Sie in den Anhang aufnehmen und im Hauptteil hierauf verweisen.

2.1.3.4 Druckbild

Das Druckbild sollte optisch ansprechend sein. Es empfiehlt sich daher, den Businessplan nicht handschriftlich oder mit einer mechanischen Schreibmaschine anzufertigen, sondern mit einem PC. Rechts vom Text sollte ein Seitenrand von mindestens fünf Zentimetern gelassen werden, damit sich der Leser hier Notizen machen kann (nicht beim Deckblatt etc.). Auf der linken Seite sowie oben und unten ist mindestens je ein Zentimeter Rand zu lassen.

Die Quellen- und Literaturverweise sollten jeweils durchlaufend nummeriert in Fußnoten am Seitenende stehen. Dabei können Sie die Harvard-Kurzzitierweise verwenden.

Beispiel !

- Direkt: Müller (2017), S. 12.
- Indirekt: Vgl. Schneider (2017), S. 35.
- Sekundärzitat: Vgl. Huber (2016), zitiert nach Schneider (2017), S. 125.

(Im letzten Fall verweist Schneider auf einen Gedanken von Huber.)

Beschreiben Sie immer nur die Vorderseiten der Blätter. Für den Fließtext empfiehlt sich ein Zeilenabstand von 1,5 und für den Fußnotenapparat ein Zeilenabstand von 1,0. Verwenden Sie eine leicht lesbare Schriftart mit normalem Zeichenabstand (zum Beispiel Times New Roman). »Narrow«-Schriftarten sind nicht gut geeignet. Der Fließtext sollte in einer nicht zu kleinen Schriftgröße (mindestens elf Punkt) gedruckt werden. Für den Fußnotenapparat reicht die Schriftgröße zehn Punkt.

Versehen Sie jede Seite (außer dem Deckblatt) mit einer Seitenzahl. Dies erleichtert dem Leser das spätere Auffinden bestimmter Kapitel oder Abbildungen. Die Seitenzahl können Sie am Seitenende frei positionieren.

Tipp !

In der Praxis hat es sich bewährt, die Seiten der Verzeichnisse, zum Beispiel Inhalts- und Literaturverzeichnis, mit römischen Ziffern – beginnend mit II, da die erste Seite das Deckblatt ist – und den eigentlichen Businessplan mit arabischen Ziffern (1, 2, 3 …) durchzunummerieren.

Aus Gründen der besseren Lesbarkeit empfiehlt es sich, Silben zu trennen und den Blocksatz zu verwenden.

Tipp !

Nutzen Sie hierfür die Funktionen »Automatische Silbentrennung« und »Blocksatz« für den Fließtext, sie sind in den meisten Textverarbeitungsprogrammen enthalten. So entsteht eine für den Leser ansprechende Seitengestaltung.

Achten Sie darauf, dass Grafiken, die Sie im Fließtext verwenden, sich harmonisch einpassen. Eventuell kann es passieren, dass die Textverarbeitungsprogramme eine Grafik so verkleinern, dass sie nicht mehr erkennbar oder unleserlich wird. Hier ist es oft unumgänglich, Grafiken umzugestalten, bis sie ein leserliches Format aufweisen.

Geben Sie den Businessplan nicht in losen Blättern oder nur geklammert weiter, da sonst die Gefahr besteht, dass er beim Adressaten unvollständig ankommt oder dass bei der Durchsicht Teile verloren gehen. Es empfiehlt sich, den Businessplan je nach Umfang binden (in Einband) oder heften (Schnellhefter) zu lassen.

!

Tipp

Wenn Sie einen Businessplan in elektronischer Form versenden möchten, zum Beispiel per E-Mail, sollten Sie ihn als PDF-Datei verschicken. Dieses Dateiformat kann von nahezu allen Empfängern gelesen werden, außerdem ist es nicht ohne Weiteres möglich, solche Dateien nachträglich zu verändern.

2.1.3.5 Umfang

Für einen Businessplan gibt es zwar keine offizielle Seitenbegrenzung, doch in der Praxis hat es sich bewährt, für eine verhältnismäßig einfache Geschäftsidee nicht mehr als 30 Seiten zu erstellen. Hintergrund ist, dass unternehmensexterne Adressaten (insbesondere Banken und Investoren) meist viele Businesspläne zu lesen und zu bewerten haben. Ein Businessplan in der Stärke eines Romans schreckt eher ab. So geben die Empfänger daher oft aus Bequemlichkeit eine negative Beurteilung ab, ohne die Geschäftsidee wirklich durchdrungen oder überhaupt den Businessplan vollständig gelesen zu haben.

!

Tipp

Halten Sie den Businessplan kurz und knapp und konzentrieren Sie sich auf die wesentlichen Aussagen.

2.1.3.6 Vermeidung formeller Fehler

Bevor Sie Ihren Businessplan an Dritte weiterreichen, ist eine gründliche Durchsicht geboten. Achten Sie dabei nicht nur auf die orthografische und grammatische Korrektheit, sondern auch auf den Stil. Übermäßig viele Fehler in äußerer Form, Rechtschreibung, Interpunktion und Grammatik können zu einer nachteiligen Bewertung führen.

!

Wichtig

Ein Businessplan schreibt sich nicht einfach so herunter. Für die meisten Kapitel sind umfassende Vorüberlegungen anzustellen. Außerdem werden Sie in der Regel eingehende Recherchen über die technischen, wirtschaftlichen und rechtlichen Rahmenbedingungen durchführen müssen. Einen logisch aufgebauten und in sich geschlossenen Businessplan werden Sie nur erstellen können, wenn die Geschäftsidee und das Geschäftsmodell so konzipiert sind, dass sie den Vorgaben entsprechen.

2.2 Deckblatt und Verzeichnisse

Bevor Sie in Ihrem Businessplan das eigentliche Geschäftsmodell erläutern, sind zunächst formelle Angaben zu machen. Diese sollen den Leser in die Lage versetzen, jederzeit bestimmte Aspekte wie spezielle Themen, Abbildungen oder Quellen, die ihn gerade interessieren, schnellstmöglich aufzufinden. Insoweit empfiehlt sich folgender Aufbau:

- Deckblatt,
- Inhaltsverzeichnis,
- Tabellenverzeichnis,
- Abbildungsverzeichnis,
- Abkürzungsverzeichnis,
- Literaturverzeichnis.

Wie Sie diese Verzeichnisse ordnungsgemäß erstellen, wird im Folgenden erläutert.

2.2.1 Deckblatt

Das Deckblatt sollte den Leser informieren über:

- Art des Dokuments (nämlich ein Businessplan),
- Geschäftsidee,
- Autor und dessen Kontaktdaten,
- Erstellungsdatum,
- Logo (wenn vorhanden).

Das folgende Beispiel zeigt eine typische Ansicht.

Beispiel !

Businessplan

zur Gründung eines

....

Gründerin/Gründer:	....
Anschrift:	....
	....
Telefon:	....

Telefax: ....

E-Mail: ....

Erstellt am: ....

2.2.2 Inhaltsverzeichnis

Das Inhaltsverzeichnis (bzw. die Gliederung) dient zur Orientierung des Lesers und soll ihm in erster Linie das schnelle Auffinden einzelner Kapitel erleichtern. Darüber hinaus gibt es dem Leser einen ersten Hinweis auf Ihre Gedankengänge. Er kann erkennen, ob Ihr Businessplan logisch aufgebaut ist und ob Sie in der Lage sind, Ihre Geschäftsidee sachlich und strukturiert darzustellen.

!

Wichtig

Weist bereits das Inhaltsverzeichnis strukturelle oder logische Defizite auf, sinkt automatisch die Bereitschaft des Lesers, sich intensiv mit Ihrem Businessplan auseinanderzusetzen!

Hieraus ergibt sich zunächst, dass sich alle Gliederungspunkte als Überschriften (und umgekehrt) im Businessplan wiederfinden müssen. Jeder Gliederungspunkt muss Text umfassen. Des Weiteren sind die einzelnen Gliederungspunkte thematisch zusammenzufassen und ggf. zu untergliedern.

!

Achtung

Getreu dem Motto »Wer A sagt, muss auch B sagen!« muss es, wenn es einen Gliederungspunkt A gibt, mindestens auch einen Gliederungspunkt B geben. Ebenso ist die Einführung einer weiteren Gliederungsebene nur dann sinnvoll, wenn diese wiederum in mehrere Abschnitte unterteilt wird, beispielsweise folgt in Abschnitt 3.1 nur dann ein Unterabschnitt 3.1.1, wenn auch ein Unterabschnitt 3.1.2 vorgesehen ist.

Überschriften sollten keine gekürzten Inhaltsangaben oder Vorgriffe auf die Ergebnisse sein. Wählen Sie sie daher so aus, dass sie lediglich den inhaltlichen Gegenstand des jeweiligen Textes bezeichnen. Um die Sachlichkeit Ihres Businessplans zu unterstreichen, empfiehlt es sich, dabei möglichst Substantive zu verwenden (»Nominalstil«) und auf Verben zu verzichten (»Verbalstil«). Letzterer Stil wird meist als zu umgangssprachlich angesehen und untergräbt deshalb eventuell Ihre Seriosität.

Beispiel !

- Nominalstil: Marketingziele; Verbalstil: Welche Ziele verfolge ich?
- Nominalstil: Chancen und Risiken; Verbalstil: Welche Chancen und Risiken bestehen?

Vermeiden Sie Überschriften ohne inhaltliche Aussage. Der Sinn von Kapitelüberschriften besteht nämlich darin, den Inhalt des jeweiligen Kapitels anzukündigen. Leerformeln wie Einführung, Hauptteil, Schluss, Exkurs sollten Sie daher möglichst nicht verwenden. Ebenso sollten Ihre Überschriften inhaltlich zutreffen. Beispielsweise muss eine Zusammenfassung tatsächlich eine Kurzversion des bereits Behandelten enthalten; in ihr dürfen keine neuen Aspekte auftauchen. Dagegen muss ein »Ausblick« tatsächlich neue, zu erwartende Entwicklungen aufzeigen, darf aber bereits Behandeltes nicht wiederholen.

Für die Gliederung können sie entweder ein dezimales oder ein alphanumerisches System verwenden, Sie dürfen diese Varianten jedoch nicht mischen! Bei der dezimalen Gliederung gelten folgende Richtlinien (vgl. DIN 5008):

- Es werden arabische Ziffern (also 1, 2, 3 etc.) verwendet.
- Jeder Hauptabschnitt wird von 1 an fortlaufend nummeriert.
- Jeder Abschnitt kann beliebig viele Unterabschnitte haben, mindestens jedoch zwei.
- Jeder Unterabschnitt kann wiederum in weitere Unterabschnitte, mindestens aber zwei, unterteilt werden usw.
- Die Ziffern der einzelnen Ebenen werden durch einen Punkt getrennt.
- Hinter der jeweils letzten Gliederungsziffer steht kein Punkt, also auch, wenn es nur eine Gliederungsziffer gibt.

Beispiel !

1 Gliederungsebene 1 1

1.1 Gliederungsebene 2 1

1.2 Gliederungsebene 2 1

2 Gliederungsebene 1 1

3 Gliederungsebene 1 3

3.1 Gliederungsebene 2 3

3.1.1 Gliederungsebene 3 4

3.1.2 Gliederungsebene 3 5

3.1.2.1 Gliederungsebene 4 8

3.1.2.2 Gliederungsebene 4 8

3.1.3 Gliederungsebene 3 9

3.2 Gliederungsebene 2 10

3.3 Gliederungsebene 2 11

Bei dem alphanumerischen System werden die einzelnen Gliederungsebenen üblicherweise wie folgt gekennzeichnet:

A. Gliederungsebene 1

I. Gliederungsebene 2

1. Gliederungsebene 3

a) Gliederungsebene 4

aa) Gliederungsebene 5

(1) Gliederungsebene 6

(a) Gliederungsebene 7

Im Inhaltsverzeichnis werden die Gliederungsebenen auf jeweils gleicher Höhe nach rechts eingerückt dargestellt.

! **Beispiel**

A. Gliederungsebene 1 1

  I. Gliederungsebene 2 2

    1. Gliederungsebene 3 2

    2. Gliederungsebene 3 4

      a) Gliederungsebene 4 4

        aa) Gliederungsebene 5 5

        bb) Gliederungsebene 5 5

  II. Gliederungsebene 2 6

B. Gliederungsebene 1 7

In der Gliederung sind neben jeder Überschrift rechts außen die entsprechenden Seitenzahlen anzugeben, wobei die Angabe der ersten Seite ausreicht, auf der die Ausführungen zur Überschrift jeweils beginnen. Verwenden Sie dabei ebenfalls Blocksatz. Im Text des Businessplans finden sich die Gliederungszeichen und der dazugehörige Text als Überschrift wieder.

2.2.3 Abbildungsverzeichnis

Im Rahmen eines Businessplans empfiehlt es sich häufig, bildhafte Darstellungen und Grafiken zu verwenden, um den Text aufzulockern und schwierige Sachverhalte anschaulich darzustellen. Das Abbildungsverzeichnis dient dem Zweck, dem Leser ein schnelles und unkompliziertes Zugreifen auf die Abbildungen zu ermöglichen. Hierfür wird jede Abbildung mit einer Abbildungsnummer (zum Beispiel Abb. 1) und einer Beschriftung versehen. Im Abbildungsverzeichnis werden dementsprechend die Abbildungsnummer, die zeichengetreue Beschriftung der Abbildung sowie die Seitenzahl, wo sich die Abbildung im Businessplan befindet, angegeben.

Beispiel !

Abb. 1 Organigramm 19

Abb. 2 Prozessorganisation 19

Abb. 3 Realisierungsfahrplan 21

Abb. 4 SWOT-Analyse 22

2.2.4 Tabellenverzeichnis

Beinhaltet ein Businessplan viele Tabellen, ist es sinnvoll, ein separates Verzeichnis für sie zu erstellen. Dabei sind die gleichen Regeln zu beachten wie bei der Erstellung eines Abbildungsverzeichnisses. Dies bedeutet, dass jede Tabelle mit einer Tabellenziffer (zum Beispiel Tab. 1) und einer Beschriftung versehen wird. Im Tabellenverzeichnis werden dementsprechend die Tabellenziffern, die zeichengetreue Beschriftung der Tabelle sowie die Seitenzahl, wo sich die Tabelle in Ihrem Businessplan befindet, angegeben.

! **Beispiel**

Tab. 1 Budgetplanung für einen Messeauftritt 12

Tab. 2 Langfristige Investitionen 19

Tab. 3 Mittel- und kurzfristige Investitionen 19

Tab. 4 Gründungskosten 20

! **Tipp**

Ein Tabellenverzeichnis sollten Sie lediglich dann erstellen, wenn es genügend Tabellen im Businessplan gibt. Anderenfalls ist es sinnvoll, die Tabellen zusammen mit den Abbildungen in einem Darstellungsverzeichnis zu listen. Entsprechend werden auch die Tabellen und Abbildungen als Darstellungen bezeichnet (zum Beispiel Dar. 1). Unabhängig davon, ob es sich um eine Abbildung oder eine Tabelle handelt, werden die Darstellungen nach der Reihenfolge ihres Auftretens durchnummeriert.

2.2.5 Abkürzungsverzeichnis

In einem Businessplan dürfen oft wiederholte Begriffe durchaus abgekürzt werden. Die Verwendung von Abkürzungen sollte allerdings auf den Leserkreis abgestimmt sein, sinnvoll gewählt sein und nur verwendet werden, wenn sich dadurch ein häufig wiederkehrender, umständlicher Ausdruck vermeiden lässt.

! **Tipp**

Seien Sie sparsam mit Abkürzungen. Sie dürfen auf keinen Fall den Lesefluss stören.

Mit Ausnahme der im Duden aufgeführten Abkürzungen wie »etc.«, »z. B.« oder »S.« werden alle im Text verwendeten Abkürzungen in das Abkürzungsverzeichnis aufgenommen. Dies gilt beispielsweise für Bezeichnungen für Gesetze, Institutionen oder Fachbegriffe. Auch Abkürzungen, die im Anhang oder in einer Fußnote vorkommen, werden im Abkürzungsverzeichnis erklärt.

! **Tipp**

Es empfiehlt sich, einen Begriff bei erstmaliger Verwendung im Textabschnitt auszuschreiben und dabei die Abkürzung in Klammern zu setzen. Und: Verzichten Sie nach Möglichkeit darauf, eigene Abkürzungen zu erfinden und zu verwenden – es sei denn, Sie haben tatsächlich etwas Neues erfunden!

Führen Sie die Abkürzungen in alphabetischer Reihenfolge im Abkürzungsverzeichnis auf. Das Verzeichnis umfasst zwei Spalten: In der linken stehen die Abkürzungen, in der rechten die entsprechenden Erläuterungen. Wird eine Abkürzung mit einem Kleinbuchstaben beendet, folgt regelmäßig ein Punkt. Sollte die Abkürzung mit einem Großbuchstaben enden, wird kein Punkt hinzugefügt.

Beispiel !

BGB	Bürgerliches Gesetzbuch
CAGR	Compound Annual Growth Rate
CSV	Comma Seperated Values
ERP	Enterprise Resource Planning
EStG	Einkommensteuergesetz
EU	Europäische Union
GmbH	Gesellschaft mit beschränkter Haftung
HMI	Human Machine Interface
IHK	Industrie- und Handelskammer
MCU	Microcontroller Unit
MVP	Minimum Viable Product
VPN	Virtual Private Network

2.2.6 Literaturverzeichnis

Beim Erstellen Ihres Businessplans sollten Sie sich umfassend mit dem einschlägigen Schrifttum auseinandersetzen. Das Literaturverzeichnis dokumentiert die verarbeitete und im Businessplan zitierte Literatur. Es ermöglicht zusammen mit den Fußnoten eine eindeutige Zuordnung der zitierten Quellen. Das Literaturverzeichnis muss daher die gesamte zitierte Literatur enthalten. Umgekehrt sollte Literatur, die in den Fußnoten nicht erscheint, auch nicht in das Literaturverzeichnis aufgenommen werden. Nach Möglichkeit sollte immer mit der aktuellen Auflage gearbeitet werden.

Grundsätzlich ist jede von anderen Autoren wörtlich übernommene Textpassage (mit Anführungszeichen) und jede Ausführung, die sich an die Gedankengänge anderer Autoren anlehnt, als Zitat zu kennzeichnen. Zitierpflichtig sind somit alle Quellen, die von Dritten ausgearbeitet wurden. Dazu gehören

Bücher, Aufsätze, Artikel, Gesetzestexte, Statistiken, Abbildungen, Tabellen sowie Inhalte aus dem Internet.

! **Wichtig**

Allgemeinwissen, das Konversationslexika zu entnehmen ist, muss nicht zitiert werden.

Die Angaben im Literaturverzeichnis werden üblicherweise alphabetisch geordnet. Es ist keine Unterteilung, zum Beispiel in Bücher und Zeitschriften, erforderlich. Im Businessplan reicht die sogenannte Kurzzitierweise aus, das heißt, Sie geben lediglich den Namen, den abgekürzten Vornamen, eventuell Stichwort, Jahr (nach dem Autor oder dem Stichwort) und die Zitierstelle an. Falls von einem Autor (einer Autorengruppe) mehrere Veröffentlichungen eines Jahres verwendet werden, sind alle Quellen unterscheidbar kenntlich zu machen, sodass sich spätere Zitate eindeutig zuordnen lassen.

! **Beispiel**

Arbeitskreis Deutscher Markt- und Sozialforschungsinstitute e.V. (Hg.) (2015): Jahresbericht 2014, abrufbar unter www.adm-ev.de.

Hoeren, T. (2016a): Internetrecht (Stand: Oktober 2015), abrufbar unter www.uni-muenster.de.

Hoeren, T. (2016b): IT-Vertragsrecht (Stand: Oktober 2015), abrufbar unter www.uni-muenster.de.

Porter, M. E. (2013): Wettbewerbsstrategie: Methoden zur Analyse von Branchen und Konkurrenten, 12.Auflage, Frankfurt am Main/New York

Porter, M. E. (2014): Wettbewerbsvorteile: Spitzenleistungen erreichen und behaupten, Frankfurt am Main

Statistisches Bundesamt (2016): Unternehmen und Arbeitsstätten, abrufbar unter www.destatis.de.

2.3 Alles auf einen Blick

Der eigentliche Businessplan beginnt mit einer Zusammenfassung der wichtigsten Punkte. Diesen Textteil können Sie auch mit einem anderen Titel versehen, zum Beispiel mit »Überblick«. Bei größeren Projekten wird häufig der englische Begriff »Executive Summary« verwendet! Die Zusammenfassung soll das Interesse des Lesers wecken. Aus diesem Grund sollten Sie Ihr Geschäftsmodell kurz und bündig darstellen und deutlich machen, dass Ihr Vorhaben umsetzbar und wirtschaftlich tragfähig ist. Gehen Sie dabei auf die speziellen Interessen der Adressaten Ihres Businessplans ein (vgl. hierzu im Einzelnen Kapitel 2.1.2).

Wichtig !

In der Praxis entscheidet in den meisten Fällen bereits die Zusammenfassung, ob sich ein Kapitalgeber, etwa ein Bankangestellter oder Investor, überhaupt mit einem Geschäftsvorhaben tiefer auseinandersetzen will. Die mit solchen Projekten befassten Personen müssen häufig eine Vielzahl von Businessplänen lesen und bewerten. Ergibt sich schon aus der Zusammenfassung, dass das Geschäftsmodell für eine Person nicht von Interesse ist, wird sie Ihren Businessplan nicht weiterlesen und Ihr Begehren abschlägig bescheiden.

Die Zusammenfassung sollte folgende Inhalte aufweisen:

- Name des zukünftigen Unternehmens,
- Name der Gründer und ihre Kompetenzen,
- Art des geplanten Produkts,
- Kundennutzen Ihres Angebots,
- verwendete Technologie,
- Wettbewerbsvorteile und Alleinstellungsmerkmal Ihres Angebots.

Als Lesezeit sind fünf bis zehn Minuten zu veranschlagen. Die Zusammenfassung sollte daher idealerweise nicht länger als zwei Seiten sein. Auf eine Einleitung kann verzichtet werden.

Tipp !

Schreiben Sie Ihre Zusammenfassung erst, nachdem Sie alle übrigen Bestandteile des Businessplans fertig gestellt haben! Darin müssen sich nämlich alle relevanten Ergebnisse, insbesondere die zur Markt- und Wettbewerbsanalyse sowie zur Finanzplanung, exakt wiederfinden.

2.4 Geschäftsidee

Im nächsten Kapitel beschreiben Sie Ihre Geschäftsidee. Die Darstellung sollte sich nicht auf die geplante Ware oder Dienstleistung beschränken, sondern auch den hiermit verbundenen Nutzen für potenzielle Kunden sowie auf die Machbarkeit der Umsetzung eingehen.

2.4.1 Produktbeschreibung

Legen Sie zunächst dar, welche Ware oder Dienstleistung (Produkt) Sie anbieten wollen.

! **Wichtig**

Was kann mein Produkt?

Stellen Sie hier die Funktionen und die Qualität Ihres Produkts dar. Es muss deutlich werden, was ein Erwerber damit anfangen und welches Problem er lösen kann.

! **Tipp**

Beschreiben Sie Ihr Produkt mit möglichst einfachen Worten, damit auch ein Laie es versteht und interessant findet. Vermeiden Sie Fachausdrücke, Formeln oder technische Details! Das fällt insbesondere bei technischen Apparaten und Dienstleistungen oft schwer. Ist dies der Fall, können Sie detaillierte technische Dokumentationen und ein Glossar mit den wichtigsten Fachausdrücken im Anhang beifügen. So kann sich der Leser bei Bedarf intensiver mit den technischen Details auseinandersetzen. Ob Ihre technischen Ausführungen zutreffen, sollten Sie im Zweifelsfall durch ein Gutachten nachweisen.

Damit Ihr Produkt besser verständlich wird, empfiehlt es sich zudem, Abbildungen – Fotos, Zeichnungen oder Diagramme – beizufügen ganz nach dem Sprichwort »Ein Bild sagt mehr als tausend Worte«.

Erwähnen Sie auch bereits bestehende Patente, Rechte, Lizenzen und Verträge ausdrücklich. Die Unterlagen hierzu können Sie Ihrem Businessplan in Kopie im Anhang beifügen.

Je nachdem, worin Ihre Geschäftsidee besteht, sollten Sie dann auf die spezifischen Aspekte Ihres Vorhabens eingehen.

2.4.1.1 Innovation

Falls Sie planen, ein neuartiges Produkt auf den Markt zu bringen, sollten Sie darstellen, was dessen Neuheit ausmacht. Erläutern Sie kurz den aktuellen Stand der Technik und beschreiben Sie, wie Ihr Produkt ein bestehendes Problem auf innovative Weise löst. Darüber hinaus sollten Sie auf die technologische und gesellschaftliche Entwicklung eingehen und die aktuellen Trends darstellen, die das Produkt erst interessant machen.

2.4.1.2 Verbesserung bestehender Produkte

Mit Ihrem Produkt brauchen Sie das Rad nicht unbedingt neu zu erfinden. Bei den meisten Existenzgründungen geht es um die Abänderung bestehender Waren oder Dienstleistungen. Ihre Geschäftsidee kann daher auch darin bestehen, vorhandene Produkte zu erweitern, zu verbessern, kostengünstiger herzustellen, preiswerter anzubieten oder auf neue oder andere Märkte zu übertragen. In diesem Fall sollten Sie die Schwächen der Angebote Ihrer Wettbewerber aufzeigen und erläutern, inwiefern Sie sich hiervon abheben werden.

2.4.1.3 Unternehmensnachfolge

Es ist auch möglich, dass Sie ein vorhandenes Unternehmen übernehmen oder sich an einem solchen Vorgang beteiligen wollen. Ein derartiges Vorhaben hat viele Vorteile:

- Das Unternehmen ist auf dem Markt bereits etabliert.
- Es bestehen aktive Beziehungen zu Kunden und Lieferanten.
- Die Waren oder Dienstleistungen des Unternehmens sind am Markt eingeführt.
- Die Mitarbeiter sind eingearbeitet.
- Räume und Anlagevermögen sind vorhanden.

Im Businessplan sollten Sie zunächst den aktuellen Geschäftszweck des Unternehmens und dessen wirtschaftliche Situation beschreiben. Von besonderer Bedeutung sind folgende Aspekte:

- bisherige Entwicklung,
- Produktpalette,
- Marktposition,
- Ertragslage der letzten Jahre,
- Unternehmenswert.

Erläutern Sie dann, wie die Aussichten sind, dass sich das Unternehmen auch in der Zukunft behaupten kann. Beantworten Sie dabei vor allem diese Fragen:

- Was wollen Sie im Unternehmen ändern und warum?
- Welche Marktpotenziale wurden noch nicht ausgeschöpft?
- Können Sie zusätzliche Umsätze, zum Beispiel durch neue Kunden, die Sie vorab akquirieren könnten, in das Unternehmen einbringen?

Anschließend sollten Sie einige Worte darüber verlieren, warum der derzeitige Geschäftsinhaber das Unternehmen nicht mehr selbst fortführen kann oder Sie als Teilhaber aufnehmen will. Ein Grund dafür kann zum Beispiel sein, dass er sich aus Altersgründen zur Ruhe setzen möchte, aber keinen geeigneten Nachfolger in seiner Familie findet.

Stellen Sie auch dar, in welchen Schritten die Übernahme erfolgen soll. Dabei stehen nicht nur die rein finanziellen Aspekte – insbesondere Höhe und Zahlungsweise des Kaufpreises – im Blickpunkt, sondern auch, wie Sie in die Geschäftsprozesse eingeführt werden sollen. Maßgeblich sind insofern folgende Fragen:

- Verbleibt der bisherige Inhaber noch einige Zeit im Unternehmen, um Sie detailliert in die einzelnen Geschäftsabläufe einzuführen?
- Ist geplant, dass er Sie seinen Lieferanten, Kunden sowie Mitarbeitern vorstellt und bekannt macht?
- Besteht ein Wettbewerbsverbot mit dem Alt-Inhaber, das es ihm untersagt, nach der Übernahme ein ähnliches Unternehmen im gleichen Marktsegment neu zu gründen? Wenn nicht, könnte die Gefahr bestehen, dass er Ihnen in der Folgezeit den erworbenen Kunden-, Lieferanten- oder Mitarbeiterstamm wieder abwirbt.

2.4.1.4 Outsourcing

Heutzutage lagern immer mehr Firmen immer mehr Dienstleistungen, die zuvor im Unternehmen durchgeführt wurden, an externe Geschäftsbetriebe aus (Outsourcing). Häufig erledigen ehemalige Mitarbeiter, die zuvor angestellt waren, diese Aufgaben nunmehr im Rahmen einer selbstständigen Tätigkeit. Outsourcing kommt mittlerweile in nahezu allen Bereichen von Unternehmen vor, es haben sich jedoch die folgenden herauskristallisiert, die als besonders typisch gelten:

- Kundenservice,
- Informationstechnik,
- Marketing (in all seinen Formen, also beispielsweise auch in Social Media und bei der Content-Erstellung),
- Buchhaltung,
- Grafikdesign,
- Medienerstellung.

Das Outsourcing birgt sowohl für das auslagernde Unternehmen als auch für den Dienstleister Chancen wie Risiken. Haben Sie sich entschlossen, ausgelagerte Dienstleistungen für ein Unternehmen zu übernehmen, sollten Sie also in Ihrem Businessplan nicht nur die Vor- und Nachteile für Sie selbst, sondern auch die für Ihren Auftraggeber darstellen. Nur so kann sich der Leser ein Bild davon machen, ob die durch Outsourcing entstehende Geschäftsbeziehung nachhaltig Bestand haben kann und nicht etwa vom Auftraggeber schon bald beendet wird.

Interessenlage des outsourcenden Unternehmens

Unternehmen lagern Geschäftsfelder regelmäßig nur dann aus, wenn sie dadurch einen Zusatznutzen erzielen können. Vorteile ergeben sich in erster Linie beispielsweise aus der Konzentration auf das Kerngeschäft. Durch die Auslagerung nachrangiger Tätigkeiten muss das Unternehmen bestimmte Infrastrukturen wie IT-Anlagen oder Büroräume nicht selbst vorhalten, das Gleiche gilt für das Personal. Das Unternehmen braucht sich um diese Bereiche nicht mehr zu kümmern, vielmehr kann die Geschäftsleitung die Kerngeschäftsfelder in den Mittelpunkt ihrer Aufmerksamkeit stellen.

Ein weiterer wesentlicher Vorteil ist die Kostensenkung. Sie ergibt sich insbesondere durch die Senkung der Investitionen für Betriebsmittel und den Wegfall von Personalkosten, zum Beispiel für Gehälter oder Schulungen eigener Mitarbeiter. Die meisten Outsourcing-Verträge sind zudem so konzipiert, dass nur die tatsächliche Leistung bezahlt wird, Kosten durch Leerstände oder Leerlaufzeiten entstehen erst gar nicht.

Darüber hinaus führt der Fremdbezug oft zu qualitativen Vorteilen. Beispielsweise wird durch die Vergabe von Aufträgen an spezialisierte Anbieter, die technologisch auf dem neuesten Stand sind, der Zugang zu modernsten Technologien überhaupt erst ermöglicht. Die Aufgaben werden somit effizienter und qualitativ hochwertiger bearbeitet.

Nicht zuletzt sorgt Outsourcing für ein hohes Maß an Transparenz. Da der Dienstleister als externer Partner auftritt, müssen die Leistungen klarer definiert werden, als wenn sie im Unternehmen selbst erbracht werden. Dies schafft nicht nur ein Verständnis für den Umfang und die Tiefe der Dienstleistung, sondern auch für deren Werthaltigkeit und die damit verbundenen Risiken.

Ein wesentlicher Nachteil des Outsourcings ist die damit einhergehende Abhängigkeit vom Dienstleister. Treten bei ihm wirtschaftliche Schwierigkeiten auf oder sind seine Ergebnisse quantitativ oder qualitativ ungenügend, kann dies hohe Folgekosten in der eigenen Unternehmung nach sich ziehen. Auch kommt dem Unternehmen durch die Auslagerung von Prozessen zwangsläufig

Know-how abhanden. Werden Tätigkeiten vollständig an Externe abgegeben, geht das hierfür notwendige Wissen im Unternehmen selbst verloren und kann nicht ohne Weiteres wieder aufgebaut werden.

Besondere Probleme können sich ergeben, wenn der Dienstleister Einblick in sensible Firmendaten erhält. Eine vertrauensvolle Zusammenarbeit ist unter solchen Umständen unverzichtbar.

Interessenlage des Dienstleisters

Der Vorteil des Dienstleisters besteht vornehmlich darin, dass er einen Auftrag erhält. So kann er häufig ein höheres Einkommen erzielen, als wenn er die gleiche Tätigkeit im Rahmen einer Anstellung durchführen würde. Darüber hinaus kann er weitere Aufträge annehmen, um seinen Gewinn insgesamt zu erhöhen.

Allerdings ist neben den allgemeinen Chancen und Risiken, die mit der Selbstständigkeit einhergehen (vgl. hierzu Kapitel 1.2), beim Outsourcing zu beachten, dass sich der Dienstleister im Wettbewerb mit anderen Anbietern befindet. Es besteht daher das besondere Risiko, dass der Auftraggeber zu einem späteren Zeitpunkt die Geschäftsbeziehung wieder löst oder nur zu schlechteren Konditionen fortführen will.

Erfolgreiches Outsourcing

Angesichts der vorgenannten Vor- und Nachteile des Outsourcings wird der Leser sein Augenmerk vor allem darauf richten, ob Ihr Geschäftsmodell den besonderen Anforderungen an Outsourcing-Prozesse genügt. Insbesondere ist auf Folgendes zu achten:

- Verhältnis zum Auftraggeber: Grundlage jeder Geschäftsbeziehung ist Vertrauen! Legen Sie in Ihrem Businessplan daher dar, worauf Ihre Beziehung zum Auftraggeber beruht, zum Beispiel auf einer vorherigen Anstellung oder einem Freundschaftsverhältnis.
- Präzise Vertragsdefinitionen: Falls ein Outsourcing-Vertrag bereits geschlossen wurde oder gerade darüber verhandelt wird, sollte dieser genaue Vereinbarungen über den Standard der Leistung, den Umfang und die zeitliche Abfolge (Service-Levels) enthalten; ebenso klare Vereinbarungen über die Haftung und Schadensregulierung bei Nicht- oder Teilerfüllung. Dies impliziert, dass Sie sich mit Ihrem Vertragspartner eingehend über Art und Umfang sowie die Werthaltigkeit Ihrer Tätigkeit Gedanken gemacht haben und spätere Enttäuschungen (weitgehend) ausgeschlossen sind.
- Kontrolle: Das outsourcende Unternehmen muss Ihre Arbeit anhand klar definierter Leistungsmerkmale kontrollieren können. Ein regelmäßiger Austausch zwischen den beteiligten Mitarbeitern des Auftraggebers und

Ihnen sollte nicht nur vereinbart werden, sondern auch tatsächlich stattfinden. Dies lässt den Schluss zu, dass beide Parteien gewillt sind, die Geschäftsbeziehung auf professionelle Weise aufrechtzuerhalten.

- Vertragslaufzeit und Kündigung: Der Auftrag sollte sich über einen hinreichend langen Zeitraum erstrecken und nicht vorher ordentlich kündbar sein. Idealerweise sollte die Mindestlaufzeit andauern, bis die kritische Anfangsphase Ihres Unternehmens überwunden ist und es notfalls auch ohne diesen Auftrag wirtschaftlich überleben kann.

Wichtig !

Tatsächlich selbstständig sind Sie nur, wenn Sie das unternehmerische Risiko in vollem Umfang selbst tragen und Ihre Arbeitszeit frei gestalten können. Nach §611a Bürgerliches Gesetzbuch (BGB) trifft dies nicht zu, wenn der Arbeitsvertrag den Arbeitnehmer im Dienste eines anderen zur Leistung weisungsgebundener, fremdbestimmter Arbeit in persönlicher Abhängigkeit verpflichtet. Das Weisungsrecht kann Inhalt, Durchführung, Zeit und Ort der Tätigkeit betreffen. Weisungsgebunden ist, wer nicht im Wesentlichen frei seine Tätigkeit gestalten und seine Arbeitszeit bestimmen kann. In welchem Maß eine persönliche Abhängigkeit vorliegt, richtet sich auch nach der Eigenart der jeweiligen Tätigkeit. Für die Feststellung, ob ein Arbeitsvertrag vorliegt, ist eine Gesamtbetrachtung aller Umstände vorzunehmen. Zeigt die tatsächliche Umsetzung des Vertragsverhältnisses, dass es sich um ein Arbeitsverhältnis handelt, kommt es auf die Bezeichnung im Vertrag nicht an.
Falls Sie unsicher sind, ob es sich bei Ihrem Vorhaben um eine abhängige Beschäftigung oder eine selbstständige Tätigkeit handelt, können sie bei der Clearingstelle der Deutschen Rentenversicherung Bund den sozialversicherungsrechtlichen Status prüfen lassen. Insbesondere bei Erwerbstätigen, die dauerhaft fast vollständig für einen Auftraggeber arbeiten, schützt eine Prüfung vor späteren Überraschungen!

2.4.1.5 Franchising

Eine weitere beliebte Alternative, ein eigenes Unternehmen zu gründen, ist die Teilnahme an einem Franchise-System. Dabei wird ein bewährtes Unternehmenskonzept übernommen: Ein Unternehmen (Franchise-Geber) räumt dem Existenzgründer (Franchise-Nehmer) das Recht ein, seine Waren und Dienstleistungen unter seiner Marke zu verkaufen. Darüber hinaus ist der Franchise-Geber typischerweise verpflichtet, diese Produkte zu bewerben. Häufig bietet er dem Franchise-Nehmer auch Unterstützung beim Aufbau seines Unternehmens an, etwa in Form von Beratung und Ausbildung sowie die Überlassung von Berechnungshilfen und Markttests. Teilweise gewährt er dem Franchise-Nehmer Gebietsschutz, das heißt, dass kein anderer seiner Franchise-Nehmer einen Betrieb in einem bestimmten Umfeld eröffnen darf.

Im Gegenzug ist der Franchise-Nehmer verpflichtet, dem Franchise-Geber eine Gebühr zu zahlen. Meist ist er zudem an Vorgaben gebunden, die der Franchise-Geber in einem Franchise-Handbuch festgehalten hat. Diese Vorgaben betreffen etwa den Bezug und die Präsentation der Waren und Dienstleistungen, die Art der Geschäftsausstattung (insbesondere der Ladeneinrichtung), die Verwendung von Werbematerial, die Verkaufspreise oder die Teilnahme an Werbeveranstaltungen.

Der Vorteil von Franchise-Systemen liegt insbesondere darin, dass der Franchise-Nehmer auf die Bekanntheit, das Know-how und die Erfahrung des Franchise-Gebers zurückgreifen kann. Dies ermöglicht einen schnellen Marktzugang. Durch das bewährte Unternehmenskonzept reduziert sich außerdem das unternehmerische Risiko deutlich. Es bewahrt den Existenzgründer weitgehend vor falschen Entscheidungen und nutzlosen Investitionen. Hinzu kommt, dass der Franchise-Nehmer die regelmäßig hohen Kosten für Werbung in der Anlaufphase nicht aufbringen muss, denn er kann sofort von der Bekanntheit des Produkts profitieren.

Allerdings ist zu berücksichtigen, dass die Vorgaben durch den Franchise-Geber zum Teil sehr detailliert und streng sind. Dem Franchise-Nehmer verbleibt in diesem Fall nur ein sehr eingeschränkter unternehmerischer Spielraum.

! **Achtung**

Leider gibt es in der Franchise-Branche viele schwarze Schafe! Sie liefern die Produkte nicht in ausreichender Menge oder nicht rechtzeitig oder bewerben sie nur in einem geringen Umfang. Um sich hiervor zu schützen, sollten Sie sich unbedingt vor der Unterzeichnung eines Franchise-Vertrags eingehend über den Franchise-Geber informieren!
Eine wichtige Quelle dafür ist der Deutsche Franchise-Verband, bei dem etwa die Hälfte aller Franchise-Anbieter Mitglied sind. Der Verband hat in seiner Aufnahmeordnung strenge Richtlinien erstellt, die unseriöse Franchise-Anbieter ausschließen sollen. Auch empfiehlt es sich, bei den Industrie- und Handelskammern, Handwerkskammern und Banken Erkundigungen über das von Ihnen favorisierte Franchise-Unternehmen einzuholen und Kontakt mit anderen Franchise-Nehmern aufzunehmen.

Wenn Sie an einem Franchise-System teilnehmen wollen, legen Sie in Ihrem Businessplan dar, wieso Sie sich ausgerechnet für das von Ihnen gewählte entschieden haben. Typische Kriterien hierfür sind:

- ausgereifte und bewährte Produktpalette,
- hohe Markenbekanntheit aufgrund von Werbemaßnahmen des Franchise-Gebers,

- einfacher und schneller Marktzugang durch Übernahme eines in der Praxis erprobten Geschäftsmodells,
- geringes unternehmerisches Risiko, insbesondere durch den Einstieg in ein bestehendes Lieferantennetz,
- Unterstützung durch den Franchise-Geber bei betriebswirtschaftlichen Entscheidungen, zum Beispiel bei der Kosten- und Preiskalkulation oder der Standortwahl,
- Erhalt des relevanten Know-hows durch regelmäßige Schulungen.

Falls sich auch nachteilige Aspekte ergeben, sollten Sie kurz darauf eingehen, wie Sie damit umgehen wollen. Diese können sich beispielsweise aus folgenden Umständen ergeben:

- Abhängigkeit von der Geschäftspolitik des Franchise-Gebers,
- der geringe Einfluss auf die Geschäftspolitik des Franchise-Gebers,
- eine langfristige vertragliche Bindung.

2.4.2 Kundennutzen

Im Anschluss an die Beschreibung Ihres Produkts erläutern Sie, worin dessen besonderer Nutzen für den Kunden liegt.

Wichtig !

Weshalb sollte ein Kunde mein Produkt erwerben?

Unter Kundennutzen versteht man den Grad der Befriedigung von Bedürfnissen, den ein Produkt dem Kunden ermöglicht. Er umfasst alle Einflussgrößen, die sich konkret auf die Kaufentscheidung eines Kunden auswirken. Insoweit sind nicht nur objektive Tatsachen, sondern auch subjektive Wahrnehmungen des Kunden von Bedeutung.

Definition: Bedürfnis, Bedarf, Nachfrage !

- Unter Bedürfnisse versteht man die Wünsche eines Menschen. Sie stellen den Ausgangspunkt des Wirtschaftens dar, weil der Mensch danach strebt, sie zu befriedigen.
- Bedarf liegt vor, wenn zu den Bedürfnissen die Kaufkraft hinzukommt, um sie zu befriedigen.
- Von Nachfrage spricht man, wenn am Markt Angebote vorhanden sind, um den Bedarf zu stillen.

2.4.2.1 Kundenbedürfnisse

Die Kundenbedürfnisse zu identifizieren ist in den meisten Fällen einfach. Aus der Funktionalität und Qualität des Produkts ergeben sich dessen Einsatzfelder für den Kunden, daraus wiederum entsteht dann eine entsprechende Nachfrage. Schwierigkeiten können aber bei innovativen Waren und Dienstleistungen auftreten. Bei diesen Produkten zeigt sich der Vorteil für den Kunden häufig nicht von selbst. Der Kunde ist ja mit den aktuellen Angeboten der Wettbewerber zufrieden und hat zunächst keinen Anlass, ein neues Produkt zu begehren und nachzufragen. Unabhängig davon, ob sich die Ermittlung des Kundenbedürfnisses für Ihr Produkt mehr oder weniger schwierig gestaltet, ist es sinnvoll, sich im Vorfeld eingehend damit zu beschäftigen.

! **Wichtig**

Weshalb soll der Kunde sein bisheriges Verhalten ändern?

Ein hilfreicher Ansatz ist dabei die von Abraham Maslow entwickelte Bedürfnispyramide, die die hierarchische Ordnung menschlicher Bedürfnisse beschreibt. Danach werden die Bedürfnisse fünf Kategorien zugeordnet und bezüglich ihrer Priorität in Form einer Pyramide angeordnet.

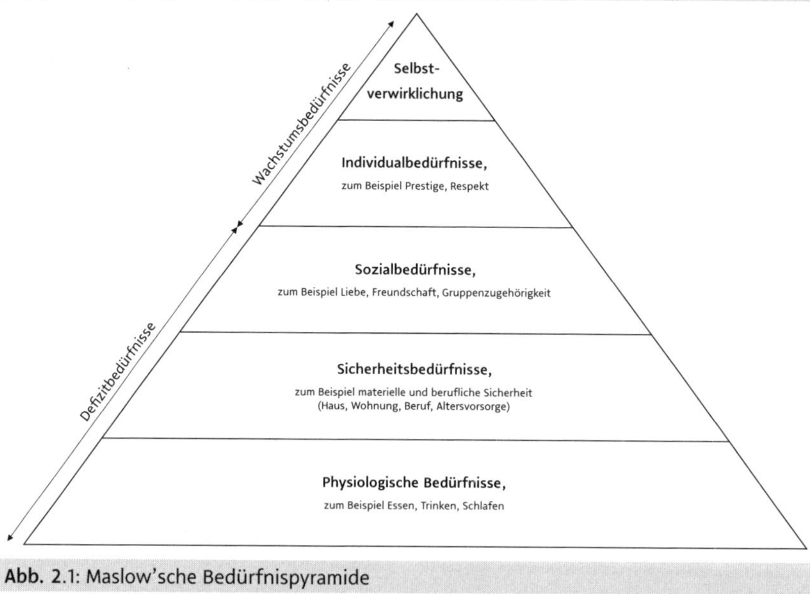

Abb. 2.1: Maslow'sche Bedürfnispyramide

- Physiologische Bedürfnisse: Die unterste und breiteste Stufe nehmen die Grundbedürfnisse ein, sie sind zur Lebenserhaltung unbedingt notwendig. Hierzu zählen etwa Essen, Trinken, Schlafen und Sex.
- Sicherheitsbedürfnisse: Die zweite Stufe der Pyramide umfasst das Sicherheitsbedürfnis der Menschen. Darunter versteht man das Bedürfnis nach Schutz, Freiheit von Angst und das Verlangen nach Ordnung und Regeln. Diese Bedürfnisse können beispielsweise befriedigt werden durch ein eigenes Haus, berufliche Sicherheit, geregelte Altersvorsorge, Versicherungen, Religion oder persönlichen Waffenbesitz.
- Sozialbedürfnisse: Auf der dritten Stufe verlangt der Mensch nach Liebe und Zuneigung, sozialer Anerkennung und Zugehörigkeit zu einer Gruppe. Er versucht, dabei eine soziale Rolle zu erfüllen und sich einen Platz in einer sozialen Gruppe zu sichern.
- Individualbedürfnisse: Wertschätzungsbedürfnisse prägen die vierte Stufe. Damit ist der Wunsch nach Anerkennung, Ruhm, Aufmerksamkeit oder Selbstbestätigung gemeint. Dieser kann sich in mentaler oder körperlicher Stärke, Erfolg, Unabhängigkeit oder Freiheit manifestieren. Manchmal kann dieser Wunsch aber auch nur durch andere Menschen erfüllt werden, zum Beispiel wenn es um Ansehen, Prestige, Wertschätzung oder Respekt geht.
- Selbstverwirklichung: Auf der höchsten Stufe geht es um den Wunsch, das eigene Potenzial auszuschöpfen, also das zu werden, was einem anlagebedingt überhaupt möglich ist. Hierzu gehört etwa das Streben nach Altruismus, Individualität, Gerechtigkeit, Güte, Talententfaltung. In welcher Form sich dieses Bedürfnis letztlich ausdrückt, hängt somit im höchsten Maß vom Individuum selbst ab.

Die ersten drei Stufen werden als Defizitbedürfnisse bezeichnet. Werden sie nicht erfüllt, entsteht Unzufriedenheit beim Menschen. Die vierte und die letzte Stufe werden dem Wachstumsbedürfnis (unstillbares Bedürfnis) zugeordnet. Sie führen außer zur Zufriedenheit zum Glück – ein Zustand, der nur selten erreicht werden kann.

Nach Maslow kann eine höhere Stufe erst dann erlangt werden, wenn die Bedürfnisse der darunterliegenden Stufe befriedigt sind. Solange also die Grundbedürfnisse (erste Stufe) eines Menschen nicht erfüllt sind, wird sein Verhalten davon bestimmt. Erst wenn hier Abhilfe geschaffen wurde, kann der Mensch zur zweiten Stufe der Pyramide gelangen.

Tipp !

Versuchen Sie herauszufinden, welches dieser Bedürfnisse Ihr Produkt befriedigen kann. Oft werden sogar mehrere Stufen angesprochen.

2.4.2.2 Grad der Befriedigung

Legen Sie im Businessplan genau dar, in welchem Maß das Bedürfnis potenzieller Kunden durch Ihr geplantes Produkt befriedigt werden kann.

! **Wichtig**

Inwieweit kann ich dem Kunden bei der Erfüllung seiner Wünsche helfen?

Ein sehr einfaches und eingängiges Modell in diesem Zusammenhang ist das absatzwirtschaftliche Nutzenkonzept der sogenannten Nürnberger Schule nach Wilhelm Vershofen. Danach lässt sich der Kundennutzen in einen Grundnutzen und einen Zusatznutzen unterteilen, der Zusatznutzen wiederum in einen Erbauungsnutzen und einen Geltungsnutzen.

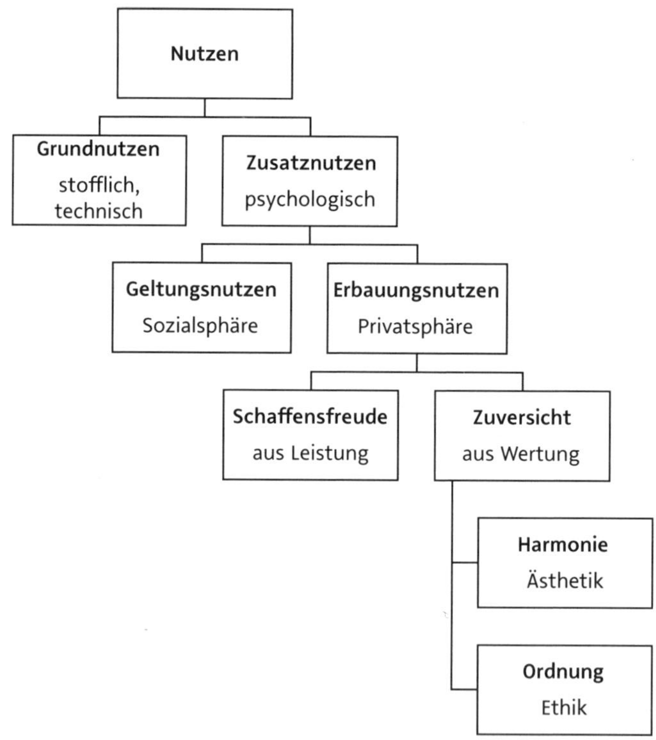

Abb. 2.2: Absatzwirtschaftliches Nutzenkonzept

Der sogenannte Grundnutzen schafft die aus den physisch-funktionalen Eigenschaften eines Produkts resultierende Bedarfsdeckung. Unter Erbauungsnutzen wird die aus den ästhetischen Eigenschaften eines Produkts resultierende Bedarfsdeckung, etwa durch Form, Farbe oder Geruch, verstanden. Der Geltungsnutzen ist die Bedarfsdeckung, die mit den sozialen Eigenschaften einer Ware oder Dienstleistung, zum Beispiel mit dem Prestige, einhergeht.

Beispiel !

Der Grundnutzen eines Pkw besteht darin, Personen oder Waren von A nach B zu befördern. Sein Erbauungsnutzen kann das ansprechende Design sein, zum Beispiel beim Porsche 911, oder die Leistungsfähigkeit, zum Beispiel eine hohe PS-Zahl, oder die Umweltverträglichkeit bei einem Elektroauto. Der Geltungsnutzen kann darin liegen, dass der Pkw geeignet ist, den Kunden für alle sichtbar einer elitären Personengruppe zuzuordnen, was beispielsweise mit einem Rolls-Royce der Fall wäre.

In Ihrem Businessplan beschreiben Sie nun, wie sich Ihr Produkt aus der Sicht eines künftigen Kunden darstellt. Maßgebliche Fragen sind hierbei:

- Kann er mit Ihrem Produkt ein konkretes Problem lösen?
- Verschafft es ihm Geld-, Zeit- oder Arbeitsersparnis?
- Schöpft er hieraus Vergnügen? Bereitet es ihm Spaß?
- Verleiht es ihm gesellschaftliche Anerkennung?

2.4.2.3 Kundenzufriedenheit

Kunden wollen begeistert, aber nicht enttäuscht werden. In Ihrem Businessplan sollten Sie daher darlegen, wie sie den Anforderungen Ihrer potenziellen Kunden gerecht werden und wie sie diese zufriedenstellen wollen.

Wichtig !

Inwieweit wird mein Produkt den Erwartungen meiner Kunden gerecht?

Eine geläufige Methode zur Darstellung der Kundenzufriedenheit ist das Kano-Modell[2], das von Noriaki Kano entwickelt wurde.

Grundlagen

Dieses Modell beschreibt den Zusammenhang zwischen dem Erreichen bestimmter Eigenschaften eines Produkts und der erwarteten Zufriedenheit von Kunden. Es eignet sich insbesondere als ein Ansatz für Produktentwicklung, der direkt auf das Begeistern der Menschen und das Vermeiden von Enttäu-

2 Kano/Seraku/Takahashi/Tsuji (1984).

schungen abzielt. Zunächst wird zwischen Hygiene- und Motivationsfaktoren unterschieden. Mit den Hygienefaktoren soll die Unzufriedenheit beseitigt werden, doch allein mit dem Ausschalten negativer Faktoren entsteht noch keine Zufriedenheit; dazu müssen zusätzliche Anforderungen erfüllt werden.

Des Weiteren ist zu berücksichtigen, dass Kundenwünsche ganz unterschiedlich sein können. Zufriedenheit ist also nicht als eindimensionales, sondern als mehrdimensionales Konstrukt anzusehen. Dementsprechend werden die Kundenanforderungen in drei Dimensionen, eingeteilt.

- Basisanforderungen (*must-be requirements*): Dieser Begriff beschreibt die Musskriterien. Diese sind so grundlegend und selbstverständlich, dass sie dem Kunden erst bewusst werden, wenn sie nicht vorliegen (implizite Erwartungen). Werden diese Grundforderungen nicht erfüllt, entsteht Unzufriedenheit. Demgegenüber führt deren Erfüllung nicht zur Zufriedenheit, sondern lediglich dazu, dass sich der Kunde nicht unzufrieden fühlt. Für den Anbieter stellen Basisanforderungen folglich Pflichtkriterien dar, die zwingend sind, um auf dem Absatzmarkt zu bestehen. Wettbewerbsvorteile aufgrund besserer Basisleistungen im Vergleich zur Konkurrenz lassen sich – wenn überhaupt – nur kurzfristig erzielen.
- Leistungsanforderungen (*one-dimensional requirements*): Diese Merkmale werden vom Kunden bewusst wahrgenommen und von ihm ausdrücklich verlangt. Sie beseitigen Unzufriedenheit oder sorgen für Zufriedenheit, das hängt vom Maß der Erfüllung ab. Je höher der Erfüllungsgrad ausfällt, desto größer ist die Zufriedenheit und umgekehrt. Das kann sich zum Beispiel auf die Datenübertragungsrate im Internet oder die Anzahl der Bildpunkte einer Digitalkamera beziehen. Auf Märkten mit intensivem Wettbewerb können sich nur solche Produkte behaupten, die hinsichtlich der vom Kunden wahrgenommenen Leistungsanforderungen hohe Levels aufweisen. In vielen Branchen dient vor allem diese Anforderungskategorie zur Differenzierung gegenüber der Konkurrenz.
- Begeisterungsanforderungen (*attractive requirements*): Hierbei handelt es sich um nutzenstiftende Merkmale, mit denen der Kunde nicht unbedingt rechnet und sie deshalb auch nicht explizit formuliert. Wenn eine Ware oder Dienstleistung derartige Eigenschaften aufweist, erscheinen sie dem Kunden als neu und innovativ. Diese Wahrnehmung kann beim Kunden Begeisterung auslösen. In jedem Fall entsteht kein Gefühl der Unzufriedenheit, wenn alle Basis- und Leistungsanforderungen das vom Kunden definierte Leistungsniveau erfüllen. Erst auf dieser Basis eröffnet sich einem Unternehmen häufig die Möglichkeit, sich mit seinem Produkt von denen der Wettbewerber abzuheben. Die für den Kunden direkt wahrnehmbare Abgrenzung kann daher für ein Unternehmen einen entscheidenden Wettbewerbsvorteil darstellen.

Die Zusammenhänge der einzelnen Dimensionen lassen sich Abb. 2.3 entnehmen.

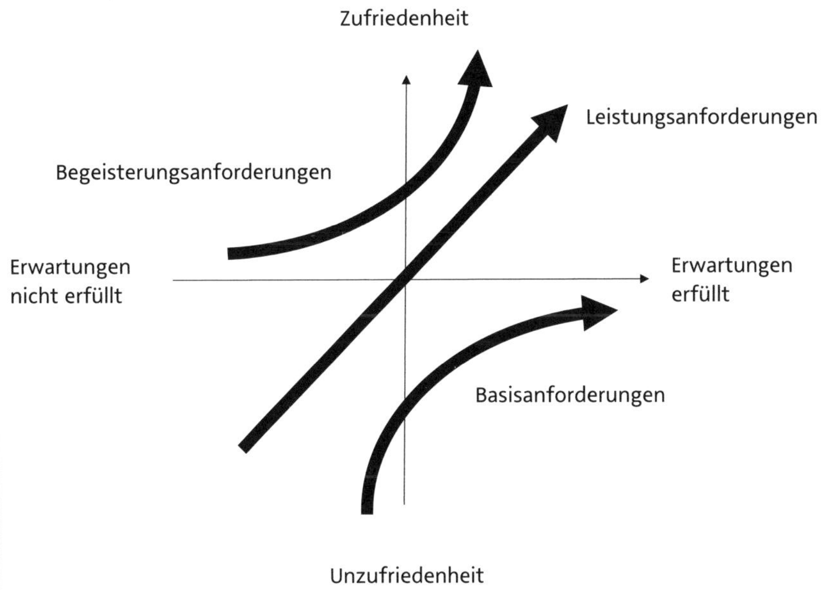

Abb. 2.3: Kano-Modell

Neben diesen drei Produkteigenschaften können weitere unterschieden werden:

- Unerhebliche Merkmale (*indifferent requirements*): Diese zeichnen sich dadurch aus, dass sie ohne Belang für den Kunden sind, ob sie nun vorhanden sind oder nicht. Sie können daher keine Zufriedenheit stiften, führen aber nicht zu Unzufriedenheit.
- Abweisungsmerkmale (*reverse requirements*): Sie lösen Unzufriedenheit aus, jedoch keine Zufriedenheit wenn sie nicht vorhanden sind.

Beispiel

!

So könnten die unterschiedlichen Anforderungen bei einem Pkw aussehen:

- Basisanforderungen: Sicherheitsgurt, Fahrer-Airbag, Rostschutz,
- Leistungsanforderungen: kurzer Bremsweg, Beschleunigung, geringer Verbrauch,
- Begeisterungsanforderungen: Sonderausstattung, Design,
- unerhebliche Merkmale: Automatikgetriebe, Schiebedach,
- Abweisungsmerkmale: Totalschaden.

Es ist zu beachten, dass sich im Lauf der Zeit die Anforderungen der Kunden verschieben können, da ein Gewöhnungseffekt eintritt. Ein Begeisterungsmerkmal kann dann zu einer Leistungsanforderung, später sogar zu einer Basisanforderung werden.

!

Beispiel

Während Airbags und Servolenkung früher Begeisterung auslösten, werden sie jetzt von immer mehr Kunden vorausgesetzt. Sie gehören damit aus Kundensicht schon zu den Basismerkmalen.

Fragebogen

Die Erwartungshaltung von Kunden lässt sich sowohl mit strukturierten Interviews als auch mit einer schriftlichen Befragung ermitteln. Dabei sollten die Befragten in Bezug auf die zu messende Produkteigenschaft jeweils zweimal auf verschiedene Weise antworten:

- Funktional (positiv formuliert):
  - Was würden Sie sagen, wenn das Produkt über ... verfügt?
  - Was würden Sie sagen, wenn es mehr ... gäbe?
- Dysfunktional (negativ formuliert):
  - Was würden Sie sagen, wenn das Produkt nicht über ... verfügt?
  - Was würden Sie sagen, wenn es weniger ... gäbe?

Für beide Fragen stehen jeweils folgende Antwortmöglichkeiten zur Verfügung:

- Das würde mich sehr freuen.
- Das setze ich voraus.
- Das ist mir egal.
- Das nehme ich gerade noch hin.
- Das würde mich sehr stören.

!

Tipp

Mit einem standardisierten Fragebogen wird die Einflussnahme durch den Interviewer reduziert. Bei Verständnisschwierigkeiten kann der Interviewer sofort oder durch Nachfragen erklärend eingreifen, da sich bei der neuartigen Fragebogentechnik Rückfragen ergeben können.

Auswertung

Für die die Auswertung werden zunächst die Antworten der funktionalen und dysfunktionalen Frage gemäß der Kano-Auswertungstabelle kombiniert. Aus den Ergebnissen lässt sich ableiten, um welche Art von Merkmal es sich bei der betreffenden Produkteigenschaft handelt.

Das würde mich sehr freuen		Dysfunktional				
		Das setze ich voraus	**Das ist mir egal**	**Das nehme ich gerade noch hin**	**Das würde mich sehr stören**	
Funktional	Das würde mich sehr freuen	Ungültige Angabe	Begeisterung	Begeisterung	Begeisterung	Leistung
	Das setze ich voraus	Abweisung	Unerheblich	Unerheblich	Unerheblich	Basis
	Das ist mir egal	Abweisung	Unerheblich	Unerheblich	Unerheblich	Basis
	Das nehme ich gerade noch hin	Abweisung	Unerheblich	Unerheblich	Unerheblich	Basis
	Das würde mich sehr stören	Abweisung	Abweisung	Abweisung	Abweisung	Ungültige Angabe

Tab. 2.1: Kano-Modell: Auswertungstabelle

Anschließend werden die Ergebnisse für die einzelnen Leistungskriterien in einer Ergebnistabelle aufgelistet. Hieraus ist die Gesamtverteilung der Anforderungskategorien (Basis, Leistung, Begeisterung, unerheblich, Abweisung) ersichtlich.

Merkmal	Funktional	Dysfunktional	Merkmal
Sicherheitsgurt	Das setze ich voraus	Das würde mich sehr stören	Basis
Fahrer-Airbag	Das nehme ich gerade noch hin	Das würde mich sehr stören	Basis
Kurzer Bremsweg	Das würde mich sehr freuen	Das würde mich sehr stören	Leistung
Beschleunigung	Das würde mich sehr freuen	Das würde mich sehr stören	Leistung
Geringer Verbrauch	Das würde mich sehr freuen	Das würde mich sehr stören	Begeisterung
Sonderausstattung	Das würde mich sehr freuen	Das setze ich voraus	Begeisterung
Design	Das würde mich sehr freuen	Das nehme ich gerade noch hin	Unerheblich
Automatikgetriebe	Das setze ich voraus	Das nehme ich gerade noch hin	Unerheblich
Schiebedach	Das ist mir egal	Das nehme ich gerade noch hin	Abweisung
Totalschaden	Das würde mich sehr stören	Das setze ich voraus	Unerheblich

Merkmal	Funktional	Dysfunktional	Merkmal
...	Das ist mir egal	Das ist mir egal	Basis
...	Das ist mir egal	Das nehme ich gerade noch hin	Abweisung
...	Das ist mir egal	Das würde mich sehr stören	Unerheblich
	Das nehme ich gerade noch hin	Das würde mich sehr freuen	Unerheblich
	Das nehme ich gerade noch hin	Das setze ich voraus	Unerheblich
	Das nehme ich gerade noch hin	Das ist mir egal	Basis
	Das nehme ich gerade noch hin	Das nehme ich gerade noch hin	Abweisung
	Das nehme ich gerade noch hin	Das würde mich sehr stören	Abweisung
	Das würde mich sehr stören	Das würde mich sehr freuen	Abweisung
	Das würde mich sehr stören	Das setze ich voraus	Abweisung
	Das würde mich sehr stören	Das ist mir egal	Ungültige Angabe
	Das würde mich sehr stören	Das nehme ich gerade noch hin	Abweisung
	Das würde mich sehr stören	Das würde mich sehr stören	Unerheblich
	Das ist mir egal	Das würde mich sehr freuen	Unerheblich
	Das ist mir egal	Das setze ich voraus	Unerheblich
	Das ist mir egal	Das ist mir egal	Basis
	Das ist mir egal	Das nehme ich gerade noch hin	Ungültige Angabe
	Das ist mir egal	Das würde mich sehr stören	Ungültige Angabe

Tab. 2.2: Kano-Modell: Ergebnisliste

ARBEITSHILFE ONLINE

Tipp

Eine Excel-Tabelle steht als Arbeitshilfe online zur Verfügung. Hierin können Sie die Ergebnisse Ihrer Datenerhebung eintragen. Am Ende zeigt sich, um welchen Typ Merkmal es sich bei der jeweiligen Produkteigenschaft handelt.

Interpretation

Die einfachste Form der Interpretation ist die Auswertung nach Häufigkeiten. Dabei wird ein Merkmal in die Kategorie eingeordnet, die am häufigsten genannt wird. Achten Sie bei der Erhebung der Daten unbedingt auf relevante demografische Merkmale. Je nach befragter Personengruppe können sich erhebliche Unterschiede ergeben.

Beispiel

!

Männliche Personen im Alter zwischen 40 und 60 Jahren sehen in einem Auto mit starkem Antrieb einen Begeisterungsfaktor. Dagegen kann diese Eigenschaft von Frauen zwischen 20 und 30 Jahren als unerhebliches Merkmal eingestuft werden.

Wenn Sie Ihr Leistungsangebot nach Kundengruppen klassifizieren möchten, empfiehlt sich eine segmentspezifische Auswertung. Die Segmentierungsmerkmale, zum Beispiel Alter oder Geschlecht, werden vor der Befragung festgelegt und mit dem Fragebogen untersucht. Für jedes Kundensegment erfolgt dann eine eigene Auswertung. In Ihrem Businessplan können Sie dann die Ergebnisse darstellen, wie in Tab. 2.3 zu sehen.

Merkmal	Basis	Leistung	Begeisterung	Unerheblich	Abweisung	Gesamt (%)	Häufigste Nennung	Art
Sicherheitsgurt	87	9	0	4	0	100	87	Basis
Fahrer-Airbag	72	23	2	3	0	100	72	Basis
Kurzer Bremsweg	27	48	18	7	0	100	48	Leistung
Beschleunigung	18	42	25	11	4	100	42	Leistung
Geringer Verbrauch	24	32	30	14	0	100	32	Leistung
Sonderausstattung	12	36	47	5	0	100	47	Begeisterung
Design	15	37	44	4	0	100	44	Begeisterung
Automatikgetriebe	11	25	22	34	8	100	34	Unerheblich
Schiebedach	18	28	21	33	0	100	33	Unerheblich
Totalschaden	0	0	0	6	94	100	94	Abweisung
Anzahl der Auswertungen: 100								

Tab. 2.3: Kano-Modell: segmentspezifische Auswertung

2.4.3 Machbarkeit

In Ihrem Businessplan legen Sie auch dar, ob die Umsetzung Ihrer Geschäftsidee möglich ist.

!

Wichtig

Kann ich mein Produkt überhaupt anbieten?

Der Machbarkeit können verschiedene Hindernisse entgegenstehen. Auf diese sollten Sie im Einzelnen eingehen und darlegen, wie Sie sie überwinden wollen.

Technologische Umsetzbarkeit

Zunächst ist zu erläutern, ob Ihr Produkt technisch umsetzbar ist. Insoweit sollten Sie sich folgende Fragen stellen:

- Verfügen Sie über die Maschinen, mit denen Sie Ihr Produkt in quantitativer und qualitativer Hinsicht herstellen können?
- Haben Sie in ausreichendem Maß Zugang zu den hierfür notwendigen Materialien (Roh-, Hilfs-, Betriebsstoffe)?
- Erfüllen mögliche Lieferanten die Qualitätskriterien, die für Ihr Produkt maßgeblich sind?
- Stehen Ihnen genügend Flächen zur Verfügung, um den Geschäftsbetrieb aufzunehmen, zum Beispiel Produktionshalle, Büroräume, Ladenlokale, Ausstellungsräume oder Lagerräume?
- Ist die notwendige Infrastruktur vorhanden, zum Beispiel Energie, Internetbandbreite, Transport, Logistik?

Falls sich Ihr Produkt noch im Stadium der Forschung und Entwicklung befindet, sollten Sie dies nicht nur einfach angeben, sondern auch die Schwierigkeiten benennen, die noch zu bewältigen sind, bevor Markt- und Serienreife erreicht sind. Gehen Sie dabei auf folgende Fragen ein:

- Worin genau bestehen die technischen oder physikalischen Schwierigkeiten?
- Wie sollen diese beseitigt werden?
- Wurde bereits ein Prototyp erstellt?
- Wenn ja, wurde er bereits getestet und wie sind die Ergebnisse ausgefallen?
- Wie schätzen Sie die noch verbleibende Dauer der Forschung und Entwicklung ein?

Personelle Machbarkeit

Des Weiteren legen Sie dar, ob Sie über genügend personelle Ressourcen verfügen, um den Geschäftsbetrieb in Gang zu setzen. Insoweit sind folgende Fragen zu beantworten:

- Wie hoch ist der Arbeitsaufwand?
- Welche Fähigkeiten (Skills) sind hierfür erforderlich?
- Welche Tätigkeiten können Sie selbst übernehmen und für welche müssen Sie geeignetes Fachpersonal einstellen?

Wichtig !

Überschätzen Sie Ihre Fähigkeiten und zeitlichen Kapazitäten nicht! Solange Ihr Unternehmen noch am Anfang steht und klein ist, kann der Leser durchaus nachvollziehen, dass Sie persönlich den größten Teil der Arbeit erledigen. Mit stetigem Wachstum müssen Sie jedoch damit rechnen, dass immer mehr Aufgaben bezüglich der Leitung des Unternehmens auf Sie zukommen, sodass Sie sich immer weniger um das operative Geschäft kümmern können.

Rechtliche Hindernisse

Der Umsetzbarkeit können auch rechtliche Hindernisse entgegenstehen, insbesondere gewerbliche Schutzrechte Dritter. Dazu gehören:

- Urheberrechte,
- Patente,
- Gebrauchsmuster,
- Marken,
- geschäftliche Kennzeichen (Unternehmenskennzeichen und Werktitel),
- Design,
- Namen.

Tipp !

Um festzustellen, ob Schutzrechte Dritter im Geltungsbereich Deutschland vorliegen, können Sie eine kostenlose Recherche beim Register des Deutschen Patent- und Markenamtes (DPMA) (www.dpma.de) durchführen. Das Amt der Europäischen Union für geistiges Eigentum (European Union Intellectual Property Office, EUIPO) bietet zudem die Möglichkeit, kostenlose Recherchen zu Marken (TMview) und Designs (TMdesign) zu erledigen, die in der Europäischen Union und darüber hinaus registriert sind (www.euipo.europa.eu).
Beachten Sie jedoch, dass diese Ämter nur solche Schutzrechte ausweisen, die bei Ihnen registriert sind. Nicht angemeldete gewerbliche Schutzrechte, insbesondere Urheberrechte, geschäftliche Kennzeichen und Namen, werden dort nicht gelistet,

sodass insoweit ein gewisses Risiko für Sie verbleibt. Falls Sie mit den Internetangeboten allein nicht zurechtkommen, empfiehlt es sich, einen Patentanwalt oder Fachanwalt für gewerblichen Rechtsschutz aufzusuchen, der Ihnen dabei gegen Honorar behilflich ist.

Außerdem kann es sein, dass für Ihre Ware oder Dienstleistung Handelsbeschränkungen bestehen, infrage kommen zum Beispiel folgende Vorgaben:

- Zölle: Die Einfuhr bestimmter Güter wird hiermit besteuert. Durch Zölle soll der Import aus ausländischen Staaten deutlich unattraktiver werden, da sie grundsätzlich das Produkt verteuern.
- Exportsubventionen: Hiermit unterstützt ein Staat den Export bestimmter Produkte. Kann ein inländisches Unternehmen seine Produkte im Ausland wegen hoher Produktionskosten nur schwer absetzen, sind Exportsubventionen sinnvoll, damit der Exportstaat das Produkt im Ausland letztendlich günstiger anbieten kann.
- Mindestpreis: Führt ein Staat einen bestimmten Mindestpreis für ein Produkt ein, darf dieses nicht zu einem niedrigeren Preis verkauft werden.
- Ausfuhrverbote: Durch ein Ausfuhrverbot verbietet der Staat den Export gewisser Güter in bestimmte Länder. Ausfuhrverbote bestehen häufig für Rüstungsgüter.
- Handelskontingente: Hierbei vereinbart zum Beispiel ein Staat mit einem anderen Staat, wie viele Einheiten eines Produkts maximal in das Land importiert werden dürfen. Damit sollen regelmäßig die Überflutung des heimischen Marktes mit Produkten aus dem Ausland verhindert, die Preise stabilisiert und gleichzeitig die inländischen Unternehmen geschützt werden.

Außerdem sind etwaige Werbeverbote bzw. -beschränkungen zu beachten. Dies gilt insbesondere für:

- Ärzte,
- Rechtsanwälte,
- indizierte Medien,
- Tabakerzeugnisse.

! **Wichtig**

Rechtliche Hindernisse lassen sich nur selten effizient beseitigen. Legen Sie daher dar, wie Sie sich trotzdem am Markt behaupten können. Dies kann beispielsweise durch folgende Maßnahmen geschehen:

- Abschluss (kostenpflichtiger) Lizenzverträge, mit denen Ihnen der Inhaber eines geistigen Schutzrechts die notwendigen Nutzungsrechte einräumt,
- Beschreiten legaler Handelswege,

- Berücksichtigung von Zöllen bei der Preiskalkulation,
- Ausnutzen zulässiger Werbemöglichkeiten, zum Beispiel Mundpropaganda oder Pressearbeit.

2.5 Marktübersicht

Sie haben den Leser davon überzeugt, dass Ihre Ware oder Dienstleitung für einen Kunden von Nutzen und auch umsetzbar ist. Nun müssen Sie ihm noch darlegen, dass hierfür auch eine ausreichende Nachfrage besteht. Hierfür ist es erforderlich, den Markt, auf dem Sie tätig werden wollen, zunächst eingehend zu analysieren, damit Sie den groben Rahmen abstecken können. Sodann führen Sie eine Wettbewerbsanalyse durch, um die aktuelle Verteilung auf dem Markt zu skizzieren. Mit den Ergebnissen der Markt- und Wettbewerbsanalyse bestimmen Sie dann den Zielmarkt, den Sie mit Ihrem Produkt anvisieren.

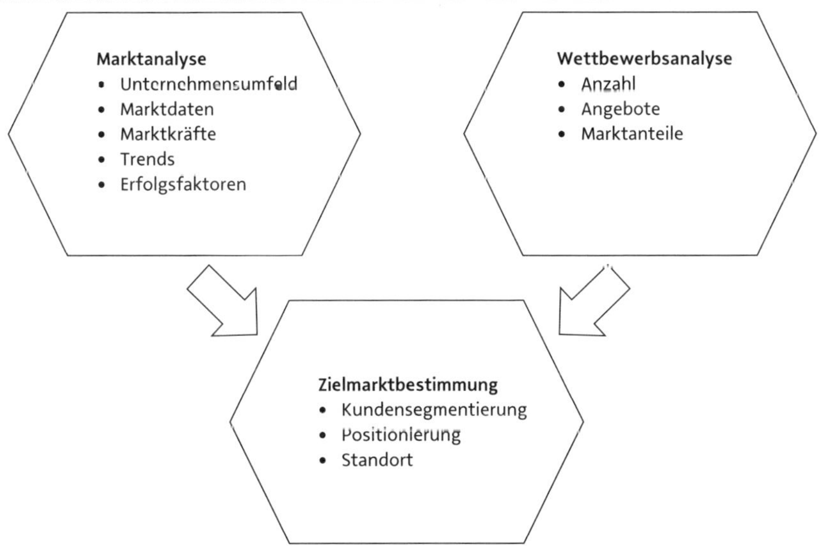

Abb. 2.4: Marktüberblick

Tipp

Häufig ist es schwierig, aktuelle und belastbare Zahlen für den zu untersuchenden Markt zu bekommen. Falls Sie keine zuverlässigen Informationen finden können, ist es durchaus zulässig die jeweiligen Daten zu schätzen. Legen Sie in diesem Fall dar, auf welcher Grundlage Ihre Schätzungen beruhen, und machen Sie verständlich, wie Sie Ihre Annahmen hergeleitet haben.

Beispiel: Sie kennen die Absatzmenge und den hieraus erwirtschafteten Umsatz von Pkws innerhalb Deutschlands. Für Bayern (Ihr Zielmarkt) liegen Ihnen aber keine genauen Daten vor. Setzen Sie in diesem Fall die Einwohnerzahl Bayerns mit der von Deutschland ins Verhältnis und ermitteln Sie mit diesem Quotienten die ungefähre Absatzmenge und den Umsatz für Bayern.

Um an belastbare Branchenzahlen und Marktinformationen zu kommen, bieten sich insbesondere die im Folgenden genannten Anlaufstellen an.

Statistisches Bundesamt (Destatis)
Das Statistische Bundesamt hat den Auftrag, statistische Informationen bereitzustellen und zu verbreiten. Diese Informationen sind objektiv, unabhängig und qualitativ hochwertig. Neben zahlreichen gedruckten Publikationen – zu nennen sind insbesondere das jährlich erscheinende Statistische Jahrbuch sowie Fachserien zu bestimmten Branchen wie Handwerk, Baugewerbe oder Land- und Forstwirtschaft – bietet es auf seiner Internetseite (www.destatis.de) verschiedene Datenbanken, in denen man kostenlos recherchieren kann.

Industrie- und Handelskammern (IHK)
Die IHKs führen eigene Marktuntersuchungen in dem Kammerbezirken durch, für sie zuständig sind. Informationen und Adressen der IHKs finden sich auf der Homepage des Deutschen Industrie- und Handelskammertages (DIHK) (www.dihk.de).

Handwerkskammern (HWK)
Die Handwerkskammern halten umfangreiche Kennzahlen aus Betriebsvergleichen für eine Vielzahl von Handwerksberufen bereit. Sie untersuchen zudem die konjunkturelle Entwicklung und die Marktsituation in ihrem Kammerbezirk. Darüber hinaus erstellt der Zentralverband des Deutschen Handwerks (ZDH) gemeinsam mit den Handwerkskammern regelmäßig bundesweite Konjunkturberichte. Der ZDH stellt insbesondere umfangreiches Zahlenmaterial zur Entwicklung von Betrieben, Auszubildenden und Beschäftigten sowie Umsätzen im Internet bereit (www.zdh.de).

Berufskammern und Branchenfachverbände
Viele Bundes- und Landesfachverbände stellen allgemeine Marktinformationen zusammen und bereit.

Sparkassen
Die Sparkassen-Finanzgruppe veröffentlicht regelmäßig ausführliche Branchenreports (www.sparkasse.de) über die wirtschaftliche und konjunkturelle Entwicklung sowie die Zukunftsperspektiven der wichtigsten Branchen. Die

Berichte der Abnehmer- und Lieferantenbranchen enthalten zudem wichtige Daten über die zukünftige Entwicklung.

Volks- und Raiffeisenbanken

Diese Banken bieten zwei Brancheninformationssysteme an: »Branchen special« und die »Branchen Briefe«. Die im Rahmen des VR-GründungsKonzepts herausgegebene Reihe »Branchen special« (www.branchen-special.de) informiert kontinuierlich und aktuell mit 100 Berichten über 160 Branchen der mittelständischen Wirtschaft Deutschlands. Die einzelnen Berichte beleuchten in übersichtlicher und standardisierter Form die wirtschaftliche Entwicklung in Branchen der Agrarwirtschaft, des Bau- und Ausbaugewerbes, der Industrie, des Handwerks, des Groß- und Einzelhandels sowie des sonstigen Dienstleistungsgewerbes. Die »Branchen-Briefe« bieten detaillierte Informationen zur Marktsituation von rund 140 Branchen. Sie finden diese auf den jeweiligen Internetseiten.

Germany Trade & Invest (GTAI)

Die Reihe »Branche kompakt« (www.gtai.de) umfasst eine Vielzahl von Branchenkurzanalysen zu verschiedenen Schlüsselbranchen. Die Berichte werden regelmäßig aktualisiert, zumeist im Jahresrhythmus, und legen den Fokus auf die Absatzchancen für deutsche Produkte und Dienstleistungen.

DATEV e. g.

Die DATEV ist eine genossenschaftliche Vereinigung der Steuerberater, bei ihr sind etwa eine Million Buchführungen verschiedenster Unternehmen gespeichert. Auf dieser Basis ermittelt sie regelmäßig Vergleichszahlen für über 400 Branchen. Diese Auswertungen können Sie über Ihren steuerlichen Berater beziehen.

GENIOS

GENIOS ist der führende Online-Anbieter für Wirtschaftsinformationen in Deutschland (www.genios.de). Sein Angebot ermöglicht den direkten Zugriff auf rund 1.000 qualifizierte Datenbanken mit mehreren hundert Millionen Dokumenten, in denen sich Trends und Entwicklungen in Branchenreports und Wirtschaftsanalysen verfolgen lassen.

2.5.1 Zielmarkt

Bevor Sie die Ergebnisse der einzelnen Analysen wiedergeben, empfiehlt es sich, den von Ihnen betrachteten Markt genau zu definieren.

! **Wichtig**

Je genauer Sie den Zielmarkt eingrenzen, desto besser kann der Leser die von Ihnen gelieferten Daten nachvollziehen! Außerdem ermöglicht Ihnen dies eine exaktere Planung.

Beschreiben Sie Ihren Markt anhand bestimmter Kriterien. Teilen Sie hierfür den Markt hinsichtlich der potenziellen Zielgruppe in verschiedene Segmente mit mindestens einer gleichen Eigenschaft ein, um eine segmentspezifische Analyse durchführen zu können. Die Kriterien zur Abgrenzung des Marktes können sich beispielsweise auf folgende Aspekte beziehen:

- soziodemografisch, zum Beispiel Alter, Geschlecht oder Einkommen,
- räumlich, zum Beispiel eine Stadt, ein Landkreis, Deutschland oder die Europäische Union,
- branchenspezifisch, zum Beispiel Handwerk, IT oder Bauwirtschaft,
- technologisch, zum Beispiel Mikroelektronik oder Kunststoffspritzverfahren.

2.5.2 Marktanalyse

Die Marktanalyse ist ein zentrales Kapitel im Businessplan. Die hierin enthaltenen Informationen sind nicht nur für Kapitalgeber und Investoren wichtig, sondern auch für eine erfolgreiche Etablierung Ihres Unternehmens auf dem Markt. Mit diesen Daten können Sie die grundlegende Frage beantworten, ob es einen Markt für Ihre Geschäftsidee gibt. Weiterhin sollte die Marktanalyse folgende Leitfragen beantworten:

- Um welche Branche geht es und wie lässt sich der Markt eingrenzen?
- Wie groß ist der Markt?
- Welche Strukturen kennzeichnen den Markt?
- Wodurch wird der Markt beeinflusst?
- Wie haben sich der Markt und die bereits bestehenden Unternehmen entwickelt?
- Mit welcher Entwicklung ist in der Zukunft zu rechnen?
- Welcher Marktanteil ist für Ihr Unternehmen realistisch?

Die Marktanalyse bildet die Grundlage für die weiteren Kapitel Ihres Businessplanes.

! **Wichtig**

Je besser Sie sich über den Markt informieren, desto geringer ist die Wahrscheinlichkeit, später böse Überraschungen zu erleben.

Im Rahmen der Marktanalyse ist nun darzulegen, wie sich Ihre Branche entwickelt hat und in welche Richtung sie sich bewegt. Von Bedeutung können dabei folgende Aspekte sein:

- Unternehmensumfeld: Hier werden die Rahmenbedingungen des Marktes untersucht, auf dem das Unternehmen aktiv werden will. Es geht um das frühzeitige Erkennen wichtiger Veränderungen, auf die ein Unternehmen meist nicht kurzfristig reagieren kann, zum Beispiel um neue Gesetze und Vorschriften, Techniken oder Verfahren.
- Marktdaten: Ziel ist es, einen fundierten Überblick über die wirtschaftliche Situation der Branche zu liefern. Von besonderer Bedeutung sind dabei die Größe, das Volumen und das Potenzial des definierten Marktes.
- Marktstruktur: Insoweit soll dargestellt werden, welche Kräfte wie stark auf das Unternehmen einwirken und was den Markt attraktiv erscheinen lässt.
- Marktentwicklung: Hier sollte ein Ausblick gewährt werden, wie sich der Markt in Zukunft entwickelt.
- Kritische Erfolgsfaktoren: Zu untersuchen ist, welchen Kriterien ein Unternehmen unbedingt entsprechen muss, um am Markt erfolgreich bestehen zu können.

Tipp !

Eine Marktanalyse kann sehr umfassend sein und schnell den Rahmen Ihres Businessplans sprengen. Es empfiehlt sich daher,

- sich nur auf die Aspekte zu konzentrieren, die auch tatsächlich für Ihr Vorhaben relevant sind sowie
- möglichst viele Abbildungen und Tabellen zu verwenden und die sich hieraus ergebenden Aussagen kurz und knapp auf den Punkt zu bringen.

2.5.2.1 Unternehmensumfeld

Das Unternehmensumfeld, auch »makroökonomisches Umfeld« genannt, umfasst alle Faktoren, die den Markt außerhalb, also extern, eines Unternehmens beeinflussen. Dessen Analyse dient dazu, die für das Unternehmen relevanten Bereiche und Einflussfaktoren sowie deren zukünftige Entwicklung zu ermitteln. Sie soll aufzeigen, welche Chancen und Risiken für die zukünftige Entwicklung eines Unternehmens bestehen und zu berücksichtigen sind.

! **Wichtig**

Das Unternehmensumfeld beschreibt die generellen Rahmenbedingungen, in die das Unternehmen eingebettet ist und auf die es in der Regel nicht direkt einwirken kann.

Das Unternehmensumfeld lässt sich mit der PESTEL-Analyse genauer betrachten. PESTEL steht für die politischen (*political*), wirtschaftlichen (*economic*), soziokulturellen (*social*), technologischen (*technological*), ökologisch-geografischen (*environmental*) sowie rechtlichen (*legal*) Einflussfaktoren, die auf das Unternehmen einwirken, wenn es um die Erschließung bzw. Bearbeitung von Märkten geht.

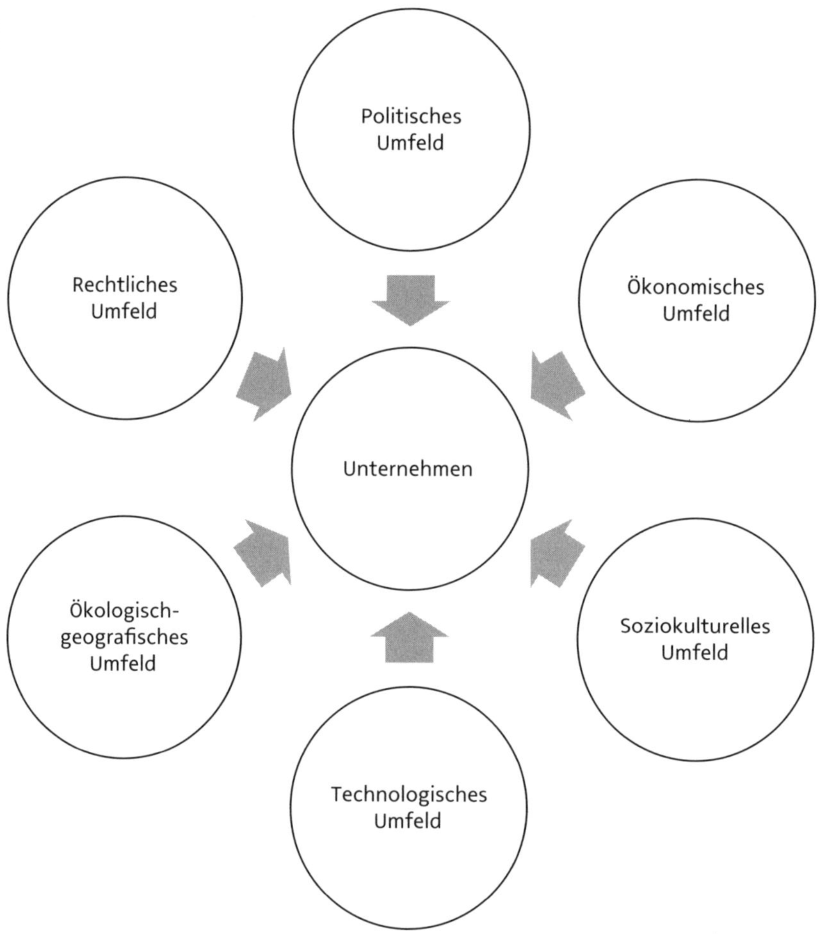

Abb. 2.5: PESTEL-Analyse

2.5.2.1.1 Politisches Umfeld

Zum politischen Umfeld gehören die staatlichen und behördlichen Rahmenbedingungen auf kommunaler, regionaler, nationaler und internationaler Ebene. Dazu zählen insbesondere die Stabilität und Verlässlichkeit der politischen Organe sowie deren Rolle bei der Gestaltung des Wirtschaftslebens. Darüber hinaus sind die Aktivitäten politischer Interessengruppen, zum Beispiel von Verbraucherschutzverbänden oder Umweltschutzbewegungen, zu betrachten, da sie das aktuelle politische Geschehen nachhaltig verändern können.

Wichtig !

Wie beurteilen Sie die aktuelle politische Situation? Was sind die wichtigsten Unsicherheitsfaktoren für die zukünftige politische Entwicklung?

Zu den politischen Faktoren gehören insbesondere:

- Regierungssystem, zum Beispiel Demokratie,
- politische Stabilität,
- Reformfähigkeit,
- Korruption,
- Einfluss des Staates auf die Gestaltung des Wirtschaftslebens,
- Steuerpolitik,
- Außenwirtschaftsvorschriften,
- Zölle,
- Wohlfahrt,
- Meinungs- und Pressefreiheit,
- Produktionsstandards,
- Staatszuschüsse, insbesondere Subventionen,
- öffentliches Auftragswesen.

2.5.2.1.2 Ökonomisches Umfeld

Schon bevor ein Unternehmen Produkte auf den Markt bringt, muss es die demografischen Verhältnisse auf dem jeweiligen Markt erforschen. So hat zum Beispiel das Bevölkerungswachstum oder die Altersstruktur einen großen Einfluss darauf, ob sich ein Produkt auf dem Markt verkaufen lässt oder nicht. Auch ergeben sich durch Änderungen der Bevölkerungsstruktur oft völlig neue Marktchancen, zum Beispiel hinsichtlich der Senioren, wohingegen andere Segmente kleiner werden oder ganz wegfallen

! **Wichtig**

Gibt es Veränderungen beim Nachfrageverhalten der Konsumenten, auf den Beschaffungsmärkten, bei der Wettbewerbsintensität oder beim Investitionsklima?

Wirtschaftliche Faktoren sind beispielsweise:

- Wirtschaftswachstum,
- Inflation,
- Wechselkurse,
- Zinssätze,
- Arbeitslosigkeitsrate,
- wirtschaftliche Infrastruktur, zum Beispiel Post und Banken,
- Nachfrageschwankungen,
- Einkommensänderungen,
- Lohnkosten,
- Ressourcenverfügbarkeit,
- Schlüsselindustrien,
- Branchenstrukturen.

2.5.2.1.3 Soziokulturelles Umfeld

Die Kultur einer Gesellschaft ist von grundlegender Bedeutung für Konsumverhalten, Vorlieben und Abneigungen. Zur Kultur gehören Werte und Einstellungen der Bevölkerung sowohl zu sich selbst (Selbstbild) als auch zu Unternehmen, Gesellschaft, Staat, Religion usw. Kulturelle Unterschiede beeinflussen beispielsweise den Verkauf, Verhandlungen, die Kontaktaufnahme, Werbemöglichkeiten, aber auch Produktgestaltungen. Zur Erklärung des Käuferverhaltens und zur Marktsegmentierung lässt sich die kulturelle Prägung ebenfalls heranziehen.

! **Wichtig**

Wie sehen die allgemeinen Werte, Einstellungen oder kulturellen Normen der Gesellschaft aus? Inwieweit haben sie sich verändert oder werden sie sich verändern?

Soziokulturelle Faktoren berücksichtigen Attribute wie:

- Demografie, zum Beispiel Bevölkerungswachstumsraten, Altersverteilung, Bevölkerungsdichte,
- Einkommensverteilung,
- gesellschaftliche Werte wie Einstellungen, Normen und Verhaltensweisen,
- Lebensbedingungen,

- Bildungsniveau,
- Aufbau und Pflege von Geschäftsbeziehungen,
- Lebensstil, insbesondere Einstellungen zu Arbeit, Karriere und Freizeit,
- Gesundheitssystem,
- Konsumverhalten,
- Sparquoten,
- Arbeits- und Sozialmobilität,
- Unternehmergeist,
- Sicherheitsgefühle.

2.5.2.1.4 Technologisches Umfeld

Technologische Faktoren können Hindernisse darstellen, die es zu beseitigen gilt, bevor Sie in einen Markt eintreten. Aufgrund der rasanten technologischen Entwicklung werden Produktlebenszyklen immer kürzer, es entstehen ständig neue Geschäftsfelder für Produkte, die kurz zuvor noch undenkbar waren, wie etwa im Bereich Internet und mobile Telekommunikation, während andere von der Bildfläche verschwinden. Diese Entwicklungen zwingen zu immer schnelleren Innovationen und Produktverbesserungen, eröffnen aber auch völlig neue Geschäftsmöglichkeiten und Märkte.

Wichtig !

Welche bedeutenden technologischen Veränderungen zeichnen sich ab? Gibt es neue Technologien, die dem Unternehmen zur Verfügung stehen oder zur Gefahr werden können?

Mögliche Faktoren sind:

- technologisches Niveau der Wirtschaft (nicht nur in der eigenen Branche, sondern auch in denen von Lieferanten und Kunden),
- Lebenszyklus und Geschwindigkeit der technologischen Veralterung,
- staatliche Ausgaben für Forschung und Entwicklung,
- Stand der Forschung an Universitäten,
- technische Infrastruktur, zum Beispiel das Vorhandensein der notwendigen Informations- und Kommunikationstechnologie,
- Vorhandensein von Wissens-Clustern und Start-up-Zentren.

2.5.2.1.5 Ökologisch-geografisches Umfeld

Auch die Natur hat einen Einfluss auf das Unternehmen. Einerseits können ökologische Rahmenbedingungen die Handlungsmöglichkeiten des Unternehmens erheblich einschränken – man denke an erlaubte Produktionsverfahren oder Umweltschutzauflagen –, andererseits bieten sich zahlreiche Chancen, durch umweltfreundliche Produkte und Herstellungsverfahren Wettbewerbsvorteile zu erzielen. Die natürliche Umwelt umfasst außerdem die Verfügbarkeit von Rohstoffen und den wirtschaftlichen Zugang zu diesen.

! **Wichtig**

Wie beeinflussen sich verändernde Bedingungen der natürlichen Umwelt Ihr Unternehmen? Stehen Ihnen auch in den nächsten Jahrzehnten alle Ressourcen zur Verfügung?

Zu diesen Faktoren gehören Umweltfragen wie:

- Topografie,
- Umweltverschmutzung,
- Verfügbarkeit natürlicher Ressourcen,
- Klimawandel,
- Krankheiten.

2.5.2.1.6 Rechtliches Umfeld

Das rechtliche Umfeld ergibt sich aus Gesetzen und behördlichen Vorgaben. Diese schränken den unternehmerischen Aktionsradius meist erheblich ein, etwa durch Verbraucherschutzgesetze, Arbeitsgesetze und das Wettbewerbsrecht. Zudem können häufige Änderungen der rechtlichen Rahmenbedingungen, insbesondere im Steuerrecht, die Aktivität erschweren.

! **Wichtig**

Welche rechtlichen Bestimmungen haben einen erheblichen Einfluss auf Ihren unternehmerischen Handlungsspielraum?

Zu den rechtlichen Faktoren gehören beispielsweise:

- Gesellschaftsrecht, zum Beispiel mögliche Rechtsformen, Pflicht zur Buchführung und Veröffentlichung von Jahresabschlüssen,
- Arbeitsrecht, zum Beispiel Kündigungsschutz, Arbeitsplatzsicherheit, Mitbestimmung und Mindestlohn,

- Wettbewerbsrecht, zum Beispiel Verbot unlauterer Werbemaßnahmen und die Genehmigungspflicht bei Betriebsübernahmen,
- Schutz des geistigen Eigentums, zum Beispiel Urheberrecht, Patente, Design und Marken,
- Umweltschutzgesetze, zum Beispiel zur Vermeidung von CO_2-Emmissionen oder zur Abfallentsorgung,
- Verbraucherschutzgesetze, zum Beispiel die Pflicht hinsichtlich der Angaben zu Preisen und zur Materialbeschaffenheit,
- Datenschutzrecht.

2.5.2.2 Marktdaten

Nachdem Sie das externe Unternehmensumfeld dargestellt haben, verschaffen Sie dem Leser Ihres Businessplans einen Überblick über die wirtschaftliche Situation auf dem anvisierten Markt. Hierfür ziehen Sie relevante Marktdaten heran, die die Entwicklung von Märkten in quantitativer, teilweise auch in qualitativer Hinsicht beschreiben. Marktdaten werden sowohl für strategische Zwecke benötigt, zum Beispiel bei der Entwicklung von Unternehmens-, Produkt- oder Marketingstrategien, als auch für operative Zwecke eingesetzt, zum Beispiel bei der Produktions-, Vertriebs- und Absatzplanung. Sie dienen dazu, Marktpotenziale in bestimmten Märkten zu ermitteln, und ermöglichen entsprechende Absatz- und Umsatzprognosen.

Wichtig !

Im Mittelpunkt stehen quantitative Marktdaten, also numerische Werte zu Mengen, Preisen und Marktvolumina, mit denen sich die mengen- und wertmäßigen Marktentwicklungen betrachten und die zugehörigen Wachstumsraten bestimmen lassen. Insoweit empfiehlt es sich, die Marktdaten nicht nur für das aktuelle, sondern auch für mehrere vergangene Jahre (drei bis fünf Jahre) einzeln zu ermitteln. Qualitative Marktdaten, zum Beispiel Angaben zu Markttreibern und deren Wirkung auf die Marktentwicklung, sind dagegen nur sinnvoll, wenn langfristige Entwicklungen bewertet und Prognosen zu Markttrends erstellt werden sollen.

Ein Überblick über die wichtigsten Marktdaten gibt Abb. 2.6.

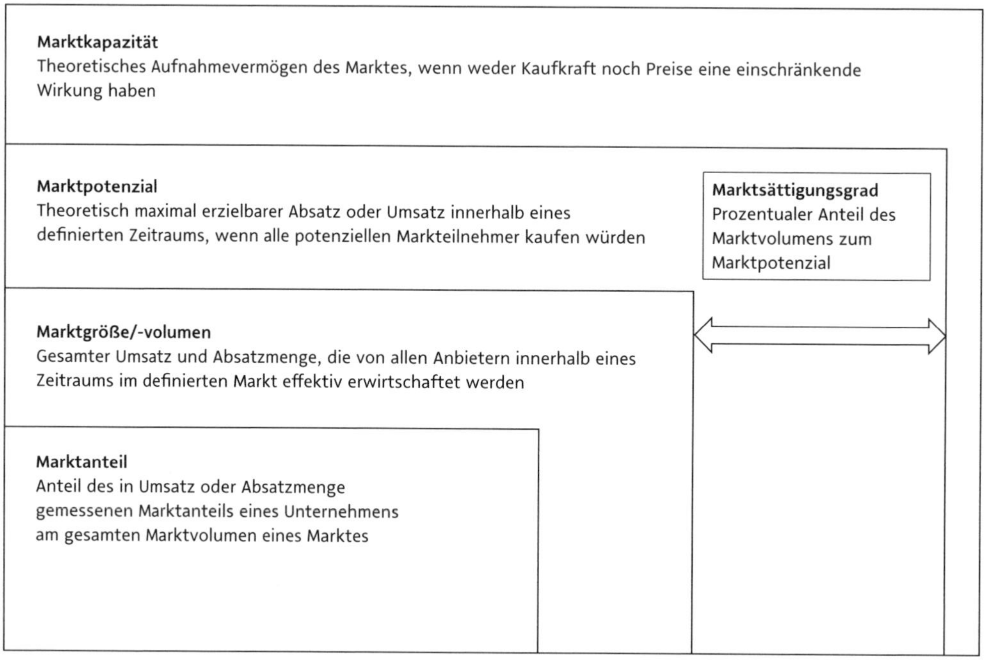

Abb. 2.6: Übersicht Marktdaten

2.5.2.2.1 Marktgröße

Die Marktgröße beschreibt den Umsatz, der innerhalb eines Zeitraums im definierten Markt erwirtschaftet wird. Zu den maßgeblichen Daten, für die Sie Durchschnittswerte verwenden können, gehören insoweit die folgenden:

- Anzahl der tatsächlichen Käufer: Diese Kunden hat in der Vergangenheit eines der Angebote in diesem Markt erreicht. In der Regel geht man von einer Wiederholung in der Zukunft aus, wenngleich nicht klar ist, wann diese erfolgen wird und ob das gleiche Angebot oder das eines Wettbewerbers gewählt wird.
- Kaufmenge: Diese Zahl beschreibt, wie viele Einheiten des Produkts ein Kunde bei einem Kauf erwirbt.
- Kauffrequenz: Die Kauffrequenz sagt aus, wie regelmäßig ein Kunde bei einem Anbieter kauft.
- Preis: Dies ist der Netto-Preis, also abzüglich der Umsatzsteuer und aller Rabatte, den der Kunde für eine Einheit bezahlt.

Damit lässt sich die Marktgröße berechnen.

Berechnung der Marktgröße !

Marktgröße = Zahl der tatsächlichen Kunden × Kaufmenge × Kauffrequenz × Preis

Die Entwicklung der Marktgröße können Sie in Ihrem Businessplan so darstellen, wie in Abb. 2.7gezeigt.

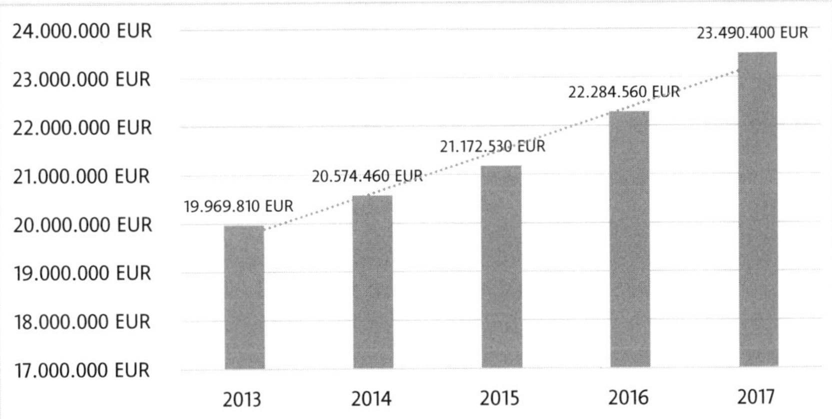

Abb. 2.7: Entwicklung der Marktgröße (in EUR)

2.5.2.2.2 Marktvolumen

Das Marktvolumen stellt die gesamte tatsächliche Absatzmenge im adressierten Markt innerhalb eines gewissen Zeitraums dar. Es kann je nach Zusammenhang zwei Ausprägungen annehmen.

Berechnung des Marktvolumens !

Summe aller abgesetzten Produkte = gesamter Absatz
Summe aller angebotenen Produkte = gesamtes Angebot

Die Entwicklung des Marktvolumens können Sie in Ihrem Businessplan darstellen, wie in Abb. 2.8gezeigt.

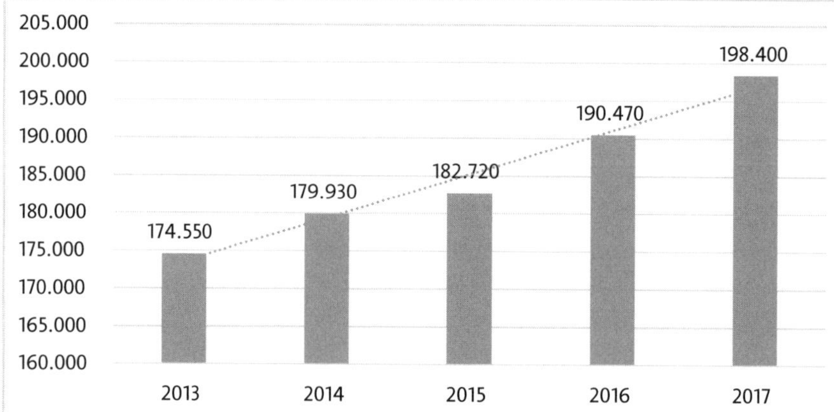

Abb. 2.8: Entwicklung des Marktvolumens (in abgesetzten Einheiten)

2.5.2.2.3 Marktwachstum

Das Marktwachstum drückt die Veränderung des Marktvolumens gegenüber dem Marktvolumen der Vorperiode aus. Dabei wird das Marktvolumen der aktuellen Periode mit dem einer bereits vergangenen Periode verglichen, zum Beispiel mit dem Vorjahr.

!

Berechnung des Marktwachstums

Marktwachstum

$$= \frac{\text{Marktvolumen des aktuellen Jahres} - \text{Marktvolumen des Vorjahres}}{\text{Marktvolumen des aktuellen Jahres}}$$

Das Marktwachstum kann aber auch anhand der Marktgröße ermittelt werden.

!

Berechnung des Marktwachstums

Marktwachstum

$$= \frac{\textit{Marktgröße des aktuellen Jahres} - \textit{Marktgröße des Vorjahres}}{\textit{Marktgröße des Vorjahres}}$$

Wie sich die Entwicklung der Marktgröße und des Marktvolumens darstellen lässt, zeigen die Abb. 2.9 und 2.10.

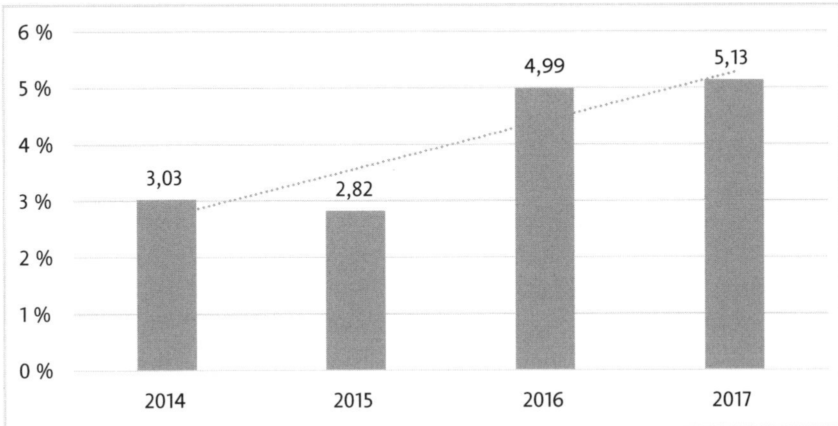

Abb. 2.9: Entwicklung der Marktgröße (in %)

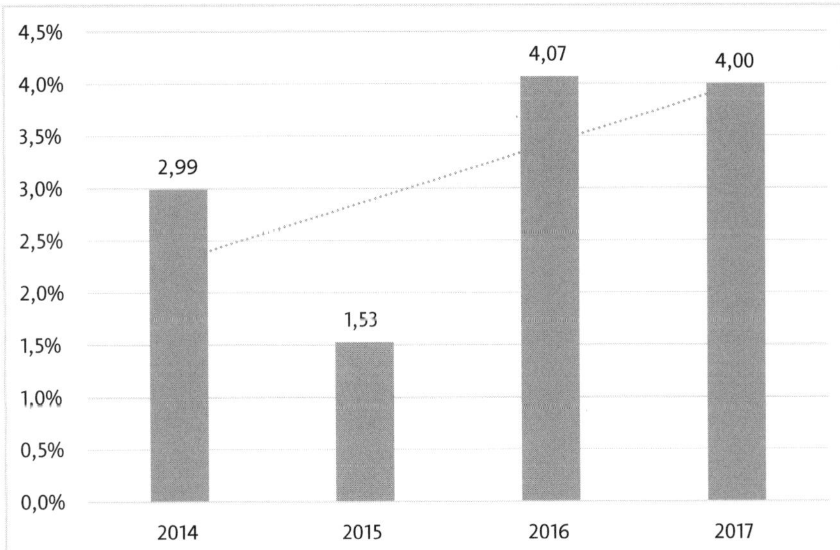

Abb. 2.10: Entwicklung des Marktvolumens (in %)

Erläutern Sie kurz, wie es zu den Veränderungen gekommen ist. Insbesondere ist von Interesse, inwieweit sie auf eine Erhöhung der Absatzmenge sowie auf Preissteigerungen oder -senkungen zurückzuführen sind.

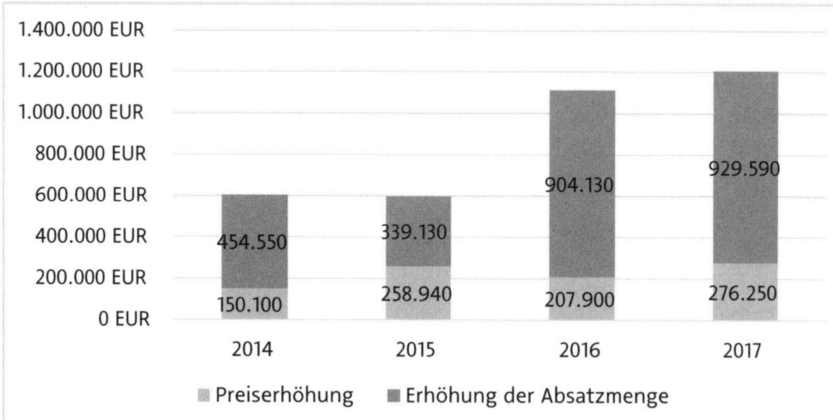

Abb. 2.11: Änderung der Marktgröße durch Erhöhung von Preisen und Absatzmenge (in EUR)

Aus der Wachstumsrate kann insbesondere das Entwicklungsstadium und damit die Attraktivität des Marktes abgeleitet werden. Hierdurch lässt sich relativ zuverlässig ein Trend für die nächsten Jahre aufzeigen, was wiederum eine Prognose zum zukünftigen Marktwachstum und somit zum Marktpotenzial erlaubt:

- Bei einem Wert größer als 0,0% liegt ein positives Marktwachstum vor. Dies weist darauf hin, dass das Marktpotenzial noch nicht ausgeschöpft wurde und sich noch Chancen für neue Anbieter ergeben.
- Der Wert 0,0% zeigt Stagnation an. Das heißt, dass die Nachfrage durch das aktuelle Angebot weitgehend gestillt ist. Neue Anbieter können sich meist nur behaupten, wenn sich ihr Produkt deutlich von den Produkten der Wettbewerber absetzt.
- Bei negativen Werten schrumpft der Markt. In diesem Fall herrscht regelmäßig ein starker Konkurrenzdruck durch die vorhandenen Wettbewerber, was den Markt für neue Anbieter unattraktiv macht.

Die voraussichtliche Entwicklung der Marktgröße und des Marktvolumens lässt sich darstellen, wie in Abb. 2.12 und Abb. 2.13gezeigt.

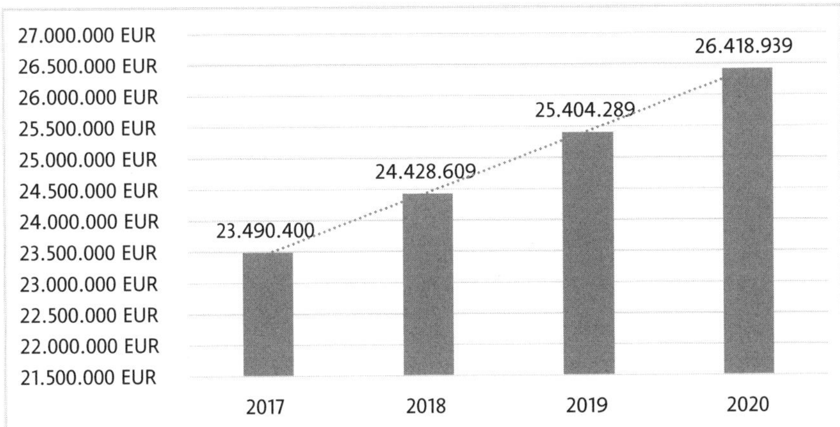

Abb. 2.12: Prognose zur Entwicklung der Marktgröße auf Basis des durchschnittlichen Wachstums der letzten drei Jahre (in EUR)

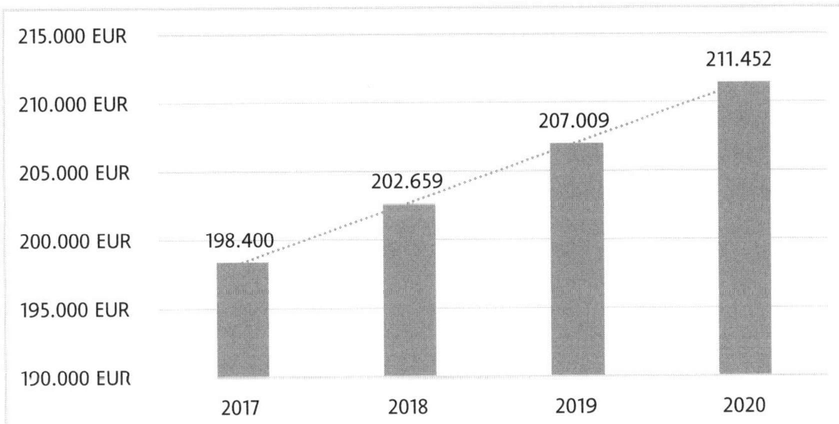

Abb. 2.13: Prognose zur Entwicklung des Marktvolumens auf Basis des durchschnittlichen Wachstums der letzten drei Jahre (in EUR)

2.5.2.2.4 Marktpotenzial

Der Begriff »Marktpotenzial« beschreibt den theoretisch maximal erzielbaren Absatz bzw. Umsatz innerhalb eines definierten Zeitraums, wenn alle potenziellen Marktteilnehmer kaufen würden. Das Marktpotenzial gibt somit an, wie viele Einheiten eines Produkts auf dem Markt abgesetzt werden könnten, wenn alle denkbaren Käufer über das erforderliche Einkommen verfügen würden und ein bewusstes Kaufbedürfnis entwickelt hätten. Neben den tatsächlichen Kunden sind folgende Kundengruppen zu unterscheiden:

- Unerschlossene potenzielle Kunden: Es gibt noch Kunden, die als solche infrage kommen, etwa weil sie über die notwendige Kaufkraft verfügen, aber noch nicht gekauft haben.
- Nicht erreichbare Kunden: Im Markt existieren Personen oder Unternehmen, die nicht als Kunden infrage kommen, weil sie beispielsweise nicht über die notwendige Kaufkraft verfügen oder keinen Zugang zum Markt haben. Da diese Personen nicht erreichbar sind, sollten sie bei der Ermittlung des Marktpotenzials nicht berücksichtigt werden. Sie können erst einbezogen werden, wenn Chancen bestehen, die bestehenden Hürden abzubauen.

!

Berechnung des Marktpotenzials

Marktpotenzial = Zahl der tatsächlichen und potenziellen Kunden × Kaufmenge pro Beschaffungsakt × Kauffrequenz pro Jahr × Preis

!

Wichtig

Oft lassen sich Anzahl und Bedarfsintensität nicht exakt ermitteln, da es sich um zukünftige Werte handelt. Als Basis für eine Schätzung dient in der Regel die Vergangenheit. Ausgangspunkte sind das aktuelle Marktvolumen und das Marktwachstum, hieraus werden die zukünftigen Werte extrapoliert. Vor allem in jungen Märkten ist die Berechnung eines Trends oft schwierig. Hier können Entwicklungen in verwandten Märkten als Grundlage herangezogen werden.

2.5.2.2.5 Marktsättigungsgrad

Der Marktsättigungsgrad ist eine Kennzahl, die das Verhältnis des Marktvolumens zum Marktpotenzial angibt. Sie bringt das ausgeschöpfte Marktpotenzial zum Ausdruck und dient damit zur Beurteilung der Wachstumschancen eines Produkts.

!

Berechnung des Marktsättigungsgrads

$$\text{Marktsättigungsgrad} = \frac{\text{Marktvolumen}}{\text{Marktpotenzial}}$$

2.5.2.2.6 Marktkapazität

Die Marktkapazität ist eine theoretische Größe und gibt das Aufnahmevermögen des Marktes aus der Sicht der Nachfrager an. Bei der Ermittlung wird unterstellt, dass weder Kaufkraft noch Preise eine einschränkende Wirkung haben.

Berechnung der Marktkapazität

Marktkapazität = Anzahl Nachfrager × Produktlebenszyklus

!

2.5.2.2.7 Anzahl der Beschäftigten

Auch die Anzahl der Beschäftigten im Zielmarkt und deren Entwicklung kann interessant sein. Eine hohe Anzahl weist nämlich auf ein großes Interesse der Werktätigen an dieser Branche hin und lässt daher darauf schließen, dass es hier zu Innovationen und Marktwachstum kommen kann. Die Werte lassen sich in absoluten Zahlen (siehe Abb. 2.14) oder in Prozent (siehe Abb. 2.15) darstellen.

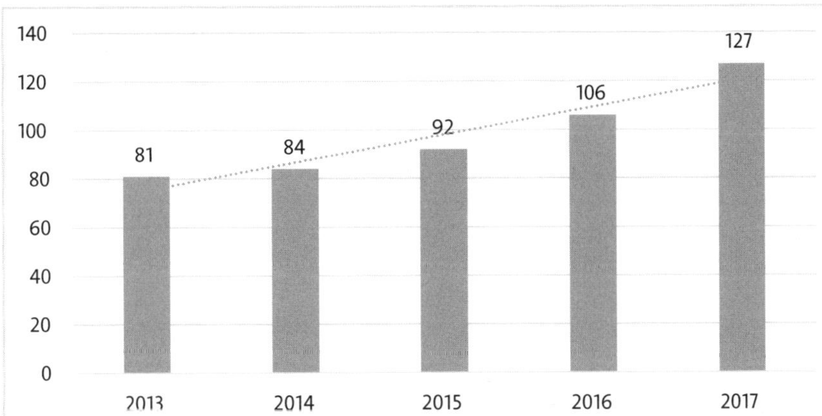

Abb. 2.14: Entwicklung der Beschäftigtenzahl

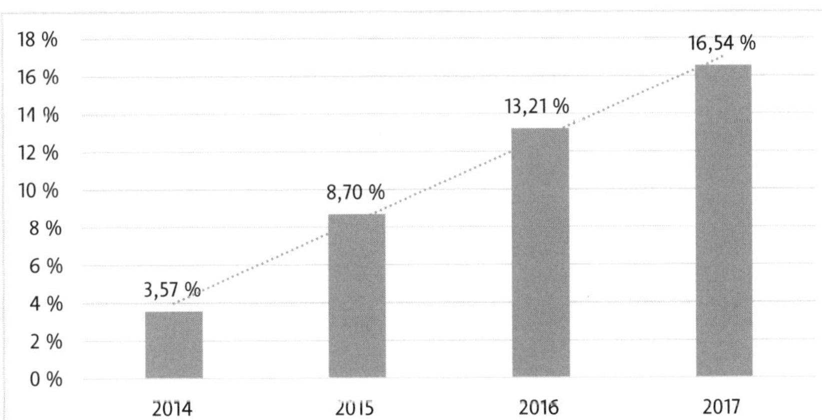

Abb. 2.15: Entwicklung der Beschäftigtenzahl (in %)

2.5.2.3 Marktentwicklung

Neben der Ist-Situation sollte der Businessplan einen Ausblick auf die zukünftige Entwicklung des Zielmarktes enthalten. Maßgeblich sind insoweit Angaben zu folgenden Aspekten:

- Trends,
- Markttreiber,
- Produktlebenszyklus.

2.5.2.3.1 Trends

Von einem Trend ist auszugehen, wenn in der Gesellschaft, Wirtschaft oder Politik Veränderungsprozesse einsetzen. Bei der Betrachtung sind sowohl positive wie negative Einflüsse dieser Entwicklungen zu berücksichtigen. Das Erkennen und Verstehen von Trends, die für das eigene Geschäft von Belang sind, ist ein wichtiger Schritt bei der Unternehmensplanung.[3] Die Analyse relevanter Entwicklungen, neuer oder geänderter Markttendenzen, die sich auf die zukünftige Geschäftsentwicklung auswirken können, ist für die Unternehmensstrategie entscheidend.

! **Wichtig**

Erläutern Sie insbesondere, ob Sie mit Ihrem Produkt einen neuen Trend verfolgen oder lediglich in einen etablierten Markt einsteigen.

Trends sind nicht einfach zu erkennen. Hierfür ist es erforderlich, dass Sie mit offenen Augen durch die Welt gehen und sich umfassend über die aktuellen Entwicklungen informieren, die Einfluss auf Ihren Zielmarkt haben können. Wichtige Quellen der Erkenntnis sind insoweit:

- Zeitungen und Zeitschriften,
- Internet,
- Blogs und Foren,
- Trendforschungsagenturen, zum Beispiel Bundesverband Medien und Marketing e. V., Zukunftsinstitut GmbH, SINUS Markt- und Sozialforschung GmbH.

3 Vgl. Pillkahn (2007).

Tipp

!

Ein (kostenloses) Online-Tool zum Aufspüren von Trends ist der Dienst Google Trends. Hier können Sie Trends in Echtzeit nach Kategorie und Ort erkunden, indem Sie einen Begriff zu Ihrem Geschäftsmodell eingeben. Google Trends stellt verschiedene Informationen bereit:

- Interesse im zeitlichen Verlauf,
- Interesse nach Region,
- verwandte Themen,
- verwandte Suchanfragen.

Um ein gutes Verständnis für Trends zu entwickeln, bietet es sich an, diese nach Stärke und Nachhaltigkeit einzuordnen. Hier lässt sich folgendermaßen unterscheiden:[4]

- Megatrends: Sie sind allgegenwärtig, umfassend sowie von durchgreifender und langfristiger Bedeutung, zum Beispiel Globalisierung, Industrie 4.0 oder Durchdringung des Internets. Sie betreffen Strukturveränderungen mit einem Zeithorizont von über zehn Jahren und wirken sich immer in irgendeiner Art und Weise auf das eigene Geschäft aus.
- Makrotrends: Sie beinhalten Teilströmungen und spezifische Ausprägungen der Megatrends und beziehen sich auf einen Zeitraum von etwa fünf bis zehn Jahren. Sie lassen sich weiter einteilen, zum Beispiel:
  - Soziokulturelle Trends: Das sind Veränderungsprozesse, die vom Lebensgefühl der Menschen im sozialen Wandel geprägt werden und sich auf das Konsumverhalten auswirken können, zum Beispiel die demografische Entwicklung, neue Familienstrukturen, zunehmendes Gesundheitsbewusstsein und neue Arbeitsstrukturen.
  - Technologische Trends: Sie werden durch die Einführung neuer Technologien angestoßen, die in Produkte eingebracht werden, um neue Funktionen bereitzustellen, zum Beispiel bei Elektroautos, dem mobilen Internet oder der Hausautomatisierung. Sie können sich aber auch in Fertigungsprozessen und Produktionsanlagen niederschlagen, wo sie eine effektive und effiziente Herstellung von Gütern unterstützen, zum Beispiel der 3D-Druck oder das Cloud-Computing.
- Mikrotrends: Hierunter fallen neue, intelligente, leistungsstarke und strukturverändernde Innovationen. Sie sind die ersten konkreten Anzeichen für sich entwickelnde Trendströmungen und liefern reale Beispiele für die Bereiche Marketing, Technologie und Lifestyle. Mikrotrends beweisen in der Regel die Mega- und Makrotrends.

4 Vgl. Deckers/Heinemann (2008).

2.5.2.3.2 Markttreiber

Neben den Trends sind die sogenannten Markttreiber zu erkennen. Dies sind die Einflussfaktoren, die Trends überhaupt erst auslösen sowie deren Stärke und Richtung bestimmen. Als Markttreiber kommen beispielsweise infrage:

- Gesetzesänderungen, zum Beispiel der Wegfall staatlicher Monopole,
- Subventionierung neuer politischer Ziele, zum Beispiel Abkehr von der Atomkraft zu erneuerbaren Energien oder Erhöhung des Marktanteils von Elektroautos,
- Ergebnisse von Standardisierungs- und Normierungsprozessen,
- Erfindungen und Innovationen.

2.5.2.3.3 Produktlebenszyklus

»Alles fließt!« – »Panta rhei.«
Heraklit

Sodann legen Sie dar, in welcher Phase des Produktlebenszyklus sich Ihr Produkt befindet. Waren und Dienstleistungen unterliegen nämlich wie alle Dinge einem dynamischen Prozess: Alles wird, alles vergeht, alles ändert sich. Ihre Lebensdauer ist zeitlich begrenzt, sie durchlaufen dabei fünf Phasen:

- Einführung,
- Wachstum,
- Reife,
- Sättigung,
- Rückgang.

Die einzelnen Phasen lassen sich wie folgt charakterisieren:

- Einführung: In der Einführungsphase tritt das Produkt in den Markt ein. Für das Unternehmen geht es hauptsächlich darum, das Produkt am Markt zu etablieren und möglichst schnell einen hohen Bekanntheitsgrad zu erzielen. Dabei entstehen regelmäßig hohe Kosten, insbesondere durch Werbe- und PR-Maßnahmen. Um Vorräte aufzubauen, müssen hohe Stückzahlen produziert werden. Da entweder die Nachfrage wegen der fehlenden Bekanntheit noch zu gering ist oder Herstellungs- oder Lieferengpässe auftreten, werden Gewinne in dieser Phase typischerweise nicht erzielt. Das Ende der Einführungsphase ist erreicht, wenn das Produkt den Break-even-Point überschreitet.

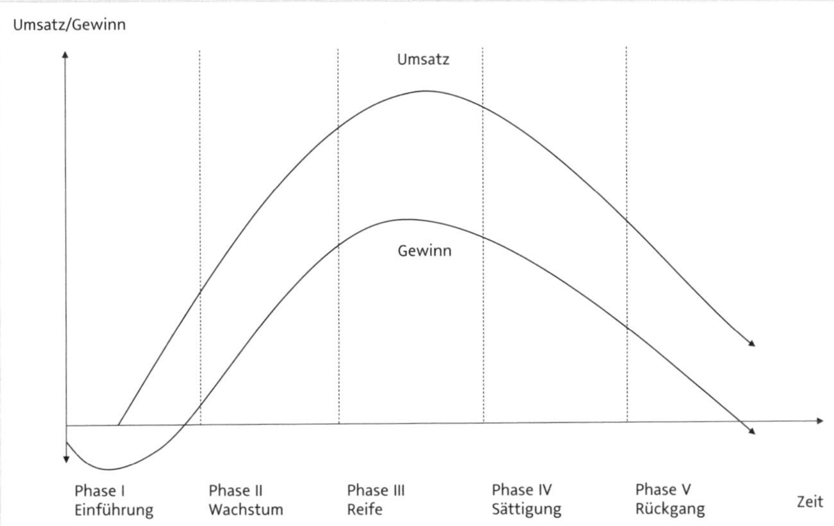

Abb. 2.16: Produktlebenszyklus

- Wachstum: Die Maßnahmen der Einführungsphase zeigen Wirkung und das Produkt wird immer besser verkauft. Gleichzeitig verringern sich die Marktinvestitionen und es werden Erfahrungen in der Produktion gesammelt, wodurch die Stückkosten sinken. In dieser Phase erreicht das Unternehmen die Gewinnzone; häufig kommt es zu ersten Preisanpassungen. Wettbewerber werden auf das Produkt aufmerksam und erste Konkurrenzprodukte kommen auf den Markt.
- Reife: Die Marktentwicklung erreicht ihr Maximum. In dieser Phase bringt das Produkt dem Unternehmen die meisten Gewinne. Allerdings treten immer mehr Mitbewerber in den Markt ein. Im späteren Verlauf der Reifephase beginnen die Marktanteile und der Gewinn zu sinken. Unternehmen können dem durch Produktvariationen oder verstärktes Marketing entgegenwirken. Ebenso können Rationalisierungen im Produktions- und Vertriebsprozess sinnvoll sein, da sich hierdurch die Kosten senken lassen. Mittlerweile herrscht ein starker Wettbewerb mit der Konkurrenz.
- Sättigung: Der Markt ist gesättigt und die Nachfrage nimmt ab. In dieser Phase findet kein Marktwachstum mehr statt. Das Unternehmen muss Gewinneinbußen hinnehmen. Das Ende der Sättigungsphase ist erreicht, wenn das Produkt keinen Gewinn mehr erzielt.
- Rückgang: Die Kundenbedürfnisse ändern sich, weil andere Produkte besser oder günstiger sind. Selbst mit Marketingmaßnahmen kann der Rückgang der Verkaufszahlen nicht mehr aufgehalten werden. Gewinne sind nicht mehr möglich, da der Markt an sich schrumpft.

Ordnen Sie Ihr Produkt in die entsprechende Phase ein und erläutern Sie die sich daraus ergebenden Konsequenzen. Somit können Sie das Marktpotenzial Ihres Produkts besser einschätzen und sich gleichzeitig auf die nächste Phase und die damit verbundenen Anforderungen vorbereiten.

2.5.2.4 Marktstruktur

Des Weiteren legen Sie in Ihrem Businessplan dar, wie Ihr Zielmarkt strukturiert ist. Erläutern Sie, welchen Einflüssen Ihr geplantes Unternehmen konkret ausgesetzt ist und inwiefern dies den Zielmarkt attraktiv erscheinen lässt oder nicht. Für diese Darstellung empfiehlt sich das Fünf-Kräfte-Modell, das Michael E. Porter entwickelt hat.[5] Es beschreibt die Kräfte, die von außen (externe Umwelt) auf ein Unternehmen wirken. Der Ansatz dahinter ist, dass die Attraktivität einer Branche durch die Marktstruktur bestimmt wird, die wiederum das strategische Verhalten der Unternehmen (Wettbewerbsstrategie) und damit deren Markterfolg beeinflusst. Fünf wesentliche Wettbewerbskräfte (*five forces*) kennzeichnen jeden Markt und bestimmen je nach Ausprägung seine Attraktivität. Es kommt zur Bedrohung durch

- Wettbewerbsrivalität,
- Verhandlungsstärke von Lieferanten,
- Verhandlungsstärke von Käufern,
- Bedrohungen durch Substitute (Ersatzprodukte),
- Bedrohungen durch neue Wettbewerber.

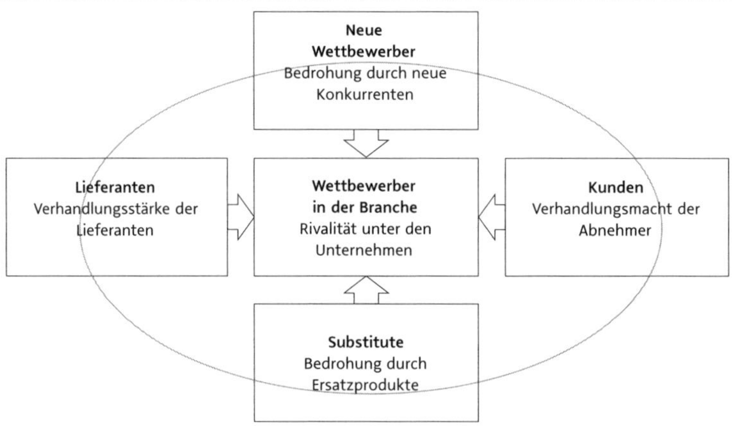

Abb. 2.17: Fünf-Kräfte-Modell

5 Vgl. Porter (2013).

Diese fünf Schlüsselfaktoren beeinflussen die Leistungen jeder Branche und jedes Industriebereichs.

2.5.2.4.1 Wettbewerbsrivalität

Unternehmen, die im gleichen Marktsegment mit gleichen oder ähnlichen Produkten um dieselben Kunden konkurrieren, stehen im Wettbewerb zueinander. Alle Konkurrenten streben danach, ihre Position im Markt zu verbessern und ihre Marktanteile zu erhöhen oder zumindest zu verteidigen. Hierdurch entsteht Druck, der einen Konkurrenten beispielsweise dazu veranlassen kann, neue oder verbesserte Produkte einzuführen, intensive Werbekampagnen zu starten oder die Preise zu senken. Solche Maßnahmen lösen jedoch Gegenmaßnahmen der Wettbewerber aus. Dadurch kann es zu einer negativen Rentabilitätsverschiebung innerhalb der gesamten Branche kommen, was den Markt für einen neuen Anbieter unattraktiv macht. Wie sehr die Profitabilität unter dem Wettbewerb leidet, hängt insbesondere von dessen Intensität ab, aber auch davon, in welchem Bereich konkurriert wird. Generell lässt sich sagen, dass der Wettbewerb unter folgenden Bedingungen stark ist:

- Es gibt eine hohe Zahl von Wettbewerbern.
- Es gibt nur einen geringen Unterschied zwischen den Produkten, die an die Kunden verkauft werden.
- Die Wettbewerber haben vergleichbare Größen.
- Die Wettbewerber verfolgen vergleichbare Strategien.
- Der Markt weist nur ein langsames, stagnierendes oder sogar rückläufiges Wachstum auf.
- Es ist teuer, diesen Industriebereich zu verlassen – man ist also gezwungen, darin zu bleiben (Austrittsbarrieren).
- Der Eintritt in diese Branche ist einfach.
- Kunden können die Produkte problemlos ersetzen.

2.5.2.4.2 Verhandlungsstärke der Lieferanten

Lieferanten sind wichtig für den Erfolg einer Organisation, Roh-, Hilfs- und Betriebsmittel sowie Dienstleistungen werden immer benötigt, um ein Produkt herstellen zu können. Eine Branche ist also dann attraktiv, wenn die Lieferanten über wenig Verhandlungsmacht verfügen. Das ist der Fall, wenn Materialien und Dienstleistungen von vielen verschiedenen Lieferanten bezogen werden können, sodass keine große Abhängigkeit von einem einzigen Lieferanten entsteht.

Mächtige Lieferanten stellen eine Bedrohung für die aktuell am Markt agierenden Wettbewerber dar. Sie können die Rentabilität von Branchen senken, wenn die Wettbewerber nicht in der Lage sind, Preiserhöhungen an die Endkunden weiterzugeben. Lieferanten verfügen in folgenden Situationen über eine starke Verhandlungsmacht:

- Sie sind der einzige Lieferant (Monopol) oder einer von wenigen (Oligopol), die das benötigte Produkt liefern können.
- Es ist teuer für einen Wettbewerber, vom einen zum anderen Lieferanten zu wechseln.
- Das Produkt des Lieferanten kann nicht selbst hergestellt werden oder wird von den eigenen Kunden ausdrücklich verlangt.
- Es gibt keinen Ersatz (Substitut) für ihr Produkt.
- Keiner der Wettbewerber hat eine marktwirtschaftliche Größe erreicht, die ihm ein Verhandeln auf Augenhöhe mit dem Lieferanten erlaubt.
- Die Abnehmer haben sich nicht zu großen Einkaufsgemeinschaften zusammengeschlossen, um beim Zulieferer bessere Konditionen zu erzielen.
- Die Wettbewerber sind von der Unterstützung des Lieferanten abhängig, zum Beispiel hinsichtlich Wartung, Ersatzteile oder Schulungen.

2.5.2.4.3 Verhandlungsstärke der Kunden

Kunden können Einfluss auf eine ganze Branche ausüben oder sogar die Kontrolle haben. Gefahr besteht dann, wenn dies die Rentabilität einer Branche bedroht. So lässt sich generell sagen: Je mehr Verhandlungsstärke die Kunden insgesamt haben, desto geringer ist die potenzielle Rentabilität. Die Verhandlungsstärke der Kunden ist unter folgenden Umständen hoch einzuschätzen:

- Es gibt nur wenige Abnehmer für das Produkt.
- Die Kunden nehmen große Mengen ab.
- Es gibt nur kleine Unterschiede zwischen vergleichbaren Produkten und Ersatzlieferanten können einfach gefunden werden, insbesondere bei Massenware.
- Die Kunden sind sehr preisempfindlich.
- Der Wechsel zu einem Wettbewerber ist einfach.
- Die Kunden können das Produkt selbst herstellen.
- Die Kunden sind vollständig informiert, insbesondere kennen sie die Preise über die gesamte Wertschöpfungskette.

2.5.2.4.4 Bedrohungen durch Substitute

Ein Substitut ist ein Ersatz für eine Ware oder Dienstleistung, das dieselben Funktionen erfüllt, nur auf andere Weise. Ersatzprodukte gefährden insbesondere das Gewinnpotenzial eines Marktes. Je attraktiver das Ersatzprodukt ist, zum Beispiel wegen seines Preis-Leistungs-Verhältnisses oder seines Images, desto stärker sind die Produkte der am Markt bestehenden Unternehmen bedroht. Die Bedrohung durch Alternativprodukte ist hoch, wenn

- der Preis für das Ersatzprodukt fällt,
- es einfach für die Kunden ist, zu einem Ersatzprodukt zu wechseln,
- die Kunden generell gewillt sind, Ersatzprodukte zu erwerben.

2.5.2.4.5 Bedrohungen durch neue Wettbewerber

Der Eintritt neuer Unternehmer in einen Markt verstärkt den Wettbewerb um Marktanteile und erschwert den Zugang zu Rohstoffen und das Aushandeln guter Lieferantenkonditionen. Diese Entwicklung wird durch das Vorhandensein fehlender oder niedriger Eintrittsbarrieren begünstigt. Sind diese hingegen hoch, ist die Wahrscheinlichkeit, dass neue Konkurrenten hinzukommen niedriger. Als Eintrittsbarrieren kommen beispielsweise folgende Bedingungen infrage:

- kostengünstige Produktion der bestehenden Wettbewerber, insbesondere durch Skaleneffekte bei Massenproduktion,
- hohes Maß an Produktdifferenzierung,
- hoher Kapitalbedarf für den Aufbau der Produktion,
- hohe Wechselkosten für die Kunden,
- schwieriger Zugang zu Vertriebskanälen,
- Reaktionen etablierter Wettbewerber,
- staatliche Beschränkungen, Auflagen und Reglementierung sowie Subventionen.

Die Gefahr, dass ein neuer Wettbewerber in den Markt eintritt, ist typischerweise hoch, wenn er sich hierdurch einen zeitlich nahen wirtschaftlichen Erfolg verspricht oder ihm dies aus strategischen Gründen, zum Beispiel als Gegenangriff auf einen Wettbewerber, sinnvoll erscheint. Gute Aussichten auf wirtschaftlichen Erfolg bestehen meist in jungen Branchen, in denen noch Marktwachstum möglich ist, das vorhandene Kundenpotenzial noch nicht (zur Gänze) aufgeteilt ist, marktbeherrschende Großunternehmen sich noch nicht herausgebildet haben und die Eintrittsbarrieren, die die bisher am Markt vorhandenen Unternehmen errichten konnten, noch niedrig sind.

2.5.2.4.6 Gesamtbetrachtung

Sobald Sie die Marktstruktur analysiert und bewertet haben, können Sie Ihre Ergebnisse in Ihrem Businessplan in einer Tabelle veranschaulichen. Hierbei gehen Sie wie folgt vor:

- Vergeben Sie für jede Komponente der Marktstruktur Punkte:
  - 1 Punkt: sehr hohe Bedrohung,
  - 2 Punkte: hohe Bedrohung,
  - 3 Punkte: neutral,
  - 4 Punkte: niedrige Bedrohung,
  - 5 Punkte: sehr niedrige Bedrohung.
- Ermitteln Sie anschließend den Durchschnitt der vergebenen Punkte, indem Sie die Summe aus diesen durch fünf dividieren.

! **Beispiel**

	Sehr hoch	**Hoch**	**Neutral**	**Niedrig**	**Sehr niedrig**
Komponenten der Marktstruktur	1	2	3	4	5
Wettbewerbsrivalität		x			
Verhandlungsmacht der Lieferanten				x	
Verhandlungsstärke der Kunden	x				
Bedrohungen durch Substitute					x
Bedrohungen durch neue Wettbewerber				x	
Durchschnitt	3,2				

Tab. 2.4: Fünf-Kräfte-Modell – Auswertung

Es lässt sich folgendes Fazit ziehen:

- Bei einem Durchschnitt größer als 3,0 ist der Markt als attraktiv anzusehen, da die Bedrohungen durch die Wettbewerbskräfte gering sind.
- Ist der Durchschnitt ungefähr gleich 3,0, lässt sich die Attraktivität des Marktes nur schwer einschätzen, da sich die Wettbewerbskräfte in etwa ausgleichen.
- Ergibt sich ein Durchschnitt kleiner als 3,0, gilt der Markt als unattraktiv, da die Wettbewerbskräfte eine ernst zu nehmende Bedrohung darstellen.

2.5.2.5 Kritische Erfolgsfaktoren (KEF)

Geben Sie in Ihrem Businessplan auch die kritischen Erfolgsfaktoren an, die Sie für Ihren Zielmarkt als bedeutsam erachten. Als kritische Erfolgsfaktoren gelten diejenigen Wettbewerbsfaktoren, die die Wettbewerbsfähigkeit der meisten Anbieter in einem Markt am stärksten beeinflussen. Durch Konzentration auf diese lässt sich die Wahrscheinlichkeit erhöhen, erfolgreich zu handeln. Dazu ist hohe Aufmerksamkeit erforderlich und es sollte nach Möglichkeit ein Frühwarnsystem in Planung sein, um unangenehme Überraschungen zu vermeiden und sich eröffnende Chancen nicht zu übersehen. Kritische Erfolgsfaktoren können also positiver und negativer Natur und damit für den Erfolg oder Misserfolg eines Unternehmens ausschlaggebend sein. Es gibt unternehmensinterne sowie externe Faktoren, die in den folgenden Bereichen auftreten können:

- Unternehmensumfeld: auf makroökonomischer Ebene können beispielsweise folgende Faktoren von Bedeutung sein:
  - Vorgaben seitens der Politik,
  - Wettbewerbssituation,
  - technologische Entwicklungen.
- Markt: Diese Erfolgsfaktoren ergeben sich aus den spezifischen Charakteristika des Zielmarktes. Sie müssen unbedingt beachtet werden, damit ein Unternehmen wettbewerbsfähig bleibt. Als Beispiele können hier genannt werden:
  - Zugang zu Vertriebskanälen, zum Beispiel zum Händlernetz,
  - niedrige Kostenstruktur,
  - Image,
  - Design des Produkts.
- Unternehmen: Solche Erfolgsfaktoren resultieren aus der temporären internen Situation des Unternehmens, beispielsweise:
  - ausreichende Ausstattung mit Kapital,
  - Verfügbarkeit ausreichender Kapazitäten, insbesondere an Personal, Maschinen, Rohstoffen und Räumen,

Um die kritischen Erfolgsfaktoren zu ermitteln, gehen Sie wie folgt vor:

- Schritt 1: Suchen Sie Antworten auf die folgenden drei Fragen:
  - Auf welcher Grundlage wählen die Käufer zwischen den konkurrierenden Produkten? Welche Produkteigenschaften sind entscheidend?
  - Über welche Ressourcen und Fähigkeiten muss ein Unternehmen verfügen, um sich im Wettbewerb erfolgreich durchzusetzen?
  - Welche Mängel führen fast sicher zu einem erheblichen Wettbewerbsnachteil?
- Schritt 2: Erstellen Sie eine Liste aus Ihren Antworten, die einen Pool kritischer Erfolgsfaktoren darstellt.
- Schritt 3: Bewerten Sie alle gefundenen KEF und verkleinern Sie die Liste auf drei bis fünf Faktoren, die Sie als absolut kritisch erachten.
- Schritt 4: Legen Sie fest, welche Parameter für die jeweiligen Erfolgsfaktoren gemessen werden sollen, um deren Entwicklung zu analysieren.
- Schritt 5: Definieren Sie die Maßnahmen, die Sie treffen werden, wenn bestimmte Entwicklungen bei den kritischen Erfolgsfaktoren eintreten.

2.5.3 Wettbewerbsanalyse

Als Nächstes steht die Wettbewerbsanalyse für Ihren Businessplan an. Im Rahmen der Konkurrenzanalyse werden die am Markt befindlichen Wettbewerbsunternehmen sowie deren Produkte auf Stärken und Schwächen untersucht. Diese Analyse ist wichtig, um die Wettbewerberstruktur im Zielmarkt zu verstehen. Darüber hinaus ist sie Grundlage dafür, die richtige Wettbewerbsstrategie zu finden. Da sie die Schwächen der Wettbewerber aufzeigt, weist sie darauf hin, wo eigene Stärken entwickelt werden können.

2.5.3.1 Identifizierung der Wettbewerber

Zunächst identifizieren Sie alle relevanten Wettbewerber im Zielmarkt.

! **Achtung**

Dieser Vorgang kann abhängig vom Zielmarkt sehr zeitaufwendig sein, vor allem dann, wenn eine unüberschaubare Anzahl von Wettbewerbern oder eine heterogene Wettbewerbslandschaft existiert.

Dabei sollten Sie nicht nur die aktuellen Konkurrenten betrachten, sondern auch im Blick haben, ob es Unternehmen gibt, die sich zwar derzeit nicht auf dem Zielmarkt betätigen, aber dies kurz- bis mittelfristig tun könnten. Mögliche Motive solcher potenziellen Konkurrenten:

- Produktexpansion: Die möglichen Wettbewerber verfügen über technisch ähnliche Anlagen, mit denen sie bisher andere Produkte hergestellt haben. Sie sind aber in der Lage, die Anlagen ohne größeren Aufwand umzustellen.
- Marktexpansion: Die Unternehmen sind bislang in anderen räumlichen Märkten aktiv und wollen nun auch die Grenze zu Ihrem Zielmarkt überschreiten.
- Rückwärtsintegration: Die von Ihnen anvisierten Kunden übernehmen die Herstellung Ihres Produkts selbst.
- Vorwärtsintegration: Bisherige Lieferanten können nach dem Aufbau einer eigenen Produktion Ihr Produkt selbst herstellen.
- Fusion oder Aufkäufe: Nach Betriebsübernahmen durch finanzstarke Unternehmungen können kleine, bisher nicht beachtete Konkurrenten zu großen Wettbewerbern werden.
- Ersatzprodukte: Die möglichen Wettbewerber bieten Produkte an, die Ihr Produkt ersetzen können.

Wenn Sie eine Liste der tatsächlichen und möglichen Wettbewerber erstellt haben, sollten Sie diese entweder mithilfe von Unternehmenskennzahlen, zum Beispiel Umsatz, Menge der verkauften Einheiten, Anzahl der Mitarbeiter, oder Marktanteilen im Zielmarkt einordnen. Sie können die Wettbewerber in folgende Gruppen einteilen:

- Marktführer: Diese Wettbewerber haben eine besonders ausgeprägte Marktstellung und übernehmen eine Führungsfunktion in Bezug auf Produktangebot, Marktbedienung und Marktbeeinflussung.
- Marktherausforderer: Hierzu zählen solche Firmen, die auf dem Weg sind, sich als Marktführer zu positionieren.
- Nischenbearbeiter: Sie beteiligen sich nur mit einem begrenzten Liefersortiment und Produktangebot am Markt oder konzentrieren sich auf beschränkte Marktgebiete, die sie mit ihrem Angebot abdecken.
- Mitläufer: Mitläufer beteiligen sich nur marginal am Marktgeschehen und haben meist eine untergeordnete Marktstellung.

Tipp !

In der Praxis kann es sich schwierig gestalten, an die für eine Wettbewerbsanalyse notwendigen Daten zu kommen. Als mögliche Quellen und Beschaffungswege kommen in Betracht:

- Geschäftsberichte und Jahresabschlüsse von publizitätspflichtigen Wettbewerbern, in Deutschland also von allen Unternehmen, bei denen keine natürliche Person persönlich haftender Gesellschafter ist. Diese Dokumente sind beim

Bundesanzeiger Verlag (www.unternehmensregister.de) erhältlich. Eine ganze Reihe davon können auch direkt auf der Internetseite eingesehen werden.
- Dokumentationen und Publikationen, zum Beispiel in Zeitungen und Zeitschriften oder Mitteilungen von Fachverbänden.
- Kundenbewertungen, zum Beispiel auf Internetportalen und -foren.
- Besuch von Messen, Fachtagungen, Kongressen und Montagewerken, eventuell können Sie dort sogar Mitarbeiter von Wettbewerbern in Fachgespräche verwickeln.
- Geschäftspartner, zum Beispiel Lieferanten, Kunden und Berater.
- Testkäufe, um Informationen über Preise, Produktbeschaffenheit und -qualität sowie über den Kundenservice zu gewinnen (*mystery shopping*).
- Direkte Beobachtung.
- Schätzung anhand von Indikatorwerten.

2.5.3.2 Kurzprofil der wichtigsten Wettbewerber

Für die weitere Analyse erstellen Sie ein Kurzprofil der Marktführer und Marktherausforderer (höchstens sieben), Nischenbearbeiter und Mitläufer können sie dabei außen vor lassen. Ziel ist es, ein möglichst systematisches Verständnis von der Bedeutung und Aufstellung wesentlicher Wettbewerber zu gewinnen. In diesen Profilen werden alle relevanten Daten und Informationen über den betreffenden Konkurrenten festgehalten, insbesondere diese:
- Basisinformationen, zum Beispiel Firma, Firmensitz, Organisationsstruktur und Geschäftsleitung,
- Geschäftszahlen, zum Beispiel Umsatz, Menge der verkauften Einheiten, Marktanteil, Gewinnsituation, Anzahl der Mitarbeiter, Kapitalausstattung, Margen und Investitionen,
- Produktportfolio, zum Beispiel Breite des Sortiments, Preisgestaltung und Produktqualität,
- Zielgruppen,
- Vertriebskanäle, zum Beispiel Groß- oder Einzelhandel oder Online-Shops,
- Image.

Zusätzlich zu den Basisdaten geben Sie einen Überblick über die aktuellen und zukünftigen Strategien Ihrer Konkurrenten. Maßgebliche Fragen sind hier:
- Welche Strategien verfolgen die Konkurrenten heute und mit welchem Erfolg?
- Auf welchen Annahmen beruhen diese?
- Welche Strategien können in der Zukunft von den Konkurrenten erwartet werden?

Hierfür sind insbesondere offizielle Verlautbarungen der Wettbewerber zu Unternehmensleitlinien, Ankündigungen neuer Produkte, Partnerschaften oder Betriebsübernahmen sowie Presseartikel heranzuziehen.

Tipp

Legen Sie die Profile möglichst nach einem einheitlichen Schema an. Das erleichtert dem Leser den Vergleich verschiedener Unternehmen hinsichtlich der von Ihnen gewählten Kriterien.

Schließlich stellen Sie noch dar, über welche Stärken und Schwächen die Konkurrenten verfügen. Dabei kann Ihnen Tab. 2.5 Orientierung geben.

	Stärke	Schwäche
Management		
Kompetenz der Geschäftsleitung	x	
Planung und Kontrolle	x	
Produktion		
Eingesetzte Technologien		x
Produktionskapazitäten		x
Produktionskosten	x	
Marketing		
Preisgestaltung	x	
Image	x	
Bekanntheit	x	
Forschung und Entwicklung		
Innovationsfähigkeit		x
Forschungsintensität		x
Schutzrechte für geistiges Eigentum		x
Personal		
Mitarbeiterfähigkeiten	x	
Unternehmenskultur	x	
Arbeitseinsatz	x	
Vergütungsniveau		x

	Stärke	Schwäche
Finanzen		
Umsatz-/Ertragslage	x	
Eigenkapitalquote	x	
Liquidität		x

Tab. 2.5: Stärken-Schwäche-Analyse

2.5.3.3 Verteilung der Marktanteile

Im Anschluss hieran stellen Sie dar, wie sich die Marktanteile auf die einzelnen Wettbewerber verteilen. Mit diesem Begriff wird der in Mengeneinheiten oder Werteinheiten gemessene prozentuale Marktanteil eines Unternehmens am gesamten Marktvolumen eines Marktes bezeichnet.

!

Berechnung des Marktanteils

$$\text{Marktanteil} = \frac{\text{Umsatz des eigenen Unternehmens}}{\text{Marktgröße}}$$

oder

$$\text{Marktanteil} = \frac{\text{Absatzmenge des eigenen Unternehmens}}{\text{Marktvolumen}}$$

Der Marktanteil gibt Aufschluss darüber, wie stark die Position eines Unternehmens im Vergleich zu anderen Unternehmen auf einem bestimmten Markt ist. Zudem zeigt die zeitliche Veränderung des Marktanteils die Entwicklung der Stellung eines Unternehmens auf dem Markt an.

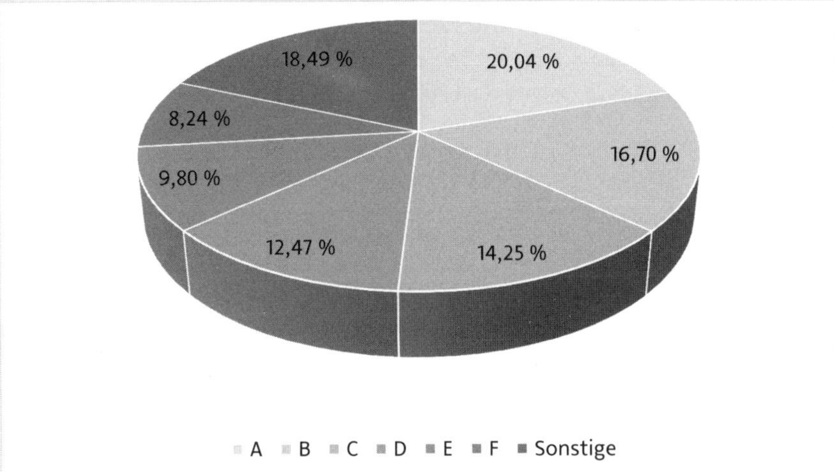

Abb. 2.18: Marktanteile (gemessen an der Marktgröße im Jahr 2017)

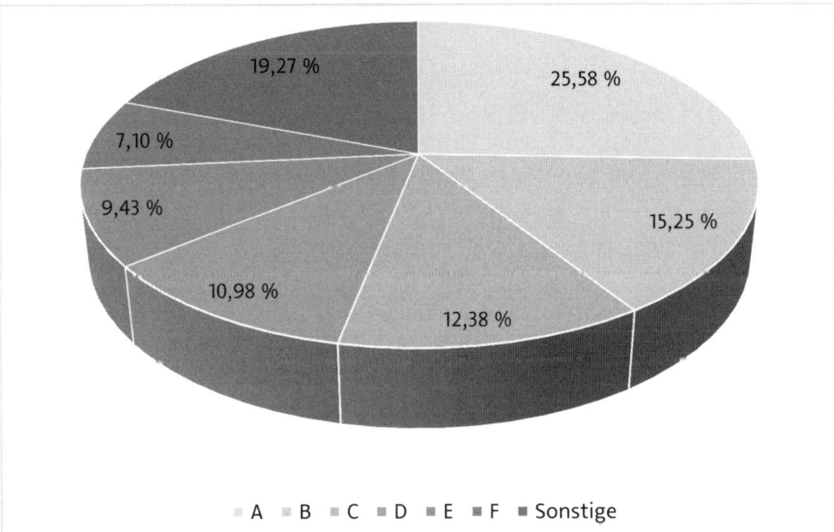

Abb. 2.19: Marktanteile (gemessen am Marktvolumen m Jahr 2017)

2.5.3.4 Wettbewerbsprodukte

Bei der Analyse der Wettbewerbsprodukte sollten Sie sich auf die wichtigsten Eigenschaften eines Produkts (bzw. einer Produktgruppe) konzentrieren. Dabei ziehen Sie insbesondere folgende Bewertungsfaktoren heran:

- Funktionalität,
- Qualität,
- Kundenservice,

- Design, zum Beispiel Form und Farbe, Verpackung,
- Dokumentation, zum Beispiel Bedienungsanleitung,
- Bestehen von Schutzrechten, zum Beispiel Patente oder Markenschutz,
- Preis.

!

Tipp

In den meisten Fällen reicht es aus, wenn Sie die Stärken und Schwächen eines Produkts anhand von Katalogunterlagen und technischen Beschreibungen schätzen. Für eine differenzierte Analyse müssen Sie hingegen die Wettbewerbsprodukte selbst in Augenschein nehmen und die einzelnen Bestandteile kritisch bewerten.

Die Analyse der Wettbewerbsprodukte können Sie unter verschiedenen Gesichtspunkten durchführen.

2.5.3.4.1 Funktionalität

Zum einen können Sie die Produkte auf ihre Funktionalität hin untersuchen. Stellen Sie dazu fest, ob einzelne Produkteigenschaften, die die Kunden wichtig finden, überhaupt vorhanden sind. Wenn ja, wie sind sie zu bewerten (von sehr gering über normal bis sehr hoch)? Die Ergebnisse Ihrer Analyse können Sie in Ihrem Businessplan zunächst in Form einer Tabelle erfassen.

	Produkteigenschaften					
Wettbewerbsprodukte	1	2	3	4	5	Gesamtbetrachtung
A	Sehr gering	Gering	Sehr gering	Gering	Normal	Gering
B	Hoch	Normal	Hoch	Normal	Gering	Hoch
C	Hoch	Hoch	Sehr hoch	Sehr hoch	Normal	Sehr hoch
D	Normal	Hoch	Hoch	Normal	Normal	Hoch
E	Gering	Sehr gering	Normal	Hoch	Normal	Normal
F	Sehr hoch	Sehr hoch	Hoch	Hoch	Sehr hoch	Sehr hoch
Sonstige	Nicht vorhanden	Normal	Sehr gering	Sehr gering	Nicht vorhanden	Sehr gering

Tab. 2.6: Analyse der Funktionalität der Wettbewerbsprodukte

Diese Ergebnisse lassen sich in einer Abbildung darstellen (siehe Abb. 2.20).

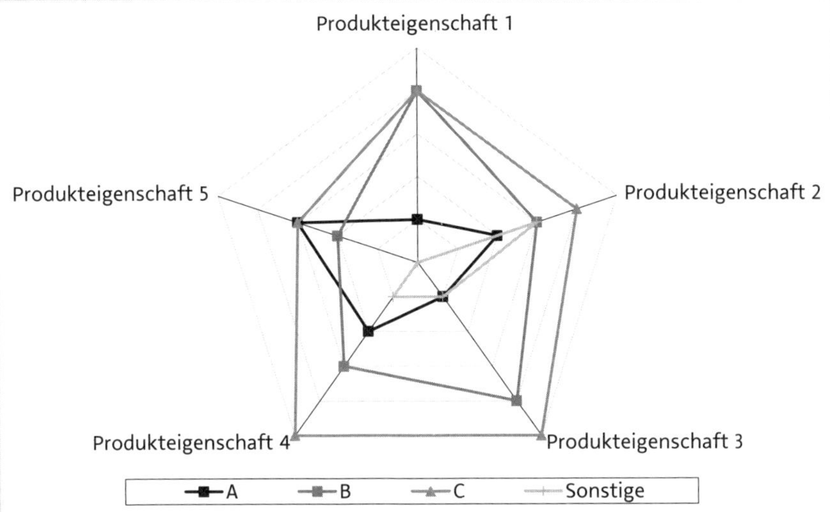

Abb. 2.20: Bewertung der Eigenschaften der Wettbewerbsprodukte

2.5.3.4.2 Preis-Leistungs-Verhältnis

Darüber hinaus können Sie auch das Preis-Leistungs-Verhältnis der Wettbewerbsprodukte bestimmen. Hierfür führen Sie zunächst eine Nutzwertanalyse durch, indem Sie die relevanten Merkmale der Wettbewerbsprodukte gewichten (Skala von 1 = ohne Bedeutung bis 10 = von überragender Bedeutung). Anschließend bewerten Sie den Erfüllungsgrad der einzelnen Merkmale durch die Konkurrenzprodukte (Skala von 1 = sehr niedrig bis 5 = sehr hoch). Multiplizieren Sie diese Werte mit der jeweiligen Gewichtungszahl.

		A		B		C		D		E		F		Sonstige	
Merkmale	Gewichtung (1 bis 10)	Punkte	Gewichtet	Punkte	Gewichtet	Punkte	Gewichtet	Punkte	Gewichtet	Punkte	Gewichtet	Punkte	Gewichtet	Punkte	Gewichtet
Funktionalität	10	2	20	3	30	4	40	3	30	3	30	5	50	1	10
Qualität	8	1	8	3	24	5	40	4	32	4	32	5	40	2	16
Kundenservice	6	3	18	4	24	5	30	3	18	3	18	4	24	2	12

		A		B		C		D		E		F		Sonstige	
Design	5	4	20	3	15	4	20	4	20	3	15	5	25	4	20
Dokumentation	3	1	3	3	9	4	12	3	9	4	12	4	12	3	9
Summe			69		102		142		109		107		151		67

Tab. 2.7: Nutzwertanalyse von Wettbewerbsprodukten

Anschließend dividieren Sie den Preis jedes einzelnen Wettbewerbsprodukts durch die Summe seiner gewichteten Punkte. Abhängig davon, inwieweit ein derart ermittelter Wert vom durchschnittlichen Preis je Punkt abweicht, lässt sich feststellen, wie das Preis-Leistungs-Verhältnis zu beurteilen ist (von sehr schlecht über normal bis sehr gut).

Wettbewerbs-produkte	**Preis (in EUR)**	**Leistungspunkte**	**Preis je Leistungspunkt**	**Preis-Leistungs-Verhältnis**
A	113	59	1,92	Sehr schlecht
B	115	104	1,11	Sehr gut
C	154	144	1,07	Sehr gut
D	134	113	1,19	Gut
E	130	103	1,26	Normal
F	148	147	1,01	Sehr gut
Sonstige	98	52	1,88	Sehr schlecht
Durchschnitt	127,43	103,14	1,24	

Tab. 2.8: Preis-Leistungs-Verhältnis bei Wettbewerbsprodukten

Die Ergebnisse Ihrer Analyse können Sie dann im Businessplan mithilfe eines Diagramms wiedergeben (die Größe der Blasen hängt vom aktuellen Umsatz der Wettbewerber ab).

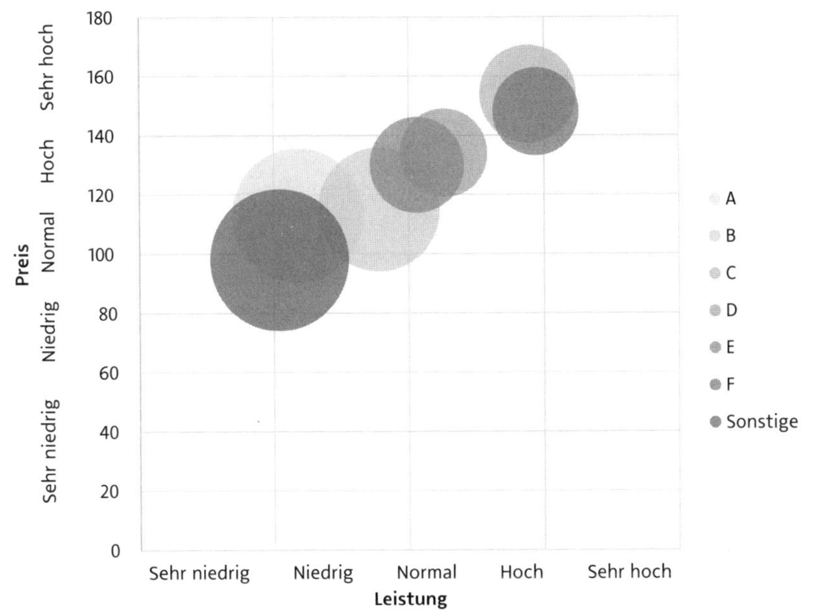

Abb. 2.21: Preis-Leistungs-Verhältnis

2.5.4 Zielmarktbestimmung

Nachdem Sie in Ihrem Businessplan den Zielmarkt und den Wettbewerb analysiert haben, legen Sie nun dar, wie der gesamte Zielmarkt in verschiedene Segmente (Marktsegmente) eingeteilt werden kann, welche davon Sie ansprechen und wie Sie sich gegenüber der Konkurrenz positionieren wollen.

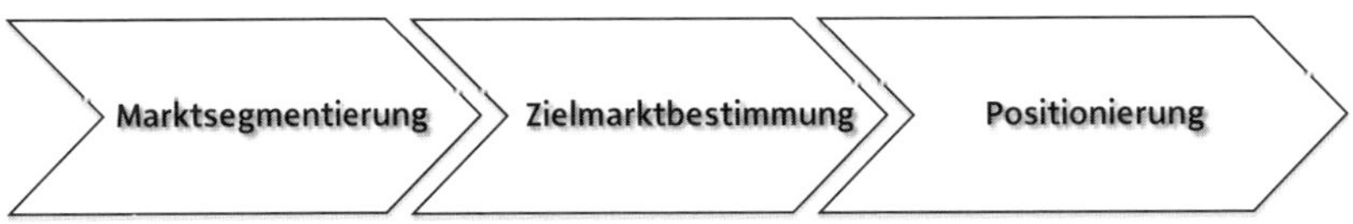

Abb. 2.22: Zielmarktbestimmung

2.5.4.1 Marktsegmentierung

Ein Markt besteht typischerweise aus Käufern, die unterschiedliche Bedürfnisse und Wünsche haben. Regelmäßig ist es nicht sinnvoll, jedem einzelnen Kunden gerecht werden zu wollen, sondern sich auf den Teil des Marktes zu konzentrieren, der für Sie am erfolgversprechendsten ist. Um dies herauszufinden, müssen Sie zunächst den von Ihnen oben definierten Gesamtmarkt (vgl. Kapitel 2.5.1) in verschiedene Segmente unterteilen. Diese sollten Kundengruppen umfassen, die

- möglichst homogen in Bezug auf ihre Bedürfnisse sind,
- für Sie erreichbar und bearbeitbar sind,
- eine gewisse Größe aufweisen, sodass sie über genügend Kaufkraft verfügen und von Ihnen effektiv bearbeitet werden können.

Wichtig ist, dass sich die Einteilung nach der Nähe zum Kaufverhalten richtet. Als mögliche Kriterien für Endverbraucher kommen insoweit in Betracht:

- Soziodemografische Kriterien:
  - demografische Merkmale, zum Beispiel Geschlecht, Alter, Familienstand und Haushaltsgröße,
  - sozioökonomische Merkmale, zum Beispiel Beruf, Einkommen und Bildungsniveau.
- Geografische Kriterien:
  - makrogeografische Merkmale, zum Beispiel Stadt, Region, Bundesland oder Land,
  - mikrogeografische Merkmale, zum Beispiel Ortsteile oder Postleitzahlgebiete.
- Psychologische Kriterien:
  - allgemeine Persönlichkeitsmerkmale, zum Beispiel Lebensstil oder Risikoneigung,
  - produktspezifische Merkmale, zum Beispiel Einstellungen oder Nutzenerwartungen.
- Verhaltensorientierte Merkmale:
  - Preisverhalten, zum Beispiel Preisbewusstsein und Markenbewusstsein,
  - Mediennutzung, zum Beispiel Art und Anzahl genutzter Medien sowie Nutzungshäufigkeit,
  - Wahl des Einkaufsorts, zum Beispiel Einzel- oder Großhandel und Online-Shops,
  - Produktwahl, zum Beispiel Häufigkeit des Produktgebrauchs und Anwendung des Produkts.

In Investitionsgütermärkten kann die Marktsegmentierung beispielsweise nach folgenden Kriterien erfolgen:

- demografische Kriterien, zum Beispiel Firmengröße, Branche oder Lage,
- operative Kriterien, zum Beispiel eingesetzte Technologien und Produktionsprozesse,
- Einkaufsverhalten, zum Beispiel zentraler oder dezentraler Einkauf, Ausschreibungen,
- situative Faktoren, zum Beispiel Dringlichkeit des Bedarfs oder Höhe des Bestellvolumens,
- Qualität und Zertifizierungen, zum Beispiel Erwartung über die Einhaltung bestimmter Standards,
- Reputation, zum Beispiel das Image der Kunden.

Tipp

!

Ein einfacher und in der Praxis häufig genutzter Ansatz, Menschen weniger nach formalen demografischen Kriterien wie Schulbildung, Beruf oder Einkommen einzuteilen, sondern sie ganzheitlich zu betrachten, ist die Verwendung der vom Sinus-Institut entwickelten Sinus-Milieus. Diese orientieren sich an der Ausrichtung der Konsumenten, der Werteorientierung und den Alltagseinstellungen und beschreiben damit Menschengruppen, deren Lebensauffassung und Lebensweise sich ähneln. Dabei wird nach sozialer Lage in drei Schichten unterteilt:

- sozial gehobene Milieus,
- Milieus der Mitte,
- Milieus der unteren Mitte, Unterschicht.

Dazu kommt die Grundorientierung:

- Tradition,
- Modernisierung,
- Individualisierung und Neuorientierung.

Die so gebildeten Gruppen weisen folgende Merkmale auf:

- Sozial gehobene Milieus:
  - konservativ-etabliertes Milieu: das klassische Establishment; Verantwortungs- und Erfolgsethik, Exklusivitäts- und Führungsansprüche, Standesbewusstsein, Entre-nous-Abgrenzung;
  - liberal-intellektuelles Milieu: die aufgeklärte Bildungselite; liberale Grundhaltung und postmaterielle Wurzeln, Wunsch nach selbstbestimmtem Leben, vielfältige intellektuelle Interessen;
  - Milieu der Performer: die multioptionale, effizienzorientierte Leistungselite; global-ökonomisches Denken, Konsum- und Stil-Avantgarde, hohe IT- und Multimedia-Kompetenz;
  - expeditives Milieu: die ambitionierte kreative Avantgarde; mental und geografisch mobil, online und offline vernetzt und auf der Suche nach neuen Grenzen und neuen Lösungen.

- Milieus der Mitte:
  - bürgerliche Mitte: der leistungs- und anpassungsbereite bürgerliche Mainstream; generelle Bejahung der gesellschaftlichen Ordnung, Wunsch nach beruflicher und sozialer Etablierung, nach gesicherten und harmonischen Verhältnissen;
  - adaptiv-pragmatisches Milieu: die moderne junge Mitte unserer Gesellschaft mit ausgeprägtem Lebenspragmatismus und Nutzenkalkül; zielstrebig und kompromissbereit, hedonistisch und konventionell, flexibel und sicherheitsorientiert, starkes Bedürfnis nach Verankerung und Zugehörigkeit;
  - sozialökologisches Milieu: konsumkritisches/-bewusstes Milieu mit normativen Vorstellungen vom »richtigen« Leben; ausgeprägtes ökologisches und soziales Gewissen, Globalisierungsskeptiker, Bannerträger hinsichtlich Political Correctness und Diversity.
- Milieus der unteren Mitte/Unterschicht:
  - traditionelles Milieu: die Sicherheit und Ordnung liebende Kriegs-/Nachkriegsgeneration; verhaftet in der alten kleinbürgerlichen Welt bzw. in der traditionellen Arbeiterkultur, Sparsamkeit, Konformismus und Anpassung an die Notwendigkeiten;
  - prekäres Milieu: die um Orientierung und Teilhabe bemühte Unterschicht mit starken Zukunftsängsten und Ressentiments; Häufung sozialer Benachteiligungen, geringe Aufstiegsperspektiven, reaktive Grundhaltung, bemüht, Anschluss zu halten an die Konsumstandards der breiten Mitte;
  - hedonistisches Milieu: die spaß- und erlebnisorientierte moderne Unterschicht/untere Mittelschicht; Leben im Hier und Jetzt, Verweigerung von Konventionen und Verhaltenserwartungen der Leistungsgesellschaft.
  - Eine Übersicht über die einzelnen Sinus-Milieus wird jährlich aktualisiert und steht online auf der Webseite www.sinus-institut.de/sinus-loesungen/sinus-milieus-deutschland zur Verfügung.

2.5.4.2 Bestimmung der Zielgruppe

Anschließend werden die identifizierten Marktsegmente analysiert und die Attraktivität eines jeden Segments für Ihr Unternehmen bewertet. Dabei stellen Sie den Anforderungen in den Marktsegmenten die Erfüllungsgrade durch Ihr Produkt gegenüber. So entsteht ein Stärken-Schwächen-Profil für jedes einzelne Segment. Auf dieser Grundlage wählen Sie dann aus, welches der Segmente Sie bearbeiten wollen. Wichtig ist dabei die Fokussierung auf das erfolgversprechendste Segment, Sie können aber auch mehrere (oder sogar alle) nennen. Legen Sie dann aber zumindest eine Reihenfolge fest, in der der Markt Schritt für Schritt erschlossen werden soll.

2.5.4.3 Positionierung

Als Nächstes legen Sie im Businessplan dar, wie Sie sich in dem von Ihnen bestimmten Zielmarkt positionieren wollen. Unter der Marktpositionierung ist das Bestreben des Unternehmens zu verstehen, sein Angebot besonders ins Bewusstsein der Kunden zu rücken und sich von Wettbewerbern abzuheben.

Wichtig !

Warum soll der Kunde ausgerechnet Ihr Produkt und nicht das eines Konkurrenten kaufen?

Bei der Beantwortung dieser Frage ist zu bedenken, dass ein Kunde, der zwischen funktional und qualitativ gleichwertigen Produkten entscheiden kann, meistens dazu neigt, das preiswertere Angebot zu wählen. Bietet ein Produkt allerdings einen besonderen Zusatznutzen, entscheiden sich die Kunden anhand des Preis-Leistungs-Verhältnisses.

Grundsätzlich bestehen folgende Möglichkeiten, gegenüber den Konkurrenten Wettbewerbsvorteile zu erzielen:[6]

- Kostenvorteile: Begeben Sie sich in einen Preiskampf, müssen Sie als preiswertester Anbieter daraus hervorgehen. Dies ist nur möglich, wenn Sie zu niedrigeren Kosten produzieren können als die Wettbewerber (Kostenführerschaft). Solche Vorteile können beispielsweise entstehen durch:
  - Skaleneffekte bei Massenproduktion,
  - Einsatz moderner Technologien,
  - günstigen Zugang zu Rohstoffen,
  - schlankes Management,
  - Verzicht auf sonst übliche Zusatzleistungen, auf die der Kunde keinen großen Wert legt.
- Leistungsvorteile: Diese entstehen dadurch, dass Sie den Kunden einen wahrnehmbaren und messbaren Zusatznutzen anbieten, der sie bei der Lösung ihrer Probleme unterstützt (Produktführerschaft). Eine solche »Produktdifferenzierung« kann beispielsweise entstehen durch
  - hohe Qualität,
  - ansprechendes Design, zum Beispiel Form, Geruch und Geschmack,
  - physikalische oder chemische Eigenschaften,
  - Abgabe von Garantien,
  - Kundenservice,

6 Vgl. Porter (2014).

  - Zeitvorteile, zum Beispiel bei der Lieferzeit oder der Reaktionsschnelligkeit bei Kundenanfragen,
  - Image,
  - Art der Herstellung, zum Beispiel Bio- oder Fair-Trade-Produkte,
  - Inhaltsstoffe oder Bestandteile.
- Fokussierung: Insoweit konzentriert sich das Unternehmen auf konkret eingegrenzte Marktsegmente, etwa Produktgruppen, Kundengruppen oder Regionen. Innerhalb dieser Zielsegmente kann das Unternehmen wiederum seinen Schwerpunkt auf Kostenführerschaft oder Produktführerschaft legen.

! **Wichtig**

Ihr Businessplan sollte eindeutig klarstellen, ob Sie eine Kostenführerschaft oder eine Produktführerschaft anstreben. Unklare Positionierungen (Strategie zwischen den Stühlen) führen zu Wettbewerbsnachteilen und damit zu Ertragseinbußen, da beide Ansätze unterschiedlichen Anforderungen genügen müssen, die ein Unternehmen nur selten gleichzeitig verwirklichen kann.

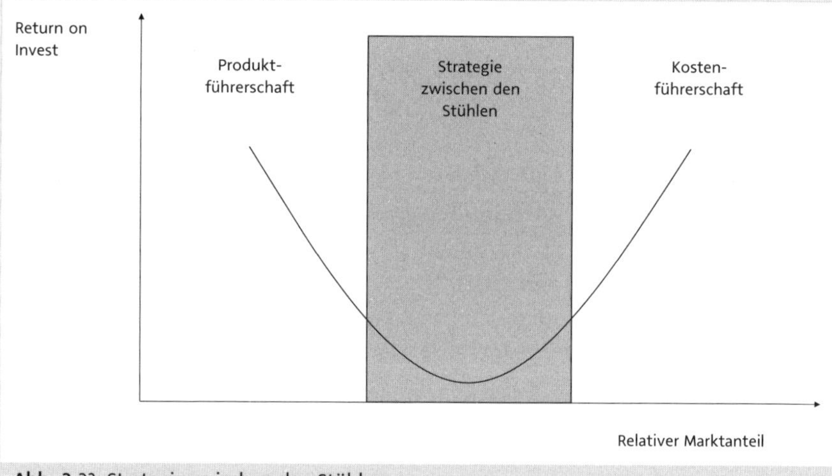

Abb. 2.23: Strategie zwischen den Stühlen

Falls Sie sich als Produktführer positionieren wollen, wäre es sehr vorteilhaft, wenn Ihr Produkt eine Eigenschaft aufweist, die es einzigartig auf dem Markt macht. Ein solches Alleinstellungsmerkmal (*Unique Selling Proposition,* USP) ist besonders bei der Neuentwicklung von Geschäftsideen wichtig, ohne kann sich eine Idee am Markt wahrscheinlich nicht durchsetzen. In Ihrem Businessplan sollten Sie daher – falls vorhanden – das Alleinstellungsmerkmal klar herausstellen.

Wichtig !

Die Positionierung Ihres Produkts ist für den Leser Ihres Businessplans von besonderer Bedeutung. Letztlich bildet sie die Grundlage für Ihren wirtschaftlichen Erfolg oder Misserfolg!

2.6 Marketing und Vertrieb

Nachdem Sie klargestellt haben, welche Zielgruppe Sie angehen wollen, legen Sie nun dar, wie Sie diese von Ihrem Produkt überzeugen und zum Kauf animieren wollen. Das erfordert ein durchdachtes Marketingkonzept. Hierunter versteht man einen schlüssigen, ganzheitlichen Handlungsplan, der sich an den angestrebten Zielen orientiert, für ihre Realisierung geeignete Strategien bestimmt und auf ihrer Grundlage die adäquaten Marketinginstrumente festlegt.[7] Ein Marketingkonzept umfasst somit drei Ebenen, die in logischer Reihenfolge aufeinander folgen:[8]

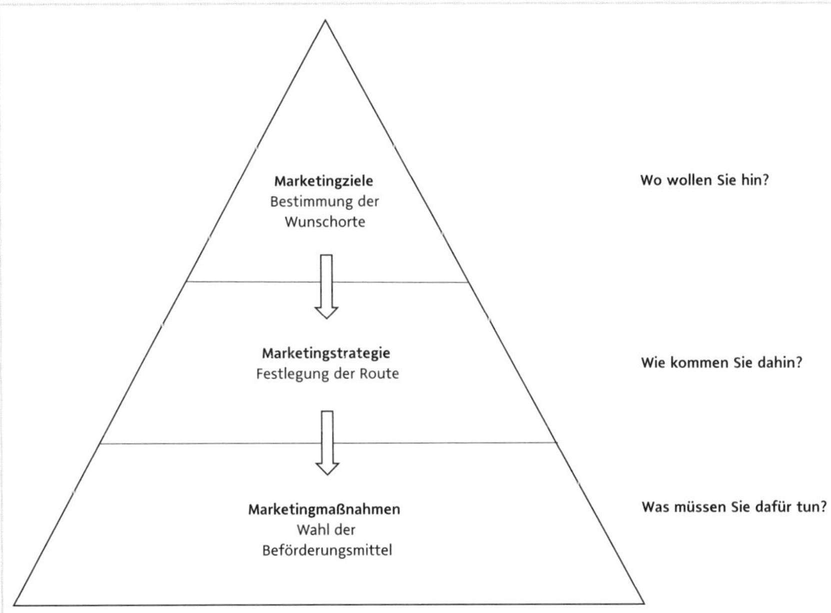

Abb. 2.24: Marketingkonzept

7 Vgl. Becker (2013) und (2005); Bruhn/Meffert (2012); Kotler/Armstrong/Lloyd/Nigel (2016); Meffert (2011); Meffert/Bruhn/Hadwich (2015); Meffert/Burmann/Kirchgeorg (2012), Porter (2013) und (2014); Voigt.

8 Vgl. Becker (2013).

! **Wichtig**

Sie sollten nicht nur einzelne operative Marketingentscheidungen treffen, sondern abgestimmte Handlungsanweisungen für das gesamte Unternehmen im Rahmen einer Marketingkonzeption entwickeln!

2.6.1 Marketingziele

Beim Erstellen eines Marketingkonzepts sind somit zunächst die Marketingziele zu konkretisieren und zu formulieren. Sie müssen also darlegen, was genau und bis wann Sie etwas mit Ihrem Unternehmen erreichen wollen. Dabei können Sie mehrere Haupt- und Nebenziele festlegen, zum Beispiel soziale oder kulturelle Ambitionen gleichzeitig, Sie brauchen nicht nur ein einziges Ziel zu verfolgen.

! **Wichtig**

Ihre Ziele sollten SMART sein:

- Spezifisch: Setzen Sie sich klar definierte Ziele!
- Messbar: Stellen Sie sicher, dass Sie Ihre Erfolge nachverfolgen können!
- Akzeptabel: Ihre Ziele müssen von allen Beteiligten nachvollzogen und angenommen werden können!
- Realistisch: Setzen Sie sich Ziele, die gleichzeitig machbar und herausfordernd sind!
- Terminierbar: Setzen Sie sich einen klaren Zeitraum, in dem Sie Ihre Ziele erreichen wollen! Unterscheiden Sie dabei zwischen kurz-, mittel- und langfristigen Zielen. Es genügt nicht, die Ziele irgendwann erreichen zu wollen – andererseits gilt auch: Rom wurde nicht an einem Tag erbaut.

Grundsätzlich wird zwischen ökonomischen und psychografischen Marketingzielen unterschieden.

Ökonomische Marketingziele

Bei diesen Zielen stehen unternehmensgerichtete Zielformulierungen im Vordergrund, durch deren Erfüllung der Unternehmensfortbestand gewährleistet wird. Diese lassen sich in betriebswirtschaftlichen Kategorien erfassen und sind meist leicht zu messen:

- Gewinn,
- Umsatz,
- Rendite,
- Absatzmenge,
- Marktanteile,
- Wachstum,

- Unternehmenswert,
- Kosten.

Psychografische Marketingziele

Diese Ziele beziehen sich vielfach auf mentale, nicht direkt beobachtbare Prozesse und lassen sich daher nur schwer erfassen. Sie lassen sich unterteilen in:

- Kundengerichtete Ziele: Sie beinhalten sämtliche Ziele, die mit Fokus auf die Zielgruppen angestrebt werden, zum Beispiel:
  - Bekanntheitsgrad,
  - Image,
  - Kundenzufriedenheit,
  - Kaufpräferenzen,
  - Kundenbindung,
  - Wiederkaufsverhalten,
  - Weiterempfehlung.
- Mitarbeitergerichtete Ziele: Zufriedene Mitarbeiter sind meist die Basis für den Aufbau von Kundenzufriedenheit und Kundenbindung. Zu den wesentlichen Zielgrößen zählen insbesondere:
  - Mitarbeiterzufriedenheit,
  - Mitarbeitermotivation,
  - Mitarbeiterakzeptanz,
  - Mitarbeiterbindung,
  - Produktivität der Mitarbeiter.

Ökonomische Marketingziele und psychografische Marketingziele bestehen nicht unabhängig voneinander. Häufig sind die psychologischen Marketingziele Voraussetzung, um die ökonomischen Ziele zu erreichen.

Wichtig !

Konkrete Ziele zu formulieren fällt Existenzgründern häufig schwer, da sie am Markt bisher nicht aktiv waren und daher noch keine Erfahrungen mit Kunden und Geschäftsprozessen machen konnten. Außerdem verfügen sie regelmäßig nur über wenige Ressourcen, was zum Beispiel Material und Personal angeht, und wenig Kapital. Das schränkt die Möglichkeiten erheblich ein.

In der Regel empfiehlt es sich, zumindest bei kurzfristigen Zielen die ökonomischen Vorgaben nicht zu hoch anzusetzen, sondern stattdessen auf andere Dinge Wert zu legen:

- Aufbau der Unternehmensorganisation,
- Aufbau eines effizienten Marketings,
- Aufbau eines Images (Markenbildung, Steigerung des Bekanntheitsgrads),
- Aufbau einer Kundenbindung (Gewinnung von Stammkunden durch Seriosität und Vertrauen).

2.6.2 Markteintrittsstrategie

Für Existenzgründer erweist sich die Erschließung eines Marktes häufig als sehr schwierig, da sie Markteintrittsbarrieren überwinden müssen. Markteintrittsbarrieren sind Faktoren, die das Ziel eines erfolgreichen und zugleich ertragreichen Markteintritts verhindern oder zumindest erschweren bzw. verlangsamen. Sie beeinflussen demnach die langfristigen Perspektiven am Markt und lassen sich unterteilen, wie in den folgenden Ausführungen dargestellt.

- Institutionelle Markteintrittsbarrieren: Hierunter versteht man Handelshemmnisse oder bestehende Strukturen, die in der Hand von konkurrierenden Herstellern oder des Staates liegen. Diese können grundsätzlich folgendermaßen voneinander abgegrenzt werden:
  - Größenvorteile: Betriebsgrößenersparnisse halten Unternehmen vom potenziellen Markteintritt ab, da diese gezwungen wären, sofort mit großen Volumina einzusteigen oder einen Kostennachteil hinzunehmen. Größenvorteile bei Produktion und Forschung, aber auch bei Vertrieb und Finanzierung können die Eintrittsbarrieren in fast allen Bereichen der Unternehmenstätigkeit darstellen.
  - Produktdifferenzierung: Neue Produkte auf den Markt zu bringen bedeutet, die Markentreue der Kunden zu den bestehenden Produkten zu brechen. Das erfordert von den Organisationen, die den Markteintritt erwägen, hohe Investitionskosten vor allem in die Werbung, um eine Markenidentifikation zu erreichen.
  - Kapitalbedarf: Eine weitere Markteintrittsschranke stellt die Notwendigkeit dar, hohe Beträge zu investieren, um sich in einer Branche durchzusetzen. Das gilt insbesondere für Investitionen in uneinbringliche Ausgaben für Einstiegswerbung, Forschung und Entwicklung oder das Auffangen von Anlaufverlusten.
  - Größenunabhängige Kostennachteile: Die am Markt bestehenden Unternehmen verfügen über Kostenvorteile, die dem neuen Anbieter unabhängig von seiner Größe nicht zugänglich sind. Dies hat zu tun mit den bereits gewonnenen Erfahrungen, unternehmenseigenen Technologien, die rechtlich durch Patente geschützt werden können, dem Zugang zu Informationen, staatlichen Subventionen oder auch begünstigten Standorten.
  - Zugang zu den Vertriebskanälen: Der neue Anbieter muss genau überlegen, welche Vertriebskanäle er für seine Produkte auswählt. In vielen Branchen sind diese Kanäle sehr begrenzt, zum Beispiel die Regelfläche im Einzelhandel, das stellt für die Organisation also eine große Hürde dar.

  - Staatliche Eingriffe: Der Staat kann den Eintritt in eine Branche einschränkend regulieren oder sogar unmöglich machen, indem er Steuerungsmechanismen wie Lizenzen, Vorschriften und Sicherheitsbestimmungen einsetzt sowie den Zugang zu Rohstoffen beschränkt.
- Verhaltensbedingte Markteintrittsbarrieren: Sie ergeben sich aus dem Verhalten der Kunden und beruhen meist auf
  - Wahrnehmungen,
  - Präferenzen,
  - Gewohnheiten.
- Unternehmensinterne Markteintrittsbarrieren: Diese haben mit dem eigenen Unternehmen zu tun, zum Beispiel
  - ungenaue Marktkenntnis,
  - fehlende betriebswirtschaftliche Erfahrung,
  - mangelndes technisches Know-how.

Bei der Festlegung und Beschreibung Ihrer Unternehmensstrategie müssen Sie nun darlegen, wie Sie die für Sie geltenden Markteintrittsbarrieren überwinden wollen, um Ihre Ziele zu erreichen. Je nach Stoßrichtung stehen Ihnen hierfür verschiedene Optionen zur Verfügung. Welche sinnvoll ist, hängt davon ab, ob sie sich an Ihre anvisierten Kunden (Abnehmer), Ihre Konkurrenten oder Ihre Vertriebspartner (Absatzmittler) richten und zu welchem Zeitpunkt Sie den Markteintritt planen.

2.6.2.1 Abnehmergerichtete Strategien

Zunächst sollten Sie Ihre Strategie nach Ihren Kunden ausrichten, dabei lassen sich grundsätzlich folgende Strategiearten unterscheiden:[9]

- Marktfeldstrategie: Fixierung der Produkt-Markt-Kombination,
- Marktstimulierungsstrategie: Bestimmung der Art und Weise der Marktbeeinflussung,
- Marktparzellierungsstrategie: Festlegung von Art bzw. Grad der Differenzierung der Marktbearbeitung,
- Marktarealstrategie: Bestimmung des Markt- bzw. Absatzraums.

9 Vgl. Kotler/Armtrong/Lloyd/Nigel (2016).

2.6.2.1.1 Marktfeldstrategie

Die Marktfeldstrategie bildet die nach der Reihenfolge gesehen als erste festzulegende Strategie. Sie wurde von Harry Igor Ansoff[10] entwickelt und betrifft die grundsätzliche Ausrichtung des Leistungsprogramms eines Unternehmens. Der Marktfeldstrategie sind vier Wachstumstypen zu entnehmen:

- Marktdurchdringung,
- Marktentwicklung,
- Produktentwicklung,
- Diversifikation.

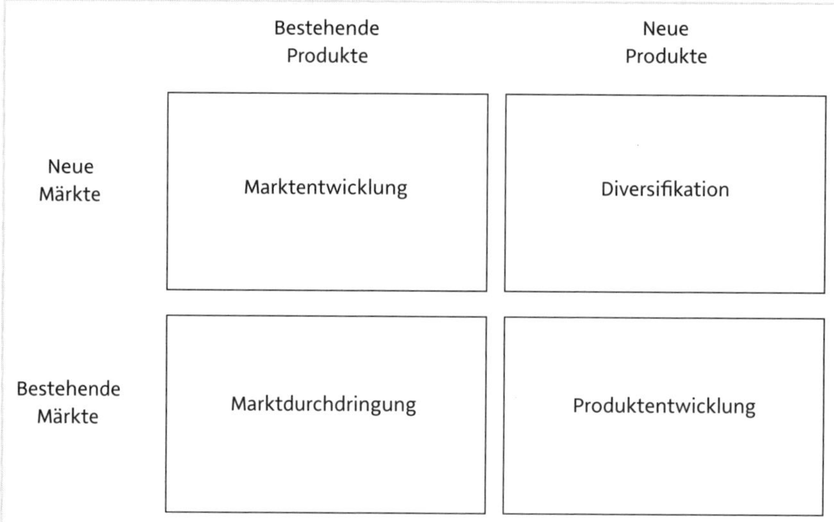

Abb. 2.25: Marktfeldstrategie nach Ansoff

Marktdurchdringung

Die Marktdurchdringung als Wachstumsstrategie erfolgt mit bestehenden Produkten auf bestehenden Märkten. Ziel ist es, mit möglichst geringem Einsatz von Kapital und Ressourcen eine maximale Ausschöpfung der bestehenden Potenziale zu erreichen. Dies kann durch eine stärkere Positionierung des Produkts am Markt mithilfe marketinginstrumenteller Maßnahmen erfolgen, beispielsweise:

- Erhöhung des Werbeaufwands,
- Preissenkungen,
- Verkäuferschulungen.

10 Ansoff (1965).

Die Strategie der Marktdurchdringung ist mit relativ wenig Risiko, aber auch kleineren Wachstumschancen verbunden.

Marktentwicklung

Die Marktentwicklung bezieht sich auf bestehende Produkte in neuen Märkten. Das Schaffen solcher neuen Märkte kann prinzipiell in zweifacher Weise realisiert werden:

- Schaffung neuer Verwendungszwecke (*new uses*),
- Gewinnung neuer Verwender (*new users*).

Meist werden kleine Veränderungen am bestehenden Produkt vorgenommen, um es an die Bedürfnisse der Kunden und die rechtlichen Gegebenheiten des neuen Marktes anzupassen.

Produktentwicklung

Die Produktentwicklungsstrategie basiert darauf, neue Produkte auf bestehenden Märkten zu platzieren. Es müssen also Produkte entwickelt werden, die mit einem neuen, bisher nicht erfahrenen Nutzen das Interesse der Kunden wecken. Das ist in ganz unterschiedlicher Hinsicht möglich. Es wird danach unterschieden, wie hoch der Innovationsgrad des neuartigen Produkts tatsächlich ist, dafür gibt es drei Kategorien:

- Echte Innovationen: Dies sind neue Produkte, die noch von keinem anderen Anbieter vorher auf dem Markt offeriert wurden.
- Quasi-Innovationen: Sie gelten durch die Abänderung eines Produkts als quasi neu, zum Beispiel ein Notebook als portable Version eines Computers.
- Me-too-Produkte: Sie stellen nur innerhalb des Unternehmens eine Neuheit dar, sind aber im Grunde Nachahmungen von Produkten, die bereits von Wettbewerbern angeboten werden.

Diversifikation

Als Diversifikation wird das Anbieten neuer Produkte auf neuen Märkten bezeichnet. Hierbei sind drei verschiedene Arten zu unterscheiden:

- Horizontale Diversifikation: Sie beschreibt den Ausbau des eigenen Sortiments mit Produkten, die in sachlichem Zusammenhang mit dem bisherigen Portfolio stehen. Insoweit werden lediglich Synergieeffekte genutzt.
- Vertikale Diversifikation: Dabei wird das Portfolio um ein in der Wertschöpfungskette vor- oder nachgelagertes Produkt erweitert. So können Beschaffung und Durchsetzung der Absatzziele gesichert werden.
- Laterale Diversifikation: Das bisherige Produktportfolio und das zukünftig hinzukommende Produkt sind sich in keiner Weise ähnlich. Eine laterale Di-

versifikation kann dazu dienen, sich in einer vielversprechenden Branche ein zweites Standbein zu schaffen.

! **Wichtig**

Für Existenzgründer ist die laterale Diversifikation von großer Bedeutung, da sie regelmäßig noch keine bestehenden Produkte haben und sich so die Möglichkeit eröffnen, in eine vielversprechende Branche einzutreten.

2.6.2.1.2 Marktstimulierungsstrategie

Im Rahmen der Marktstimulierungsstrategie werden die Märkte über zwei Optionen beeinflusst:

- über Preisvorteile in der Preis-Mengen-Strategie oder
- über Qualitätsvorteile in der Präferenzstrategie.

Voraussetzung für diese Strategieaufteilung ist eine Denkweise in Marktschichten. Hierbei wird von einer unteren, mittleren und oberen Marktschicht ausgegangen. Jede dieser Schichten besitzt eine unterschiedliche Kaufkraft und ein differenziertes Markenempfinden.

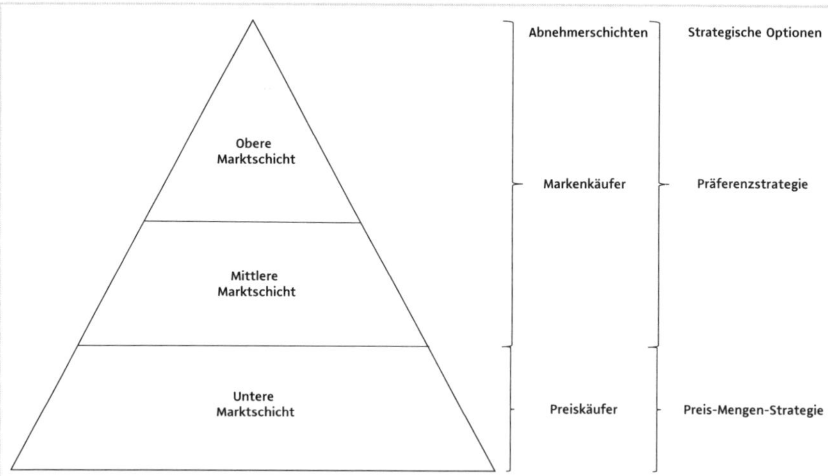

Abb. 2.26: Marktstimulierungsstrategie; Quelle: Becker (2005)

Präferenzstrategie

Die Präferenzstrategie bezieht sich darauf, dem Kunden einen nicht austauschbaren Nutzen anzubieten. Dadurch bilden sich bei ihm Präferenzen. Die

Zielgruppe dieser Strategie ist eher im mittleren bis oberen Markt anzusiedeln und wird als »Markenkäufer« (zum Beispiel Porsche und Rolex) bezeichnet.

Preis-Mengen-Strategie

Die Preis-Mengen-Strategie hingegen hat zum Ziel, sich über einen geringen Preis am Markt zu positionieren (Discount-Konzept). Die Produkte werden vornehmlich sogenannten Preiskäufern angeboten, die eher im unteren Markt angesiedelt sind. Diese sind dadurch gekennzeichnet, dass sie das preiswerteste Produkt kaufen, sofern der Grundnutzen des Produkts erfüllt wird.

Wichtig

Die Preis-Mengen-Strategie ist für ein Unternehmen regelmäßig nur dann rentabel, wenn es im Vergleich zum Wettbewerb erheblich höhere Stückzahlen produzieren und absetzen kann!

2.6.2.1.3 Marktparzellierungsstrategie

Die Marktparzellierungsstrategie beruht darauf, dass zu bearbeitende Märkte festgelegt werden. Zunächst stellt sich daher die Frage, ob eine breite Masse oder ein bestimmtes Marktsegment als Zielgruppe bearbeitet werden soll. Hieraus ergeben sich zwei Strategieansätze:

- Massenmarktstrategie und
- Marktsegmentierungsstrategie.

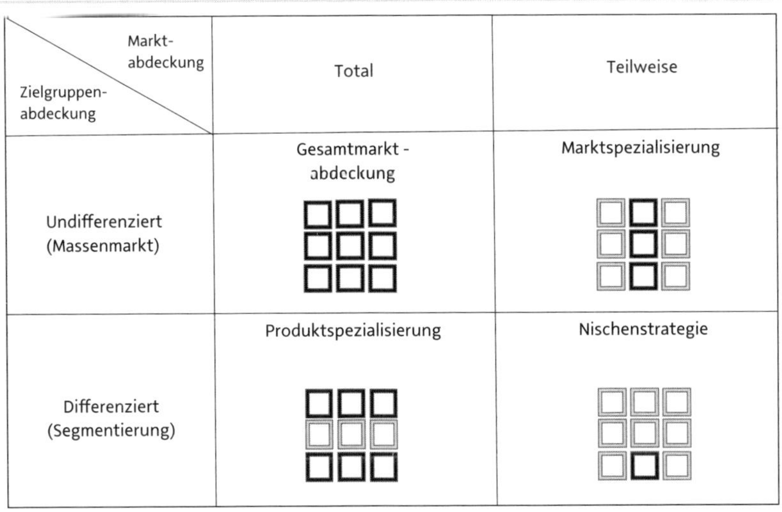

Abb. 2.27: Markt- und Zielgruppenabdeckung

Im nächsten Schritt muss entschieden werden, ob eine totale oder nur eine teilweise Marktabdeckung mit der Strategie verfolgt werden soll. Daraus ergeben sich unterschiedliche Möglichkeiten (siehe Abb. 2.27).

Massenmarktstrategie

Die Massenmarktstrategie zielt auf die undifferenzierte Abdeckung von Massenmärkten ab. Dabei sind das strategische wie das operative Marketing so auszurichten, dass eine maximale Käuferzahl angesprochen werden kann. Typisch ist, dass Standardprodukte angeboten werden, die durch Massenabsatzwege vertrieben und in Massenmedien beworben werden, zum Beispiel Konsumgüterprodukte wie Deodorants oder Schokoriegel.

Die Massenmarktstrategie kann den gesamten Massenmarkt abdecken oder nur auf einen Teil davon abzielen (Marktspezialisierung), wenn sich dieser durch bestimmte Abgrenzungsmerkmale enger fassen lässt, zum Beispiel Spielzeug für Erwachsene.

Marktsegmentierungsstrategie

Bei der Marktsegmentierungsstrategie hingegen wird die Aufteilung eines Marktes in homogene Untergruppen von Verbrauchern angestrebt, und zwar in der Weise, dass jede von ihnen als Zielmarkt ausgewählt werden kann. Im Fokus liegt die Segmentierung von Märkten anhand bestimmter Bedürfnisse der potenziellen Käufer.

Eine besondere Form der Marktabdeckung stellt die Nischenstrategie dar. Das Ziel dabei besteht darin, Wettbewerbsvorteile durch eine Spezialisierung auf spezifische Kundengruppen zu erlangen. Hierfür ist regelmäßig fundiertes Wissen über die Zielgruppe sowie über wirtschaftliche Vorteile durch Spezialisierung in Produktion und Marketing unabdingbar.

! **Wichtig**

Die von Ihnen gewählte Marktparzellierungsstrategie muss zwingend im Einklang mit Ihrer Zielmarktbestimmung (vgl. Kapitel 2.5.4) stehen!

2.6.2.1.4 Marktarealstrategie

Marktarealstrategien legen das geostrategische Vorgehen eines Unternehmens fest. Hierbei wird in nationale und übernationale Strategien unterschieden.

National	Übernational
▪ Lokal	▪ Multinational
▪ Regional	▪ International
▪ Überregional	▪ Weltmarkt
▪ National	

Tab. 2.9: Nationale und übernationale Marktarealstrategien

Bei der nationalen Strategie werden drei Vorgehensweisen unterschieden.

- Konzentrische Gebietsausdehnung: Dieser Begriff bezeichnet eine Strategie, die sich auf eine ringförmige Ausdehnung um das Zentrum des bisherigen Absatzgebiets richtet. Dabei werden Abstrahlungen aus dem bestehenden Absatzgebiet, zum Beispiel aufgrund des Bekanntheitsgrads oder der Kundentreue, gezielt genutzt, um das Marktareal systematisch auszuweiten.
- Selektive Gebietsausdehnung: Hier werden Absatzgebiete bewusst vernachlässigt, weil sie beispielsweise aufgrund hoher Markteintrittsbarrieren nicht bearbeitet werden können.
- Inselförmige Gebietsausdehnung: Diese erfolgt im Rahmen einer Gebietserschließung von wichtigen Ballungszentren, zum Beispiel Großstädten. Diese können dann konzentrisch weiterentwickelt und schließlich vernetzt werden. Ziel dieser Strategie ist es, ausgehend von den Absatzinseln ein groß angelegtes nationales Absatzgebiet zu schaffen.

Im Rahmen der übernationalen Marktarealstrategien werden drei unterschiedliche Markterschließungsmöglichkeiten angewendet. Sie sind Ausdruck und Konsequenz der immer stärker zunehmenden Globalisierung.

- Multinationale Markterschließung: Diese Strategie gilt als der typische Einstieg in ausländische Märkte. Meist erfolgt die Erschließung über den Export in das umliegende Ausland. Der Firmensitz bleibt jedoch im Regelfall im Inland. Die Heimatlandorientierung ist in dieser Phase der Internationalisierung noch sehr stark.
- Internationale Markterschließung: Hierbei ist der Grad der Internationalisierung eines Unternehmens vielfach höher als bei der multinationalen Markterschließung.
- Weltmarkterschließung: Die Weltmarkterschließung zeichnet sich gegenüber der internationalen Markterschließung zum Beispiel dadurch aus, dass das Unternehmen über eine weltweite Operationsbasis und zahlreiche ausländische Niederlassungen verfügt sowie Produktionsstätten im Ausland und Zugang zu internationalem Kapital hat.

2.6.2.2 Konkurrenzgerichtete Strategien

Während abnehmergerichtete Strategien darauf abzielen, Wettbewerbsvorteile beim Kunden aufzubauen oder abzusichern, befassen sich konkurrenzgerichtete Strategien mit der Abgrenzung und dem zukünftigen Verhalten des Unternehmens seinen Mitbewerbern gegenüber. Diese lassen sich einteilen, wie in Abb. 2.28 dargestellt.

	Innovation	Imitation
Wettbewerbs-vermeidend	Ausweichen	Anpassen
Wettbewerbs-stellend	Konflikt	Kooperation

Abb. 2.28: Konkurrenzgerichtete Strategien

- Kooperationsstrategie: Diese wird angestrebt von Unternehmen, die nicht die Ressourcen haben, um sich der Konkurrenz entgegenzusetzen, und erkennen, dass durch eine Zusammenarbeit eine höhere Rendite erzielt werden kann. Es wird eine Zusammenarbeit verfolgt, um den Anforderungen des Marktes gemeinsam begegnen zu können, Synergieeffekte zu nutzen (Kostendegression) oder einen Wettbewerbskonflikt zu vermeiden.
- Konfliktstrategie: Den Wettbewerbern gegenüber wird ein aggressives Verhalten verfolgt. Ziel einer Konfliktstrategie ist es, mithilfe von vergleichender Werbung oder Niedrigpreisen Marktanteile zu gewinnen und schließlich die Marktführerschaft zu übernehmen. In seiner aggressivsten Form besteht das Ziel darin, die Konkurrenz aus dem Markt zu drängen.
- Ausweichstrategie: Durch innovative, schwer zu imitierende Produkte soll dem Wettbewerbsdruck standgehalten werden. Es geht darum, zumindest zeitweise isolierte Marktsegmente zu schaffen, in denen eine Marktführerschaft erreicht und möglichst lange verteidigt werden kann. Diese Strategien sind dann erfolgreich, wenn frühzeitig Markteintrittsbarrieren aufgebaut und Spezialisierungseffekte erreicht werden können.

- Anpassungsstrategie: Das eigene Verhalten wird an die Aktionen der Wettbewerber angepasst, um die aktuelle Marktposition zu erhalten. Dieses defensive Verhalten ist jedoch nur ratsam auf Märkten, in denen kein oder nur geringer Konkurrenzdruck herrscht.

2.6.2.3 Absatzmittlergerichtete Strategien

Da der Handel für den Absatz von Produkten von überragender Bedeutung ist, muss nicht nur eine Verhaltensstrategie gegenüber den Konsumenten und den Konkurrenten, sondern auch gegenüber den Absatzmittlern festgelegt werden. Dabei kann zunächst zwischen Push- und Pull-Strategien unterschieden werden.

- Push-Strategie: Das Unternehmen versucht, den Handel direkt dahingehend zu beeinflussen, dass seine Produkte gelistet, also ins Verkaufsprogramm aufgenommen werden.
- Pull-Strategie: Dabei versucht das Unternehmen in erster Linie, eine Nachfrage bei den Konsumenten zu schaffen, zum Beispiel durch intensive Werbemaßnahmen. Die soll so hoch sein, dass sich der Handel gezwungen sieht, das betreffende Produkt des Unternehmens in sein Sortiment aufzunehmen.

	Passiv	Aktiv
Passiv	Anpassung (Machtduldung)	Konflikt (Machtkampf)
Aktiv	Kooperation (Machterwerb)	Umgehung (Machtumgehung)

Abb. 2.29: Absatzmittlergerichtete Strategien

Allerdings verfügen nur die wenigsten Unternehmen über die Macht, diese beiden Strategien tatsächlich umzusetzen. Vielmehr ist es in den meisten Fällen ratsam, die Verhandlungsmacht des Handels nicht zu unterschätzen und hierauf angemessen zu reagieren. Dazu bieten sich mehrere Strategieansätze an (siehe Abb. 2.29).

- Kooperation: Im Rahmen einer intensiven Zusammenarbeit zwischen Produzent und Handel soll das Verhalten der beiden im Sinne einer Partnerschaft so aufeinander abgestimmt werden, dass beide den maximalen Gewinn erreichen.
- Umgehung: Das Unternehmen verzichtetet bewusst auf eine Zusammenarbeit mit dem Handel und versucht, die Aufgaben des Handels selbst zu organisieren, zum Beispiel durch Direktvertrieb oder Online-Shops.
- Konflikt: Die Machtstellung sowie die Forderungen des Handels werden nicht beachtet. Der Hersteller strebt eine dominante Machtposition an, durch die der Handel zu einer Anpassung an die Forderungen des Herstellers gezwungen werden soll.
- Anpassungsstrategie: Das Unternehmen akzeptiert die Machtposition des Handels und geht auf dessen Forderungen ein, um eine Auslistung zu verhindern.

2.6.2.4 Timing-Strategien

Für den Businessplan fehlt nun noch die Strategie für die zeitliche Realisation (Timing) des Markteintritts. Dabei ergeben sich zwei strategische Problembereiche:

- die Festlegung der zeitlichen Abfolge, in der die als Absatzgebiete definierten Regionen bearbeitet werden sollen (gebietsübergreifende Timing-Strategie),
- die Entscheidung über das zeitliche Vorgehen beim Eintritt in ein konkretes Absatzgebiet (gebietsspezifische Timing-Strategie).

2.6.2.4.1 Gebietsübergreifende Timing-Strategie

Hat die Marktanalyse zur Identifikation mehrerer geeigneter Absatzgebiete geführt, muss festgelegt werden, in welcher zeitlichen Abfolge diese Märkte erschlossen werden sollen. Hierbei kann das Unternehmen generell zwischen zwei strategischen Optionen wählen.

Wasserfall-Strategie (sukzessiver Eintritt)

Hier tritt das Unternehmen zunächst in den Markt ein, der ihm den größten Erfolg verspricht oder am wichtigsten erscheint. Erst wenn die Stellung in diesem Markt gesichert ist, wendet man sich dem nächsten Markt zu. Diese Ausdehnung des Aktionsraums endet in der Regel erst, wenn der Markteintritt in allen Zielländern realisiert wurde. Zu den wichtigsten Vorteilen des sukzessiven Markteintritts zählen diese:

- Durch das langsame Hineintasten werden die Ressourcen des Unternehmens nicht überstrapaziert.
- Das mit dem Eintritt auf neue Märkte verbundene Risiko wird reduziert, da zum einen weniger Ressourcen eingesetzt werden und zum anderen auf jeder Stufe des Markteintritts die Möglichkeit besteht, das Engagement bei auftretenden Problemen abzubrechen.
- Der sukzessive Markteintritt kann zur Verlängerung des Produktlebenszyklus führen. Dies ist immer dann der Fall, wenn es gelingt, im Heimatmarkt in der Reifephase befindliche Produkte auf Auslandsmärkten erfolgreich einzuführen.

Diese Strategie hat jedoch auch Nachteile:

- Der sukzessive Markteintritt ist problematisch, wenn bereits die Bearbeitung des ersten Auslandsmarktes nur zu wenig Erfolg geführt hat, da hieraus vielfach die (eventuell fehlerhafte) Konsequenz abgeleitet wird, auf die weiteren Stufen zu verzichten.
- Es besteht die Gefahr, dass Wettbewerber innerhalb der Zeitspanne, in der man sich auf nur wenige Märkte konzentriert, Imitationsprodukte auf den Märkten anbieten, die im Rahmen des sukzessiven Markteintritts vom eigenen Unternehmen erst später erschlossen werden sollen.

Sprinkler-Strategie (simultaner Markteintritt)

Im Rahmen der Sprinkler-Strategie erfolgt der Eintritt in die jeweiligen Märkte hingegen nicht sukzessiv, sondern simultan innerhalb einer relativ kurzen Zeitspanne. Vorteile der Sprinkler-Strategie sind:

- Bei relativ kurzen Produktlebenszyklen, wie etwa bei Bekleidung oder Computer, sind die Unternehmen vielfach gezwungen, ihre Produkte schnellstmöglich auf den verschiedenen Märkten anzubieten. Sonst besteht die Gefahr, dass Konkurrenten mit vergleichbaren Produkten am Markt sind, bevor das eigene Unternehmen den letzten angestrebten Ländermarkt erschlossen hat.
- Die Verlängerung von Zeiten, die für die Forschung und Entwicklung benötigt werden, bewirkt vielfach, dass auch die in die Entwicklung neuer Produkte zu investierenden Finanzmittel steigen. Diese hohen Kosten kön-

nen angesichts der zu erwartenden kurzen Marktpräsenz nur amortisiert werden, wenn Unternehmen innerhalb kurzer Zeit auf allen relevanten Ländermärkten präsent sind.

- Durch einen frühzeitigen Markteintritt in alle ausgewählten Auslandsmärkte kann es einem Unternehmen gelingen, Markteintrittsbarrieren für nachziehende Konkurrenten zu schaffen.
- Die Abhängigkeit des produktspezifischen Unternehmenserfolgs von wenigen Absatzgebieten wird vermieden. Ein solcher Risikoausgleich ist vor allem dann sinnvoll, wenn Gebiete mit relativ hohen politischen, sozialen und/oder ökonomischen Risiken bearbeitet werden.

Die Nachteile, die mit dieser Strategie verbunden sind, ergeben sich insbesondere aus der

- hohen Bindung von Ressourcen und
- der Notwendigkeit, die Aktivitäten auf allen Märkten zu koordinieren.

2.6.2.4.2 Gebietsspezifische Timing-Strategie

Die gebietsspezifische Timing-Strategie eines Unternehmens befasst sich damit, den optimalen Zeitpunkt eines Markteintritts zu bestimmen. Dabei kann zwischen unterschiedlichen Vorgehensweisen gewählt werden.

Pionier-Strategie (*pioneer/first-to-market*)
Hierbei strebt ein Unternehmen an, als erstes in ein Absatzgebiet einzutreten. Vorteile dieser Strategie sind

- das Erreichen einer zumindest zeitweisen Monopolstellung,
- preispolitische Spielräume,
- der frühzeitige Erwerb von Markt-Know-how,
- der Aufbau und die Sicherung wichtiger Lieferanten- und Kundenkontakte,
- Entwicklung eines produkttechnologischen Industriestandards,
- Imagevorteile,
- langfristige Kostenvorteile durch den Vorsprung auf der Erfahrungskurve.

Nachteile der Pionierstrategie können sich aus einer möglicherweise noch unsicheren Marktentwicklung und den hohen Markterschließungskosten ergeben.

Früher-Folger-Strategie (*early follower/early-to-market*)
Diese Strategie wählen Unternehmen, die kurz nach dem Pionier in einen Markt eintreten, um das Marktrisiko geringer zu halten. Gleichwohl können solche Unternehmen häufig immer noch Produktstandards mitbestimmen und in schnell wachsenden Märkten vergleichsweise leicht Marktanteile erwerben. Allerdings sind eventuell bereits Markteintrittsbarrieren vorhanden.

Später-Folger-Strategie (*late follower/late-to-market*)
Diese Strategie bevorzugen Unternehmen, die den Markteintritt nach dem Setzen relevanter Produktstandards planen. Bei der zuweilen von »Späten Folgern« gewählten »Imitationsstrategie« wird das erfolgreichste Wettbewerberprodukt imitiert. Andere »Späte Folger« setzen auf das Abdecken noch nicht besetzter Produktnischen (Nischenstrategie).

2.6.2.5 Wahl der richtigen Strategie

Wenn Sie ein neues Produkt mit einem neu gegründeten Unternehmen auf dem Markt anbieten wollen, müssen Sie typischerweise folgende Schwierigkeiten bewältigen:

- Ihr Unternehmen existiert noch nicht oder wurde erst vor Kurzem gegründet (*liability of newness*). Es liegen daher noch keine fundierten Unternehmensdaten vor, die Sie Ihren Entscheidungen zugrunde legen könnten
- Sie haben auch keine längere Unternehmenshistorie vorzuweisen. Dadurch sind Sie im Markt noch nicht bekannt und es fehlen Ihnen Referenzkunden, auf die Sie im Rahmen der Kundenakquise verweisen können.
- Die Entscheidungsprozesse im Unternehmen sind vor allem durch Ihre Person geprägt. Damit hängt der Unternehmenserfolg überdurchschnittlich stark von Ihren Fähigkeiten, Ihrer Tatkraft und Ihrer Präsenz ab.
- Ihr Unternehmen ist einer dynamischen, sich ständig verändernden Umwelt ausgesetzt und weist gerade am Anfang ein überproportionales, quantitatives Wachstum auf. Entsprechende Besonderheiten und Ausgestaltungsmöglichkeiten in der Frühentwicklung gehen oftmals mit wachstumsbedingten Krisenerscheinungen ein (*liability of adolescence*).
- Sie verfügen nur über wenige Ressourcen, zum Beispiel Rohstoffe, Maschinen, Personal und Kapital, sodass es schnell zu Engpässen kommen kann (*liability of smallness*).
- Es sind hohe Anlaufkosten für den Aufbau der Produktion, zum Beispiel für die Anschaffung von Maschinen, die Einrichtung von Büroräumen und Geschäftslokalen, sowie die Steigerung der Bekanntheit etwa durch Werbung erforderlich.

- Ihr Unternehmen erwirtschaftet noch keinen Gewinn und erzielt noch keinen Umsatz, sodass die Gefahr besteht, dass es nach einer gewissen Zeit überschuldet oder nicht mehr zahlungsfähig ist.
- Eventuell wird eine Finanzierungslücke durch externe Kapitalgeber geschlossen, diese üben jedoch wesentlichen Einfluss auf Ihr Unternehmen aus.

Angesichts dieser Schwierigkeiten sind Ihre Möglichkeiten, eine effektive Marketingstrategie festzulegen und umzusetzen, in der Regel beschränkt. Allerdings müssen Sie auch keine Rücksicht auf bestehende Produkte –insbesondere auf mögliche Kannibalisierungseffekte durch das neue Produkt – oder Empfindlichkeiten von Mitarbeitern, Händlern und Wettbewerbern nehmen. Das Marketing von Gründungsunternehmen (*Entrepreneurial Marketing*) unterscheidet sich deutlich von dem bestehender Unternehmen (siehe Abb. 2.30).

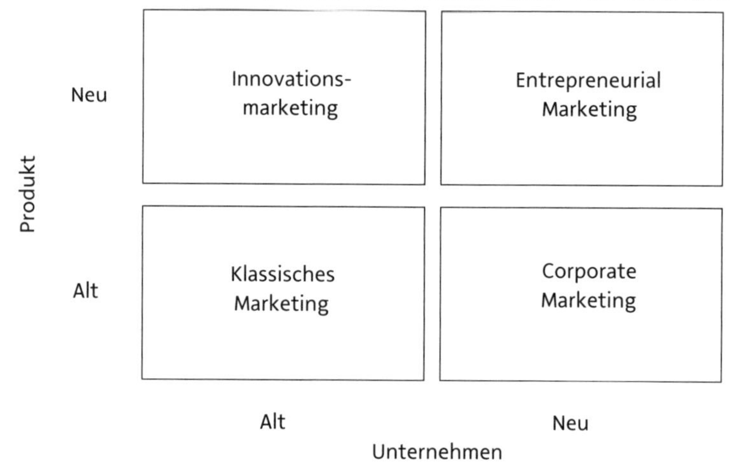

Abb. 2.30: Entrepreneurial Marketing

Wichtig

Um das Überleben Ihres Unternehmens zu sichern, sollten Sie den Fokus Ihrer Marketingaktivitäten auf die Gewinnung von Kunden legen, und zwar insbesondere durch die Steigerung der Bekanntheit Ihres Unternehmens und die Gewinnung von Akzeptanz für Ihr Produkt. Dabei können Sie häufig eine aggressive Strategie verfolgen:

- Abnehmergerichtete Strategie: Im Rahmen der Marktfeldstrategie legen Sie den Fokus auf Produktentwicklung.
- Konkurrenzgerichtete und absatzmittlergerichtete Strategie: Sie verfolgen eine Konfliktstrategie. Ist das nicht möglich, wird eine Ausweichstrategie bevorzugt.

Wenn Sie ein neues Produkt anbieten wollen, sollten Sie bei der Bestimmung Ihrer Zielgruppe darauf achten, ob und in welchem Maß sie gewillt ist, neue Technologien zu akzeptieren. Geoffrey A. Moore erkannte in diesem Zusammenhang das sogenannte Tornado-Phänomen.[11] Es erklärt die Strategieentwicklung im Verlauf des Produktlebenszyklus eines Produkts in schnell wachsenden Märkten (siehe Abb. 2.31).

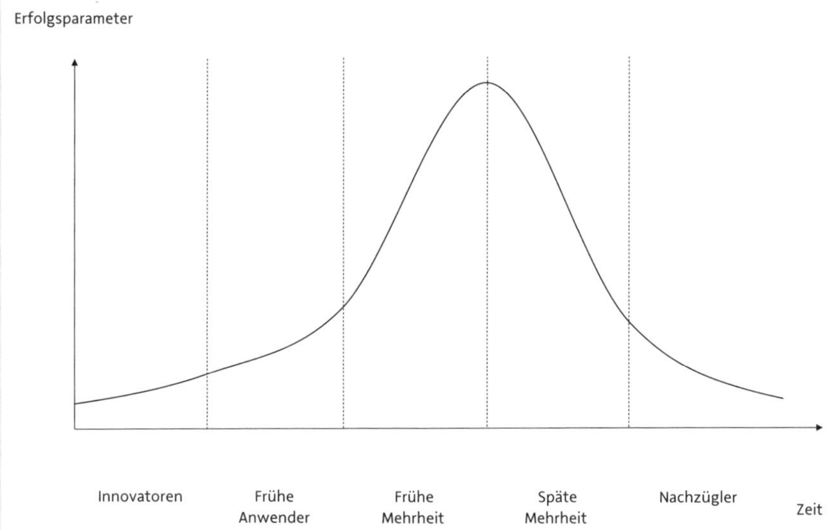

Abb. 2.31: Ausbreitung neuer Technologien

Moore teilte die Kunden in fünf Gruppen ein, die entsprechend der Phase im Produktlebenszyklus angesprochen werden:

- Innovatoren (*innovators*): Diese Gruppe zeichnet sich durch eine starke Technikbegeisterung aus. Innovatoren sind meist sehr aufgeschlossene Kunden, die vor allem Interesse an Neuem haben, Produktideen testen und bereitwillig Feedback zum Produkt geben. Sie erwerben ein Produkt, um herauszufinden, welche Möglichkeiten sich dadurch eröffnen, wobei es für sie keine Rolle spielt, ob die Technologie noch nicht ausgereift ist. Sie bilden die typischen ersten Kunden, bringen daher noch keinen Umsatz, sind aber wichtig, um das Produkt bekannt zu machen.
- Frühe Anwender (*early adopters*): Sie gelten als Visionäre und Revolutionäre und versprechen sich Wettbewerbsvorteile durch die Nutzung neuer, innovativer Produkte. Kinderkrankheiten der neuen Technologie sind ihnen gleichgültig, wenn der Nutzen höher ist.

11 Moore (2014).

- Frühe Mehrheit (*early majority*): Sie sind die Pragmatiker unter den Kunden. Diese Gruppe akzeptiert keine Fehler, erwartet ein ausgereiftes Produkt, umfangreichen After-Sales-Service und am besten eine Garantie des jungen Unternehmens, dass es auch in einigen Jahren noch existiert und eine gewisse Abnahmemenge produzieren kann. Juristen und Einkaufsabteilungen kommen ins Spiel und setzen die jungen Unternehmen unter Druck. Unterschiedliche Rollen beim Einkaufsverhalten kommen zum Tragen, zum Beispiel die des Juristen, Controllers und Technikers. Sie wählen bevorzugt den Marktführer, da der Markt sich am wahrscheinlichsten an die Marktführer anpasst und somit das Risiko sinkt.
- Späte Mehrheit (*late majority*): Die Konservativen unter den Kunden bevorzugen sehr weit entwickelte, bewährte Produkte. Zudem sind sie sehr preisbewusst, weshalb sie weniger in neue Technologien investieren wollen.
- Nachzügler (*laggards*): Sie gelten als Skeptiker und setzen erst dann eine neue Technologie ein, wenn die alte immer schwieriger erhältlich ist oder nur noch mit hohen Kosten aufrechterhalten werden kann.

Auf Grundlage dieser Einteilung lassen sich vier Strategien in zeitlicher Reihenfolge benennen:

- Überqueren der Kluft (*crossing the chasm*): Wird ein innovatives Produkt auf einen Markt eingeführt, bedient es zunächst die ersten beiden Kundengruppen (Innovatoren, Visionäre). Da diese grundsätzlich mit Mängeln des neuen Produkts leben können, ist es relativ einfach, ihr Interesse zu wecken. Allerdings sind diese Personengruppen eher klein und erzeugen häufig keinen ausreichenden Umsatz, um das Unternehmen nachhaltig im Markt zu etablieren. Um dies zu erreichen, ist es notwendig, auch die nächste Kundengruppe, die frühe Mehrheit, zu erreichen. Allerdings unterscheidet sich diese stark von den Innovatoren und den frühen Anwendern (*chasm*), sodass hier ein Umschwung bei der Ansprache der Kunden stattfinden muss. Es müssen Nischen bedient werden und zumindest sollten drei große innovative Unternehmen als Erstkäufer gefunden werden, um sie als Referenzen zu gewinnen.
- Bowlingbahn (*bowling alley*): In dieser Phase werden Nischen ausgewählt, die spezifisch bedient werden können. Wird das Produkt von einem Kunden erfolgreich verwendet und weiterempfohlen, so ziehen weitere Unternehmen aus der entsprechenden Nische nach. Wichtig ist es, in dieser Phase möglichst konkurrenzlos zu bleiben. Die Abgrenzung vom Wettbewerb bzw. das Ausschalten des Wettbewerbs ist vor allem mit einer Kostenorientierung erfolgreich, denn die zu erreichende Kundengruppe setzt sich aus Pragmatikern zusammen, die einen solchen Ansatz bevorzugen.

- Tornado: Nachdem die Nischen erschlossen wurden, geht es nun darum, die großen Märkte zu erschließen. Hierbei muss die Produktstrategie von kundenspezifisch angepassten Produkten, also einer Individualisierung, zu einer Standardisierung umgewandelt werden. Um die Menge an Aufträgen bewältigen zu können, müssen die Produkte weitestgehend standardisiert werden. Auslöser für den Tornado ist die Etablierung im Nischenmarkt und eine Anpassung an die infrastruktur- und produktorientierten Käufer. Die Standardisierung ermöglicht eine strukturierte Produktion, wodurch auch die Infrastruktur gefestigt werden kann. Die weiteren Spezialisierungen des standardisierten Produkts übernehmen sogenannte Monkeys, die auch zukünftig Nischen bedienen und das Produkt hierfür entsprechend erweitern.
- Hauptstraße (*main street*): Ziel ist es, am Ende Marktführer zu sein. Dies gelingt, indem man die Pragmatiker für sich gewinnt. Hat sich das standardisierte Produkt etabliert und ist die Anpassung an den Massenmarkt erfolgreich vonstattengegangen, können in der Rezession wieder Individualisierungsmaßnahmen vorgenommen werden. Das Kernprodukt bleibt bestehen, allerdings kommen individuell auswählbare Zusatzeigenschaften hinzu. Mit dieser Strategie kann ein Unternehmen mit einem Produkt am längsten auf dem Markt bestehen.

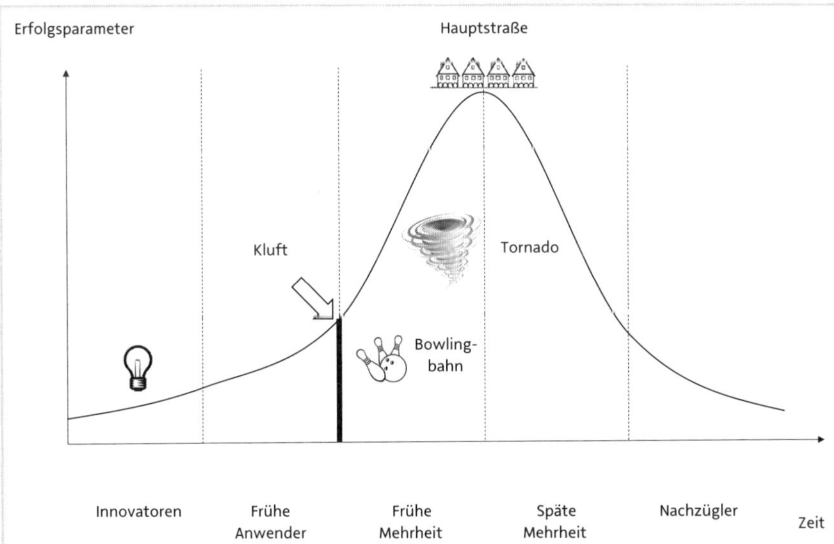

Abb. 2.32: Crossing the Chasm

2.6.3 Marketingmaßnahmen

Als Nächstes stellen Sie dar, welche Maßnahmen Sie durchführen wollen, um Ihre Marketingstrategie umzusetzen. Im Businessplan sollten Sie sich nicht auf einzelne Maßnahmen konzentrieren, sondern den Schwerpunkt darauf legen, welche Instrumente in welcher Zusammensetzung zur Zielerreichung eingesetzt werden. Ein gängiges Werkzeug, um dies zu erarbeiten, ist der Marketing-Mix.[12] Hierunter versteht man die Kombination aus den Marketinginstrumentarien, die das Unternehmen einsetzt, um die Marketingziele auf dem Zielmarkt umzusetzen. Um eine Struktur in die Vielzahl der Marketinginstrumente zu bringen, werden sie klassischerweise in vier Gruppen – auch die »4 Ps« genannt – eingeteilt:

- Produktpolitik (*product*): Dieser Gruppe werden Instrumente zugeordnet, die Produktdimensionen wie Qualität, Zusatzleistungen, Design, Markenname, Verpackung, Größen, Service oder Garantien festlegen.
- Preispolitik (*price*): Sie umfasst die Festlegung von Preisen, Rabatten, Mengenzuschlägen, Zahlungsperioden und Kreditbedingungen.
- Distributionspolitik (*place*): In ihrem Rahmen beschäftigt sich ein Unternehmen damit, seine Produkte an den Kunden zu bringen. Es wird über Absatzkanäle, Absatzmittler, Standorte, Lagerhaltung und Transportfragen entschieden.
- Kommunikationspolitik (*promotion*): Die Kommunikationspolitik befasst sich mit Werbung, persönlichem Verkauf, Verkaufsförderung und Public Relations.

! **Wichtig**

Bei den »4 Ps« geht es um die Marketinginstrumente aus Sicht des Unternehmens. Allerdings ist auch die Sicht der Käufer zu beachten, deshalb kommen zusätzlich die »4 Cs« ins Spiel:

- Produktgestaltung: Das Produkt muss ein konkretes Bedürfnis des Kunden (*customer needs*) befriedigen.
- Preisgestaltung: Die verlangten Preise stellen für den Kunden Kosten (*costs*) dar. Er muss also bereit sein, den Preis für Ihr Produkt zu bezahlen.
- Distributionspolitik: Der Kunde muss das Produkt bequem und einfach (*convenience*) erhalten können.
- Kommunikationspolitik: Der Kunde muss in seiner Sprache (*communication*) angesprochen werden. Das bezieht nicht nur die jeweilige Landessprache ein, sondern insbesondere auch die Verwendung technischer und branchenspezifischer Fachbegriffe sowie sozial und kulturell bedingte Ausdrucksweisen wie Dialekte, Modewörter und Jugendslang.

12 Vgl. Bruhn/Meffert (2012).

Die »4 Ps« korrespondieren also mit »4 Cs« (der anglo-amerikanischen Sprache entlehnt).

»4 Ps«	»4 Cs«
▪ Product	▪ Customer needs
▪ Price	▪ Costs
▪ Place	▪ Convenience
▪ Promotion	▪ Communication

Tab. 2.10: Die »4 Ps« und die »4 Cs«

Gezeigt hat sich, dass bei der Vermarktung von Dienstleistungen die »4 Ps« alleine nicht ausreichen. Hintergrund ist, dass Dienstleistungen keine physischen Produkte sind und daher von (potenziellen) Kunden kaum objektiv beurteilt werden können. Um dem zu begegnen, wurden die »4 Ps« für das Dienstleistungsmarketing um »3 Ps« erweitert, nämlich:

- Ausstattungspolitik (*physical facilities*): Hierdurch soll die Qualität von Dienstleistungen für den Kunden wahrnehmbar gemacht werden. Damit werden äußere Anhaltspunkte gesetzt, die als Nachweis (*confirmation*) über die zu erwartende Qualität verstanden werden und so eine emotionale Brücke zwischen Kunde und Unternehmen bilden können, zum Beispiel die Lage des Geschäftslokals und dessen Einrichtung, Logos oder das Erscheinungsbild der Mitarbeiter.
- Personalpolitik (*people*): Sie umfasst alle Instrumente, mit denen das Personal direkt beeinflusst werden kann, zum Beispiel Aus- und Weiterbildung, Personalauswahl und Personalführung.
- Prozesspolitik (*process*): Sie beschreibt alle Maßnahmen, die den Ablauf (*coordination*) des Dienstleistungsprozesses umfassen. Ziel ist es, Prozesse effizient zu gestalten, an sich verändernde Bedingungen anzupassen und ggf. zu optimieren.

Diese »3 Ps« korrespondieren also wiederum mit »3 Cs« (der anglo-amerikanischen Sprache entlehnt).

Zusätzliche »3 Ps«	Zusätzliche »3 Cs«
▪ Physical Facilities	▪ Confirmation
▪ People	▪ Corporation
▪ Process	▪ Coordination

Tab. 2.11: Die erweiterten »3 Ps« und »3 Cs«

Abb. 2.33: Die »7 Ps« im Marketing-Mix

2.6.3.1 Produktpolitik

Im Rahmen der Produktpolitik treffen Sie nun alle Entscheidungen, die die Art, Gestaltung und Menge Ihrer Waren oder Dienstleistung betreffen. Insoweit lassen sich drei Produktebenen unterscheiden:[13]

- Das Kernprodukt weist einen klar definierten Kernnutzen auf.
- Das Regelprodukt umfasst den Kernnutzen, hat aber besondere Eigenschaften im Vergleich zum Kernprodukt, beispielsweise in Bezug auf Qualität, Verpackung, Design, Marke und Zusatznutzen.
- Unter den Begriff »erweitertes Produkt« fallen besondere Leistungen (Zusatznutzen), die im Vergleich zum Regelprodukt zusätzlich angeboten werden, etwa Finanzierungsangebote, Kundendienst, Garantiezusagen, Lieferung, Installation, Wartung und Reparatur.

13 Vgl. Meffert/Burmann/Kirchgeorg (2012).

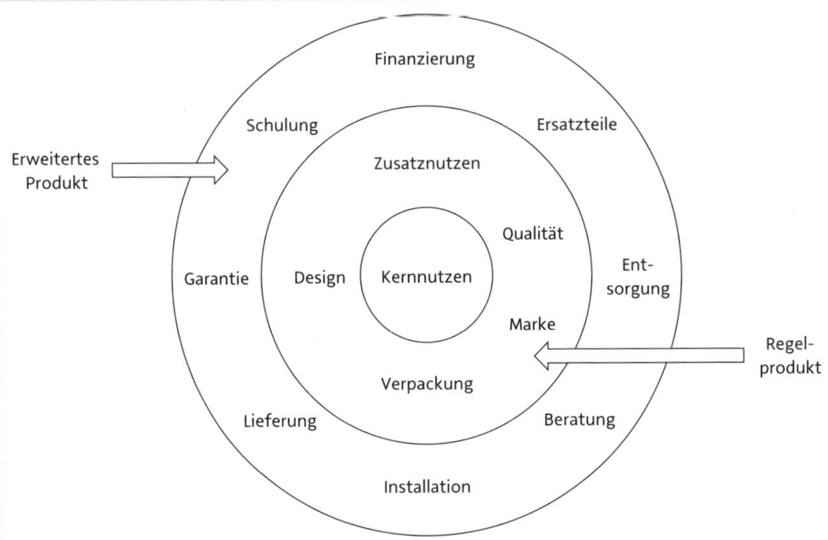

Abb. 2.34: Kernprodukt, Regelprodukt und erweitertes Produkt

Wichtig

Ihr Kernprodukt mit seinem Nutzen haben Sie in Ihrem Businessplan im Kapitel »Geschäftsidee« beschrieben. Nun geht es darum, seine zusätzlichen Eigenschaften und Ausprägungen im Einzelnen zu bestimmen.

2.6.3.1.1 Sortiment

Die Sortimentspolitik beschäftigt sich mit der Zusammenstellung des gesamten Produktangebots eines Unternehmens. Konkret geht es um die Frage, welche Anzahl und welche Art von Produkten optimal sind. Hier sind zwei Begriffe von Bedeutung:

- Die Sortimentsbreite bezeichnet die Anzahl verschiedenartiger Ausführungen einer Produktart, die in das Programm aufgenommen werden sollen.
- Die Sortimentstiefe informiert über die Anzahl der Varianten einer Produktart, die das Produktportfolio enthält. Unter einer Produktart wird eine Klasse von Produkten verstanden, die in erster Linie bezüglich des zu befriedigenden Bedürfnisses, aber auch bezüglich anderer Merkmale wie der angewendeten Fertigungstechnik, der Absatzwege oder der Kundengruppe eine gewisse Homogenität aufweist. Die Abgrenzung einer bestimmten Produktart richtet sich jeweils nach dem praktischen Zweck, den das Unternehmen mit seiner Einteilung verfolgt. Meist werden gewisse Synergieeffekte zwischen den Produkten einer Produktklasse erwartet.

! **Wichtig**

Je tiefer Ihr Sortiment ist, desto mehr Varianten eines Produkts können Sie anbieten und damit verschiedene Zielgruppen ansprechen. Wenn Sie also eine Massenmarktstrategie verfolgen, empfiehlt sich eine ausgeprägte Sortimentstiefe. Möchten Sie dagegen nur einzelne Marktsegmente bedienen, legen Sie mehr Wert auf eine ausgewogene Sortimentsbreite.

2.6.3.1.2 Design

Unter Design versteht man die äußere Gestalt des Produkts. Zu den Gestaltungsmitteln zählen vor allem Material, Form, Farbe und Zeichen, die zu einem in sich geschlossenen und auf die Lebensumwelt der Kunden abgestimmten Konzept vereint werden müssen. Zunächst geht es darum, das Produkt in funktionaler Hinsicht so zu gestalten, dass seine gebrauchstechnische Eignung für den Kunden gewährleistet ist. Dies betrifft insbesondere

- die technische Passform, zum Beispiel die Kompatibilität zu anderen Produkten,
- die Anpassung an die Arbeitsbedingungen des Kunden (Ergonomie),
- eine einfache und sichere Handhabung,
- die Transport- und Lagerfähigkeit.

Darüber hinaus kann das Design einen ästhetischen Genuss, soziale Anerkennung und emotionale Produkterlebnisse wie Luxus, Modernität und Behaglichkeit vermitteln und damit einen Zusatznutzen schaffen.

! **Wichtig**

Die Ästhetik von Produkten ist bei Konsumgütern sehr häufig ein wichtiger Differenzierungsfaktor, um sich von den Wettbewerbern abzusetzen. Achten Sie daher darauf, dass das Design Ihres Produkts den geschmacklichen Anforderungen Ihrer Kunden genügt oder sogar stilbildend ist. Bedenken Sie jedoch, dass die Geschmäcker unterschiedlich sind und das Design spezifisch auf Ihre Zielgruppe zurechtgeschnitten sein muss.

Allerdings kann das Design Restriktionen unterliegen. Diese können sich beispielsweise ergeben aus

- den fertigungs- oder materialtechnischen Grenzen der Machbarkeit,
- Kostengesichtspunkten (»zu teuer«),
- entgegenstehenden gewerblichen Schutzrechten Dritter, zum Beispiel geschütztes Design von Wettbewerbern,
- umweltpolitischen Vorgaben, etwa in Bezug auf Lärmentwicklung oder Energieverbrauch.

2.6.3.1.3 Qualität

Die Qualität umfasst alle Merkmale, die sich auf die Güte eines Produkts oder einer Dienstleistung beziehen. Berücksichtigen Sie bei der Festlegung der Qualitätsstufe, dass Verbraucher unterschiedliche Anforderungen an die Qualität des Produkts stellen. Ebenso sind spezielle Qualitätsanforderungen des Handels, zum Beispiel bezüglich der Transport- und Lagerfähigkeit, zu beachten. Diese können objektiver Natur sein, also physikalisch oder chemisch nachweisbar, oder rein subjektiv (individuell).

In objektiver Hinsicht werden typischerweise gebrauchstechnische Komponenten als Qualitätsanforderung formuliert, zum Beispiel in Bezug auf

- Materialbeschaffenheit,
- Wirksamkeit,
- Verarbeitung,
- Haltbarkeit,
- Lebensdauer,
- Handhabung,
- Umweltverträglichkeit.

Achtung !

Ein hoher Qualitätsstandard ist nicht immer vorteilhaft für den Anbieter. So führt beispielsweise die lange Haltbarkeit eines Produkts dazu, dass Ersatzkäufe erst später getätigt werden müssen. In bestimmten Fällen kann es daher aus wirtschaftlicher Hinsicht ratsam sein, die technische Qualität eines Produkts bewusst zu vermindern, um die Lebensdauer zu verkürzen (geplante Obsoleszenz). Entsprechend werden Wirtschaftsgüter mit einer kürzeren wirtschaftlichen Lebensdauer produziert, als dies unter den gegebenen technischen Bedingungen möglich wäre. Um dies zu bewirken, können beispielsweise

- Waren von schlechterer Qualität und Haltbarkeit hergestellt werden (eingebauter Verschleiß),
- mögliche Qualitäts- und Haltbarkeitsverbesserungen unterlassen werden,
- billigere Rohstoffe und Materialien verwendet werden (was im Übrigen auch zu einer Reduzierung der Produktionskosten führt).

Für den Kunden sind solche Maßnahmen häufig nicht unmittelbar erkennbar.

In subjektiver Hinsicht sind unterschiedliche Wirkungsebenen zu unterscheiden:

- Die ästhetischen Qualitätsanforderungen betreffen die individuellen Empfindungen der Kunden. Das Produkt soll seinen Geschmack treffen, also zum Beispiel angenehm, vertraut oder schrill erscheinen.

- Die sozialen Qualitätsanforderungen umfassen die Eignung einer Ware, gesellschaftliche Anerkennung zu vermitteln. Das Produkt muss dem Kunden insoweit Prestige und Akzeptanz versprechen, was wiederum von den Wertvorstellungen des Milieus, in dem er sich bewegt, sowie der nach außen hin bestehenden Erkennbarkeit des Produkts abhängt. Diese Qualitätskomponenten spielen insbesondere bei Produkten eine große Rolle, die starken Moden unterliegen, zum Beispiel Bekleidung, Accessoires und Gastronomie.
- Die politisch-gesellschaftlichen Qualitätsanforderungen betreffen die politischen und sozialen Umstände der Produktion. Sie sind häufig Ausdruck von politischer und gesellschaftlicher Korrektheit und umfassen beispielsweise:
  - faire Preise für Lieferanten (»fair trade«),
  - Zahlung gerechter Löhne (Mindestlohn),
  - humane Arbeitsbedingungen (Einhaltung von Arbeitszeiten und Arbeitssicherheitsstandards),
  - Verzicht auf Kinderarbeit,
  - Unterlassen von Korruption.

2.6.3.1.4 Markierung

Dieser Teil der Produktpolitik betrifft alle Entscheidungen, die mit der Namensgebung und Kennzeichnung (Markierung) von Produkten im Zusammenhang stehen. Hiermit soll beim Kunden durch Identifikation und Wiedererkennung eine Angebotstreue erzeugt werden. Aus dieser entwickelt sich dann bei Zufriedenheit eine Markentreue, die die Einführung von weiteren Produkten unter dieser Marke vereinfacht. Der Kunde überträgt die individuellen positiven Eigenschaften des Produkts auf das Sortiment der ihm bekannten Marke.[14]

Als Marke kommen alle Zeichen in Betracht, die geeignet sind, Waren oder Dienstleistungen eines Unternehmens von denen anderer Unternehmen zu unterscheiden. Hierzu zählen insbesondere:

- Wörter,
- Personennamen,
- Abbildungen, zum Beispiel Logos,
- Buchstaben,
- Zahlen,

14 Vgl. Meffert/Burmann/Koers (2005).

- Hörzeichen, zum Beispiel Jingles,
- dreidimensionale Gestaltungen,
- Farben und Farbzusammenstellungen.

!

Wichtig

Sie können Ihre Marken rechtlich schützen lassen. Mit deren Registrierung beim Patentamt erwerben Sie ein Monopol hierauf und schützen sich damit vor Nachahmung durch Konkurrenten aus der eigenen Branche.

Der Markenname stellt das wichtigste Mittel der Markierung dar. Ist er prägnant, können die Konsumenten ein Produkt leicht identifizieren. Er sollte daher

- produkttypisch sein,
- positive Assoziationen hervorrufen,
- werbewirksam sein,
- einprägsam sein,
- unverwechselbar sein.

Prinzipiell sind folgende Markenarten zu unterscheiden:

- Herstellermarke, zum Beispiel Nestlé,
- Handelsmarke, zum Beispiel Medion,
- Gattungsmarke, zum Beispiel Ja,
- Einzelmarke, zum Beispiel Pampers,
- Markenfamilie, zum Beispiel Nivea,
- Produktmarke, zum Beispiel VW Golf,
- Firmenmarke, zum Beispiel Audi,
- Designermarke, zum Beispiel Chanel.

Markennamen lassen sich in zwei Gruppen unterteilen: Semantisch besetzte Namen sollen bestimmte Eigenschaften, etwa von einem Tier, auf das Produkt übertragen und damit positive Assoziationen wecken, zum Beispiel bei Jaguar. Hingegen sollen Kunstnamen auf phonetischer Ebene, also durch ihren Wohlklang, bestimmte Assoziationen hervorrufen.

!

Tipp

Denkbar ist auch der Verzicht auf einen Markennamen (No-Name-Produkte). Hierdurch spart man sich die Kosten für den Markenaufbau, insbesondere Werbekosten, und riskiert nicht seinen guten Ruf. Allerdings empfiehlt sich dies nur, wenn eine Kostenführerschaft angestrebt wird und es dem Endverbraucher gleichgültig ist, von welchem Hersteller er das Produkt erwirbt.

Die Markierung kann in drei Varianten erfolgen: horizontal, vertikal oder international. Die horizontale Markenstrategie beinhaltet die Markentypen und lässt sich folgendermaßen unterteilen:

- Bei der Einzelmarken-Strategie wird jedes Produkt im Sortiment als einzelne Marke aufgefasst. Diese Variante ist sehr teuer, da jedes Produkt ein individuelles Marketing erfordert. Jedoch werden keine Imageschäden auf andere Produkte des Unternehmens übertragen, da die einzelnen Produkte vom Konsumenten nicht miteinander in Verbindung gebracht werden.
- Die Mehrmarken-Strategie ist darauf ausgerichtet, Kunden mit gering ausgeprägter Markentreue zu bedienen. Durch die Einführung gleichartiger Produkte werden Barrieren für andere Anbieter geschaffen. Im Handel spricht man von einer Reservierung von Regalflächen, was gegen Neuprodukteinführungen der Konkurrenz schützen soll. Gefahr bei der Mehrmarken-Strategie ist der Kannibalisierungseffekt, durch den sich die gleichartigen Produkte eines Unternehmens gegenseitig vom Markt drängen.
- Bei der Markenfamilien-Strategie handelt es sich um die Einführung mehrerer Produkte unter einem Markennamen. Dieses Vorgehen ist nur dann sinnvoll, wenn die Einzelprodukte der gleichen Produktgruppe angehören. Der Vorteil besteht darin, dass sich durch Synergieeffekte die Einführung neuer Produkte unter der Markenfamilie vereinfacht und auch die Marketingkosten deutlich geringer ausfallen.
- Die Dachmarken-Strategie zeichnet sich durch eine einheitliche Führung des gesamten Sortiments unter dem Firmennamen aus. Sie ist wegen des produktübergreifenden Marketings relativ kostengünstig, allerdings werden Imageschäden schnell auf das gesamte Sortiment übertragen, da alle Produkte unter dem gleichen Namen vermarktet werden.

Bei der vertikalen Markierung wird zwischen Herstellermarken und Handelsmarken unterschieden:

- Bei den Herstellermarken legt der Hersteller selbst Zielgruppe, Markenimage, Verbreitungsgrad, Qualität und Preis fest.
- Die Handelsmarken haben typischerweise einen geringen Verbreitungsgrad, da sie meist nur innerhalb einer bestimmten Handelskette angeboten werden.

Die wichtigsten Unterschiede zwischen Hersteller- und Handelsmarken zeigt Tab. 2.12 auf.

Herstellermarken	Handelsmarken
▪ Obere Preiskategorie	▪ Niedrigere Preiskategorie
▪ Überdurchschnittliche Qualität	▪ Durchschnittliche Qualität
▪ Hoher Bekanntheitsgrad	

Tab. 2.12: Hersteller- und Handelsmarken

Bei der internationalen Markierung gibt es zwei grundlegende Ausrichtungen:

- Die multinationalen Strategien beruhen auf der individuellen Anpassung der Marke und des Marketings an lokale Gegebenheiten. Die länderspezifische Ausrichtung der Marke ermöglicht einen leichteren Markteintritt im Ausland.
- Bei einer globalen Strategie wird weder die Marke noch das Marketing an die lokalen Märkte angepasst. Sie basiert auf einer einheitlichen Strategie und Positionierung.

Wichtig !

Welche internationale Markenstrategie sinnvoll ist, hängt stark von der jeweiligen Branche ab. So wird im technischen Bereich eher auf eine globale Strategie gesetzt, da die Produkte meist erklärungsbedürftig sind und eine Auflistung technischer Details nicht an länderspezifische Gegebenheiten angepasst werden muss. Im Konsumgütermarketing hingegen sind diese Anpassungen oftmals entscheidend für eine erfolgreiche Positionierung der Marke im Ausland getreu der Devise »andere Länder, andere Sitten«.

2.6.3.1.5 Verpackung

Der Begriff »Verpackungen« beschreibt aus beliebigen Materialien hergestellte Produkte zur Aufnahme, zum Schutz, zur Handhabung, zur Lieferung oder zur Darbietung von Waren vom Rohstoff bis hin zum Endprodukt:

- Verkaufsverpackungen werden als eine Verkaufseinheit angeboten und fallen beim Endverbraucher an.
- Umverpackungen werden als zusätzliche Verpackungen zu den Verkaufsverpackungen verwendet.

- Serviceverpackungen sollen die Übergabe von Waren an den Endverbraucher ermöglichen oder unterstützen.
- Transportverpackungen erleichtern den Transport von Waren.

Die Gestaltung von Verpackungen muss verschiedene Anforderungen berücksichtigen, nämlich
- den Warentransport zwischen Hersteller und Handel,
- den Verkaufsvorgang im Handel sowie
- den Ge- und Verbrauch beim Konsumenten.

Es geht also darum, ein Produkt vertriebsgerecht und marktgerecht zu verpacken. Die Verpackung sollte nicht nur zweckgemäß und informativ sein, sondern den Kunden auch optisch ansprechen. Sie soll also
- den Transport ermöglichen,
- die Sicherheit beim Transport gewährleisten,
- die Waren vor Schäden bewahren,
- die Verkaufseinheiten für den Abverkauf portionieren,
- die Aufmerksamkeit des Kunden erregen,
- die Ware beschreiben,
- über die Ware informieren, zum Beispiel Pflichtangaben gemäß der Verpackungsverordnung enthalten,
- Verkäufe auslösen,
- die Umwelt schonen.

! **Wichtig**

Mit einer attraktiven Verkaufsverpackung können Sie Ihr Angebot deutlich von dem der Wettbewerber absetzen und sich damit einen Wettbewerbsvorteil beschaffen!

2.6.3.1.6 Kundendienst

Kunden erwarten immer häufiger einen kompletten Kundendienst, der sich nicht nur am Produkt selbst orientiert, sondern auch die Phase vor dem Kauf (*pre-sales*) und die nach dem Kauf (*after-sales*) einbezieht. Unternehmen entscheiden im Rahmen der Servicepolitik vor allem über die Bereitstellung folgender Zusatzleistungen:
- Beratung und Information beim Kauf,
- Finanzierungsangebote,
- Lieferung,
- Produktschulung,
- Installation und Montage,

- Bereitstellung von Ersatzteilen,
- Wartung und Reparatur,
- Entsorgung,
- Widerrufs- und Umtauschrechte,
- Garantiezusagen (Einräumung von Gewährleistungsansprüchen, die über den gesetzlichen Rahmen hinausgehen).

!

Wichtig

Mit der Bereitstellung von Kundendiensten können Sie sich häufig gegenüber der Konkurrenz hervorheben und damit einen klaren Wettbewerbsvorteil erzielen. Dies gilt insbesondere bei hochwertigen und technisch komplexen Produkten. Beachten Sie aber, dass hierfür hohe Kosten anfallen können, zum Beispiel Transport- und Personalkosten. Das müssen Sie dann bei Ihrer Preispolitik berücksichtigen.

2.6.3.2 Preispolitik

Der Preis ist ein absatzpolitisches Instrument im Marketing-Mix und eine wesentliche Eigenschaft eines Produkts. Die Preispolitik bezieht sich primär auf die Gestaltung des Verkaufspreises, also auf den Betrag, den der Kunde zu zahlen hat, um ein Produkt oder eine Dienstleistung zu erhalten. Im Zentrum der Preisgestaltung liegt immer das Preis-Leistungs-Verhältnis, das sich aus dem Preis und dem Nutzen eines Produkts ergibt. Der Preis unterliegt verschiedenen internen und externen Einflussfaktoren:

- Zu den internen Einflussfaktoren gehören die interne Organisationsform und die dadurch entstehende unternehmensspezifische Kostenstruktur. Auch die Kapazitätsauslastung in Bezug auf die Produktion und Logistik im Unternehmen beeinflussen die Preispolitik, da die Produktion unmittelbar mit dem Absatz zusammenhängt.
- Die externen Einflussfaktoren beziehen sich auf die Marktsituation. Insoweit kommt es maßgeblich auf folgende Aspekte an:
  - Wettbewerbsstruktur: Als Marktformen kommen Monopol, Oligopol oder Polypol infrage.
  - Nachfrage: Hier ist die Preisvorstellung der Zielgruppe von Bedeutung. Sie entsteht über das Preisimage (Qualitätsbezug des Produkts: hochpreisig = hohe Qualität) und das Selbstimage, zum Beispiel Prestige.
  - Zeitpunkt des Markteintritts: Es spielt eine bedeutende Rolle, ob das Unternehmen als erstes oder als Marktfolger in den Markt eintritt.

2.6.3.2.1 Preisentscheidung

Die Preisentscheidung ist Grundlage der Preispolitik, sie kann aus verschiedenen Gründen erfolgen:

- Die erstmalige Festlegung kann wegen Markteintritten in neue Märkte, neuer Produkte im Programm oder bestimmter Ausschreibungen geschehen.
- Bei gelegentlichen Änderungen wird der Preis wegen Veränderungen bei der Nachfrage, den gesetzlichen Vorschriften, der Konkurrenzsituation oder den internen Kosten angepasst.
- Ein einmaliger Anlass kann zum Beispiel ein Abverkauf, ein Sonderverkauf zum Quartalsende oder Ähnliches sein.

Die Preisentscheidung kann auf unterschiedliche Arten erfolgen:

- kostenorientiert,
- marktorientiert,
- nachfrageorientiert und
- nutzenorientiert.

Kostenorientierte Preisfestsetzung

Bei der kostenorientierten Preisfestsetzung liegt der Fokus darauf, die Kosten der Leistungserstellung decken zu können (Selbstkosten). Berücksichtigt werden sowohl die Produktion des Produkts als auch der Vertrieb. Die Abdeckung dieser Kosten kann über zwei verschiedene Verfahren erfolgen.[15]

- Bei der Vollkostenrechnung werden alle angefallenen Kosten (fix und variabel) dem Produkt zugeordnet. Zum jeweiligen Wert wird dann ein festgelegter Prozentsatz als Gewinnzuschlag hinzugerechnet. Wie hoch dieser sein kann, hängt von dem Produkt, den Marktgegebenheiten und der Risikobereitschaft des Unternehmers ab. So wird eine Preisuntergrenze ermittelt, die als Mindestpreis zu verlangen ist. Der Vorteil dieser Methode liegt in ihrer Einfachheit, da der Markt unberücksichtigt bleibt. Allerdings funktioniert dieses Verfahren nur, wenn der Wettbewerb seine Preise ähnlich kalkuliert.

15 Vgl. Coenenberg/Fischer/Günther (2016).

Beispiel: Berechnung der Preisuntergrenze mit der Vollkostenrechnung !

	Variable Kosten der Fertigung
+	*Zuschlag für Fixkosten und Gemeinkosten der Fertigung*
=	*gesamte Fertigungskosten*
+	*Zuschlag für Verwaltungskosten*
=	*Herstellungskosten*
+	*Zuschlag für Vertriebskosten*
=	*Gesamtkosten*
+	*Zuschlag für Gewinn*
=	*Preisuntergrenze (Mindestpreis)*

- Die Teilkostenrechnung berücksichtigt zunächst nur die variablen Stückkosten, die durch die Produktion oder Erstellung der Leistung entstehen (kurzfristige Preisuntergrenze). Ist der Verkaufspreis höher als die variablen Kosten, entsteht ein positiver Deckungsbeitrag, der zur Deckung der fixen Kosten beiträgt. Ist die Summe der Deckungsbeiträge höher als die gesamten Fixkosten, entsteht ein Gewinn. Der Vorteil der Methode besteht darin, dass sie eine flexible Preisgestaltung abhängig von der tatsächlichen Absatzmenge erlaubt.

Marktorientierte Preisfestsetzung
Das Unternehmen bestimmt hier nicht selbst den Preis, sondern orientiert sich entweder am Marktführer (Leitpreis) oder am Branchendurchschnittspreis. Der eigene Preis wird immer dann verändert, wenn sich die Referenzpreise der anderen Anbieter ändern. Anwendung findet diese Methode in oligopolistischen Märkten mit homogenen Produkten, zum Beispiel in der Nahrungsmittelindustrie.

Nutzenorientierte Preisfestsetzung
Bei diesem Weg geht es darum, im Vergleich zur Konkurrenz das bessere Preis-Leistungs-Verhältnis zu bieten. Da der tatsächliche Nutzen eines Produkts für den Kunden sehr entscheidend ist, kann die Orientierung daran sehr hilfreich sein. Diese Methode ist jedoch äußerst aufwendig, da die einzelnen Kundenpräferenzen genau untersucht und ausgewertet werden müssen. Das bringt einen hohen Zeitaufwand mit sich und erschwert das schnelle Reagieren bei Änderungen am Markt.

Nachfrageorientierte Preisfestsetzung
Hier wird die Nachfragesituation herangezogen. Bei großer Nachfrage werden höhere Preise verlangt, bei sinkender Nachfrage die Preise entsprechend gesenkt. Dabei spielen Kostenaspekte kaum eine Rolle, die Preisfestsetzung richtet sich in erster Linie nach der Einschätzung eines Produkts und dessen Preis durch den Käufer. Diese Form der Preisbestimmung ist nur im Monopolfall zu empfehlen.

! **Wichtig**

Der maximal erzielbare Preis (Preisobergrenze) darf nicht unter Ihren Kosten (Preisuntergrenze) liegen. Unter diesen Umständen können Sie Ihre Geschäftsidee nur dann wirtschaftlich tragfähig umsetzen, wenn Sie Ihre Kosten deutlich senken.

2.6.3.2.2 Preisstrategien

Klassischerweise werden folgende Preisstrategien unterschieden:

- Mit der Premiumstrategie wird eine qualitativ sehr hochwertige Leistung zu einem sehr hohen Preis angeboten. Man bedient meist nur eine Nische und somit eine kleine Zielgruppe.
- Mit der Tiefpreisstrategie werden die Produkte mit sehr niedriger Qualität zu einem sehr niedrigen Preis vertrieben (Billigwaren).
- Wer die Vorteilsstrategie wählt, bietet Produkte mit hoher Qualität zu einem niedrigen Preis an. Hinsichtlich der Markenpolitik sind hier die typischen Handelsmarken anzusiedeln.
- Die Übervorteilsstrategie richtet sich auf den Verkauf von Produkten niedriger Qualität zu überteuerten Preisen. Dies birgt ein hohes Risiko: Haben die Konsumenten erst einmal begriffen, dass die Qualität nicht dem Preis entspricht, ist ein Wiederkauf sehr unwahrscheinlich, eine Weiterempfehlung ebenso.

Aktuell finden weitere Strategien Anwendung, die sich nach dem Produktlebenszyklus richten:

- Die Penetrationsstrategie kommt einmalig zum Einsatz, um den Markt zu durchdringen. Der Preis wird anfangs möglichst niedrig gehalten, um schnell einen hohen Marktanteil zu erlangen. Später wird der Preis ggf. schrittweise erhöht.
- Bei der Skimmingstrategie wird der Einstiegspreis des Produkts sehr hoch angesetzt. Es geht darum, am Anfang des Produktlebenszyklus möglichst viel Gewinn abzuschöpfen. Später wird der Preis entsprechend gesenkt, um dem Wettbewerb standhalten zu können. Sinn der Skimmingstrategie ist es, die Gewinne in weitere Forschung und Entwicklung zu investieren, um weiter Marktführer zu bleiben.

!

Tipp

Wenn Sie ein innovatives Produkt auf den Markt bringen wollen, empfiehlt sich in den meisten Fällen eine Premiumpreis- oder Skimmingstrategie, denn es gilt Folgendes:

- Innovative Produkte werden von den Kunden regelmäßig gut bewertet und rechtfertigen so einen höheren Preis.
- Echte Innovationen sichern dem Unternehmen eine befristete Monopolstellung, insbesondere wenn diese durch ein Patent oder Gebrauchsmuster geschützt sind, sodass während dieser Zeit ein höherer Preis durchsetzbar ist.
- Höhere Preise bedeuten höhere Margen und damit höhere Gewinne. So kann Ihr Unternehmen auf Fremdinvestoren verzichten und neue Investitionen selbst finanzieren.
- Durch den höheren Einstiegspreis gibt es einen größeren Spielraum nach unten. Preiserhöhungen lassen sich so vermeiden und im Bedarfsfall kann der psychologische Effekt einer Preissenkung wirken.
- Oft wird die Qualität nach dem Preis bewertet.

Allerdings kann in anderen Fällen eine Niedrigpreis- oder Penetrationsstrategie sinnvoll sein, insbesondere wenn

- sich durch den niedrigen Preis schnell ein hoher Marktanteil gewinnen lässt,
- das Unternehmen hohe Fixkosten hat und daher viele Einheiten absetzen muss, um Skaleneffekte zu erzielen,
- nur niedrige Markteintrittsbarrieren bestehen und der baldige Eintritt starker Konkurrenten zu befürchten ist.

2.6.3.2.3 Preisdifferenzierung

Grundsätzlich können für gleiche oder gleichartige Produkte unterschiedliche Preise verlangt werden, ohne dass dies allein durch Qualitätsunterschiede begründet wird (Preisdifferenzierung). Den Nutzen eines Angebots nimmt der Kunde individuell wahr und davon hängt seine Maximalpreisbereitschaft ab. Dies ermöglicht den Anbietern eine Differenzierung der Leistungen über den Preis. Eine Differenzierung des Preises kann nach verschiedenen Aspekten erfolgen:

- Zeit: Bei schwankender temporärer Nachfrage werden die Preise entsprechend angepasst.
- Raum: Die Produkte werden zu unterschiedlichen Preisen in unterschiedlichen Gebieten angeboten.
- Personen: Die Preise werden anhand demografischer Daten, etwa Alter, Milieu oder Beruf, angepasst, zum Beispiel in Form von Seniorenpreisen oder Kinderpreisen.

- Zielgruppe: Die Preise werden anhand der marketingpolitischen Bedeutung, zum Beispiel A- oder C-Kunden, oder der Absatzfunktionen der Zielgruppen, zum Beispiel Groß- oder Einzelhandel, festgesetzt.
- Verwendungszweck: Hat ein Produkt verschiedene Einsatzgebiete, zum Beispiel das Ausgangsprodukt Salz als Speisesalz, Viehsalz und Industriesalz, können unterschiedliche Preise verlangt werden.
- Menge: Bei bestimmten Abnahmemengen können zum Beispiel Mengenrabatte gewährt werden.
- Produktvariationen: Die Preise werden über verschiedene Angebotsvarianten differenziert, zum Beispiel was die Ausstattung oder den Leistungsumfang angeht.

2.6.3.2.4 Konditionenpolitik

Auch bei der Konditionenpolitik bestehen verschiedene Ansätze, um die Preise zu steuern, und zwar über Rabatte, Absatzkredite sowie die Lieferungs- und Zahlungsbedingungen.

Rabatte

Rabatte sind Nachlässe auf den Preis, den das Unternehmen üblicherweise verlangt. Sie können handelsbezogen (Funktionsrabatt, Mengenrabatt, Treuerabatt und Zeitrabatt) oder verbraucherbezogen (Barzahlungsrabatt, Treuerabatt) sein:

- Funktionsrabatte gewährt der Hersteller dem Handel dann, wenn dieser bestimmte Aufgaben übernimmt, zum Beispiel Transport, Lagerung oder Werbung.
- Mengenrabatte dienen dazu, den Handel anzuregen, größere Mengen abzunehmen. Sie können entweder pro Periode oder pro Kunde/Auftrag gelten.
- Treuerabatte werden dem Handel und den Verbrauchern dann gewährt, wenn dem Hersteller gegenüber eine besondere Treue besteht, zum Beispiel wegen langjähriger Zusammenarbeit oder mit Rabattmarken belegt. Sie dienen also der Kundenbindung.
- Zeitrabatte gelten für einen bestimmten Bestellzeitpunkt(-zeitraum) oder Abnahmezeitpunkt(-zeitraum).
- Barzahlungsrabatte (Skonti) dienen dazu, dem Kunden einen Anreiz zu geben, eine Rechnung innerhalb einer bestimmten Frist zu begleichen, zum Beispiel innerhalb von zehn Tagen ab Zugang der Rechnung. In der Praxis werden häufig Skonti von 2% bis 3% auf den Rechnungsbetrag gewährt.

Absatzkredite

Mit Absatzkrediten soll der Verkauf von Waren gefördert werden, sie können zum Beispiel in Form von Darlehen, Leasing oder Teilzahlungsgeschäften gewährt werden. Die Kunden zahlen dabei meist hochwertige Waren über einen längeren Zeitraum in Teilbeträgen. Der Absatzkredit kommt dort vor, wo das Bezahlen einer Ware auf einmal die Zahlungskraft des Käufers übersteigt oder die Kaufentscheidung durch das Angebot günstiger Konditionen herbeigeführt werden soll, zum Beispiel bei Möbeln, elektronischen Geräten, Kraftfahrzeugen oder Urlaubsreisen.

Die Vergabe von Absatzkrediten kann direkt und indirekt erfolgen. Bei direkter Vergabe tritt der Anbieter selbst als Kreditgeber auf, bei indirekter Vergabe wird ein Kreditinstitut, zum Beispiel eine Bank oder eine Leasinggesellschaft, eingeschaltet, das die Finanzierung für den Endkunden übernimmt.

Wichtig !

Absatzkredite erlangen im heutigen Geschäftsleben immer mehr Bedeutung. Dies gilt insbesondere beim Verkauf von Konsumgütern und hochwertigen Investitionsgütern.

Lieferungs- und Zahlungsbedingungen

Die Lieferungs- und Zahlungsbedingungen beschreiben den Inhalt und das Ausmaß der angebotenen Leistungen und regeln die Rahmenbedingungen für die Bezahlung. Sie werden meist in den Allgemeinen Geschäftsbedingungen (AGB) festgehalten.

Die Lieferbedingungen regeln folgende Aspekte:

- Ort und Zeit des Abschlussgeschäfts,
- Aufschläge für Verpackung, Versand und Versicherung der Ware,
- Umtauschrecht,
- Vertragsstrafen,
- Mindestabnahmemengen.

In den Zahlungsbedingungen sind folgende Vorgaben zu finden:

- Art und Zeitpunkt der Zahlung,
- Zahlungsfristen,
- Inzahlungnahme gebrauchter Güter.

2.6.3.3 Vertriebspolitik

Die Vertriebspolitik (auch Distributionspolitik) beinhaltet alle Maßnahmen, die dazu dienen, die zeitliche und räumliche Distanz zwischen der Erstellung einer Leistung und deren Kauf durch den Endkunden zu überbrücken. Ziel ist es, das richtige Produkt zur richtigen Zeit im richtigen Zustand in der richtigen Menge am richtigen Ort den Abnehmern zur Verfügung zu stellen. Dabei geht es um zwei Aspekte: den Absatzkanal (akquisitorische Distribution) und die Logistik (physische Distribution).

2.6.3.3.1 Absatzkanal

Ein Absatzkanal dient dazu, Kunden und Kundenaufträge zu »akquirieren«. Dabei wird zwischen direkten und indirekten Absatzwegen unterschieden:

- Von Direktvertrieb spricht man, wenn der Produzent als unmittelbarer Verkäufer gegenüber dem Endverbraucher auftritt.
- Beim indirekten Vertrieb werden ein oder mehrere Händler (sogenannte Absatzmittler) eingeschaltet.

Wesentliches Merkmal beim direkten Absatz ist also der unmittelbare Eigentumsübergang vom Produzenten zum Endverbraucher, während beim indirekten Absatz ein zweifacher Eigentumsübergang beim Händler vorliegt.

Direktvertrieb
Dieser zeichnet sich durch eine direkte Kommunikation mit dem Kunden und die volle Kontrolle über den Prozess des Absatzes aus. Sein Hauptvorteil besteht darin, dass der Hersteller das gesamte marketingpolitische Instrumentarium einsetzen und jederzeit alle Maßnahmen ergreifen kann, die für die Kundengewinnung erforderlich sind. Typische Formen sind:

- Ladenverkauf, zum Beispiel Geschäfte in Innenstädten oder Gewerbegebieten, Fabrikverkauf,
- Besuchsverkauf, also der Verkauf beim Kunden,
- Veranstaltungsverkauf, zum Beispiel auf Messen, Wochenmärkten, Kirmessen oder Börsen,
- Versteigerung, zum Beispiel bei Präsenz- oder Internetauktionen,
- ambulanter Verkauf, zum Beispiel als Straßenverkauf oder Haustürgeschäft,
- Versandverkauf, zum Beispiel über Kataloge, Zeitungen, Zeitschriften und Internet,
- Teleshopping, zum Beispiel über Teletext, Fernsehkanäle wie HOT oder QVC,

- Telefonverkauf, zum Beispiel durch Callcenter (aktiv (Outbound) oder passiv (Inbound), 0800-, 0180-, 0190-Nummern),
- Internetverkauf, zum Beispiel Online-Shop auf eigener Webseite, elektronische Marktplätze wie eBay oder Amazon,
- Automatenverkauf (insbesondere Süßigkeiten),
- Party-Verkauf, zum Beispiel Kundenpartys wie bei Tupperware, »Kaffeefahrten« oder anderen Events.

Der Direktvertrieb ist regelmäßig mit hohen Kosten verbunden, insbesondere gilt dies für den Ladenverkauf. Außerdem kann er auch einen hohen Organisations- und Koordinationsaufwand erfordern. Das betrifft vor allem den Besuchsverkauf, bei dem meist unternehmenseigene Außendienstmitarbeiter eingesetzt werden, die wiederum Unterstützung von anderen Mitarbeitern (*Backoffice*) brauchen. So entstehen auch relativ hohe Personalkosten. Außerdem kann jeder Vertriebsmitarbeiter nur einen gewissen Kundenstamm betreuen, was eine Massendistribution im direkten Vertrieb regelmäßig unmöglich macht.

Um diese Nachteile abzuschwächen, können unternehmensexterne Vertriebsmitarbeiter eingesetzt werden, die den Verkauf der Produkte vermitteln, aber rechtlich selbstständig sind. Zu diesen Personen gehören insbesondere diese:

- Handelsvertreter: Das sind selbstständige Gewerbetreibende, die ständig damit betraut sind, für andere Unternehmer Geschäfte zu vermitteln oder in dessen Namen abzuschließen (§§84–92e Handelsgesetzbuch (HGB)).
- Kommissionär: Der Kommissionär unterscheidet sich dadurch vom Handelsvertreter, dass er als selbstständiger Gewerbetreibender im eigenen Namen für die Rechnung seines Auftraggebers handelt (§383 HGB). Für ihn kauft und verkauft er Waren und Wertpapiere, ohne dass die Objekte in sein Eigentum übergehen. Als Vergütung erhält er eine umsatzabhängige Kommission.
- Makler: Auch der Makler ist selbstständiger Gewerbetreibender (§§93–104 HGB), der die Partner für einen Vertragsabschluss im Einzelfall auswählt und vermittelt. Dabei muss er stets die Interessen beider Seiten, die am Vertrag beteiligt sind, wahren.

!

Tipp

Der Direktvertrieb ist zu empfehlen, wenn eine der folgenden Bedingungen gegeben ist:

- begrenzte Anzahl von Abnehmern,
- starke räumliche Konzentration der Abnehmer,
- hohe Erklärungsbedürftigkeit des Produkts,
- technisch kompliziertes Produkt,
- starker Bedarf an Kundendiensten,
- konstante Nachfrage.

Der direkte Vertrieb wird daher vor allem im Investitionsgüterbereich umgesetzt, da dort meistens individuelle Lösungen mit intensivem Beratungsaufwand verkauft werden.

Indirekter Vertrieb

Der indirekte Vertrieb ist dadurch gekennzeichnet, dass externe, rechtlich selbstständige Institutionen eingeschaltet werden, typischerweise sind dies Unternehmen des Groß- oder Einzelhandels. Der indirekte Vertrieb bringt vor allem die Möglichkeit der Massendistribution mit sich. Des Weiteren kann die zeit- und kostenaufwendige Absatzfunktion an die entsprechenden Partner abgegeben werden. Dadurch geht in diesem Bereich die Kontrolle verloren, außerdem der direkte Kontakt zum Kunden und der damit einhergehende Aufbau einer engen Kundenbindung.

Die wichtigsten Betriebsformen des Groß- und Einzelhandels zeigt Tab. 2.13.

Großhandel	Merkmale
Sortimentsgroßhandel	Breites und flaches Sortiment
Spezialgroßhandel	Tiefes und schmales Sortiment
Streckengroßhandel	Produkte werden direkt vom Hersteller zum Abnehmer transportiert, keine Logistikfunktionen
Zustellgroßhandel	Logistikfunktionen werden übernommen
Cash-and-carry-Großhandel	SB-Märkte für Einzelhändler, keine Transportfunktion
Rack-Jobber	Regalgroßhändler, die bestimmte (Rand-)Sortimentsbereiche im Einzelhandel betreuen, zum Beispiel Haushaltswaren, Schreibwaren

Einzelhandel	Merkmale
Supermärkte	400 bis 1.500 Quadratmeter Verkaufsfläche, meist Selbstbedienung, vor allem Lebensmittel und Getränke, aber auch Non-Food, zum Beispiel Rewe, Edeka
Discounter	Eher kleine Verkaufsfläche, flaches Sortiment, Selbstbedienung, preisbetont, zum Beispiel Aldi, Lidl
Verbrauchermärkte	Ab 1.500 Quadratmeter Verkaufsfläche, vor allem Selbstbedienung, Food und Non-Food, zum Beispiel Extra
SB-Warenhäuser	Über 4.000 Quadratmeter Verkaufsfläche, breites und zum Teil tiefes Sortiment, vor allem Selbstbedienung, Food und Non-Food, in der Regel preisbetont
Kauf- und Warenhäuser	Breites und eher flaches Sortiment, teils mit Bedienung, teils Selbstbedienung, mehr Non-Food, in der Regel weder preisbetont noch beratungsbetont
Fachgeschäfte	Eher kleine Verkaufsfläche, bedarfs- oder branchenspezifisches Sortiment, zum Beispiel Boutiquen, Gartenfachgeschäfte, beratungsbetont
Fachmärkte	Eher große Verkaufsfläche, bedarfs- oder branchenspezifisches Sortiment wie Saturn oder Obi, eher preisbetont
Convenience-Stores	Kleine Verkaufsfläche, kleines Sortiment, zum Beispiel Tankstellen, Bahnhofsshops
Factory-Outlets	Verkauf ab Werk oder in speziellen Centern, Form des Direktvertriebs, preisbetont
Havariemärkte	Breites und flaches, zum Teil wechselndes Restpostensortiment, preisbetont, zum Beispiel Rudis Reste Rampe, Strauss Innovation
Shopping Center	Gemeinsame Ansiedlung verschiedener Fachgeschäfte und Fachmärkte mit Gastronomie- und sonstigen Dienstleistungsbetrieben wie Kinos in einem Center

Tab. 2.13: Wichtige Betriebsformen des Groß- und Einzelhandels

Die Vor- und Nachteile des direkten bzw. indirekten Vertriebs können wie in Tab. 2.14 zusammengefasst beschrieben werden.

	Vorteile	Nachteile
Direktvertrieb	Stärkere Kontrolle des Absatzgeschehens	Hoher eigener absatzorganisatorischer Aufwand
	Unmittelbare Kommunikation mit den Endabnehmern	Keine Massendistribution möglich
Indirekter Vertrieb	Breite Massendistribution möglich	Geringere Kontrolle des Absatzgeschehens (unter anderem ist keine genaue Preisbestimmung möglich)
	Abwälzung von Funktionen auf Handel/Absatzmittler	Erschwerte Informationsgewinnung über Konsumentenverhalten durch Marktferne

Tab. 2.14: Vor- und Nachteile des direkten und indirekten Vertriebs

Wahl des Absatzkanals

Welcher Absatzkanal für Sie und Ihr Unternehmen sinnvoll ist, hängt von Ihrer Vertriebsstrategie ab. Unterscheiden lassen sich folgende Vorgehensweisen:

- Beim intensiven Vertrieb wird versucht, mit vertretbarem Aufwand möglichst viele Absatzstellen in den Absatzkanal einzubeziehen. Aus Kostengründen kann durchaus auch eine Konzentration auf einzelne Absatzgebiete erfolgen. Innerhalb der gewählten Absatzgebiete ist die Erhältlichkeit der Waren hoch.
- Beim selektiven Vertrieb werden bewusst nur ausgewählte Verkaufsstellen beliefert, die den definierten Anforderungen des Herstellers genügen. Dabei geht es um eine gewünschte Exklusivität und den Vorteil von mehr Transparenz und Steuerbarkeit des Absatzkanals durch den Hersteller.
- Der Begriff »exklusiver Vertrieb« bezeichnet die Vertriebspolitik, bei der der Absatzstelle in einem begrenzten Gebiet durch Gebietsschutz eine relative Monopolstellung eingeräumt wird.
- Bei der Paralleldistribution (Multi-Channel-Distribution) werden parallel zwei oder mehrere Absatzkanäle eingeschaltet. Dadurch sinkt die Abhängigkeit von einem Absatzkanal, die Risikostreuung verbessert sich. Allerdings entstehen beim Verbraucher möglicherweise Irritationen wegen des Profils eines Produkts, etwa wenn es in völlig gegensätzlichen Absatzkanälen erhältlich ist. Zusätzlich kann der heftige Wettbewerb zwischen den Absatzkanälen um den Endabnehmer zu Querelen führen.

- Ubiquitärer Vertrieb: Ein Produkt ist in allen verfügbaren Absatzstellen eines Absatzkanals erhältlich. Dieser Ansatz ist allerdings in der Praxis nur schwer umsetzbar.

2.6.3.3.2 Logistik

Der Begriff »Logistik« umfasst die Überbrückung der zeitlich-räumlichen Distanz zwischen Anbieter und Abnehmer. Es geht vor allem um den Lieferservice mit seinen Bestandteilen

- Lieferzeit,
- Lieferzuverlässigkeit,
- Lieferbereitschaft,
- Lieferungsbeschaffenheit,
- Liefergenauigkeit und
- Lieferflexibilität.

Die Distributionslogistik verfolgt im Wesentlichen drei Ziele:

- Hohe Verfügbarkeit: Ein Käufer soll das Produkt so schnell und bequem wie möglich erwerben können.
- Kostenminimierung: Die Kosten für den Betrieb (Lager- und Transportkosten) sollten so niedrig wie möglich sein.
- Starke Einflussnahme: Der Hersteller möchte mitbestimmen, wie seine Produkte vermarktet werden. Dabei spielen die Positionierung im Regal oder auch das Konkurrenzangebot im jeweiligen Geschäft eine Rolle.

Die zentralen Ziele lassen sich nur erreichen, wenn in der Logistik einige Aufgaben erfüllt werden. Diese sind eng mit dem Absatzkanal verbunden:

- Auftragsabwicklung: Eingang, Bearbeitung, Zusammenstellung, Verpackung, Versand, Fakturierung;
- Lager: Lagerbestand, Lagersystem, Fremd- oder Eigenlager, Zentrallager oder dezentrale Lagerstellen;
- Transport: Wahl der Transportmittel, zum Beispiel Lkw, Bahn, Flugzeug etc., Transportwege und Transportorgane (eigene oder fremde Organe).

Wichtig !

Über einen guten Lieferservice lassen sich Alleinstellungsmerkmale ausbilden, die für die Kundenzufriedenheit wichtig sind. Damit können eine Abgrenzung zum Wettbewerb und eine Präferenzbildung beim Kunden erreicht werden.

2.6.3.4 Kommunikationspolitik

Im Rahmen der Kommunikationspolitik werden die Ziele und die Instrumente der Kommunikation festgelegt. Wenn es um Werbung geht, lassen sich folgende Ansätze und Ziele unterscheiden:

- institutionelle Werbung: langfristiger Aufbau eines Images,
- Markenwerbung: langfristige Bildung und Schaffung einer Marke,
- Angebotswerbung: Angebot und Eigenschaften werden beworben,
- Aktionswerbung: Sonderaktionen/-rabatte werden beworben,
- advokative Werbung: Stellungnahme zu kontroversen Themen.

Die zur Verfügung stehenden Instrumente können in zwei Kategorien eingeordnet werden:[16]

- **Above-the-line:** Dieser Begriff beschreibt medienbezogene Kommunikationsmaßnahmen, die zu einer unpersönlichen und gestreuten Ansprache der Zielgruppe eingesetzt werden. Hierzu gehören insbesondere klassische Werbung, Direktmarketing, Online-Marketing, Öffentlichkeitsarbeit und persönlicher Verkauf.
- **Below-the-line:** Dabei wird über unkonventionelle Kommunikationswege versucht, die Zielgruppe direkt und persönlich anzusprechen. Diese Form der Kommunikation soll regelmäßig von den Konsumenten nicht direkt als Werbemaßnahme wahrgenommen werden, insbesondere fallen Verkaufsförderung, Sponsoring, Produktplatzierung, Event-Marketing und Ambush-Marketing hierunter.

Teil der Werbekonzeption ist ein Plan zum optimalen Einsatz der Werbemittel. Dieser wird in folgenden Schritten erstellt:

- Strategieformulierung,
- Budgetplanung,
- Gestaltung der Werbebotschaft,
- Medienauswahl.

! **Wichtig**

Bei der Gestaltung der Werbebotschaft und der Medienauswahl müssen Sie allein Ihre Zielgruppe im Blick haben. Werbung kann nur erfolgreich sein, wenn die Kundenbedürfnisse und -wünsche besonders berücksichtigt werden. Fragen Sie sich daher:

- Woher bezieht meine Zielgruppe Produktinformationen?
- Auf welcher Grundlage treffen die Kunden Kaufentscheidung?

16 Eckardt (2010), S. 163 f.

- Was gefällt und was missfällt ihnen?
- Wie lassen sie sich beeinflussen?
- Welche Sprache sprechen sie?

2.6.3.4.1 Klassische Werbung

Klassische Werbung ist eine unpersönliche Form von Kommunikation, bei der ein klar identifizierbarer Absender für die zu sendende Botschaft bezahlt. Sie erreicht oft eine eher unspezifische Zielgruppe, gerade wenn sie in Massenmedien wie Fernsehen oder Radio geschaltet wird. Diese Art von Werbung kann über verschiedene Kanäle eingesetzt werden, zum Beispiel:

- Anzeigen in Print-Medien,
- Spots in Fernsehen und Radio,
- Außenwerbung, zum Beispiel Plakate,
- Einträge in Branchenverzeichnissen, zum Beispiel »Gelbe Seiten«,
- Werbegeschenke (*give-aways*).

2.6.3.4.2 Direktmarketing

Als Direktmarketing werden Maßnahmen bezeichnet, die Kunden individuell adressieren und ansprechen. Hierzu gehören beispielsweise

- Telefonanrufe,
- personalisierte Briefe (Mailing),
- Kontakt über elektronische Medien, zum Beispiel Telefax, E-Mail, SMS,
- Versand adressierter Drucksachen, zum Beispiel Prospekte, Broschüren, Versandhauskataloge, Flugzettel oder Preislisten.

Beim Direktmarketing geht es vor allem darum, Neukunden zu generieren; die Kundendaten werden über Adresskäufe oder Kontaktformulare auf Webseiten gesammelt. Dennoch wird es auch für Bestandskunden eingesetzt, zum Beispiel in Form von Direkt-Mailings oder Newsletter per Post für die Bestandkunden.

2.6.3.4.3 Online-Marketing

Das Online-Marketing umfasst alle Marketingmaßnahmen, die über das Internet erfolgen.

! **Wichtig**

Wer online verkauft, sollte auch online auf sich aufmerksam machen. Denn hier finden sich potenzielle Käufer, die nur einen Klick vom eigenen Shop entfernt sind.

Heutzutage gewinnt das Online-Marketing immer mehr an Bedeutung, da das Internet die geschäftlichen sowie die privaten Bereiche immer stärker durchdringt. Ein Vorteil ist, dass sich dies sehr kostengünstig gestalten lässt. Außerdem zeichnet sich dieser Weg durch Vielfältigkeit und Einfachheit aus.

Online-Werbeanzeigen werden mit verschiedenen Bezahlmodellen abgerechnet. Die häufigsten sind:

- *Cost per click* (CPC): Hier ist jeder Klick auf einen Link oder Banner kostenpflichtig.
- *Cost per view* (CPV): Die Kosten hängen davon ab, wie oft die Werbung eingeblendet (*Impressions*) wurde.
- *Cost per order* (CPO): Eine Gebühr fällt nur an, wenn die Werbemaßnahme zu einer Bestellung führt.

Im Folgenden werden die wichtigsten Online-Werbearten vorgestellt.

Unternehmenswebseite

Eine Unternehmenswebseite stellt nicht einfach nur die Präsenz im Internet dar. Vielmehr sorgen eine ansprechende Gestaltung und inhaltlich wertvolle Texte und Informationen dafür, dass sie als Mittel zur Neukundengenerierung eingesetzt werden kann. Denn der potenzielle Kunde hat damit die Möglichkeit, etwas über das betreffende Unternehmen und sein Portfolio zu erfahren.

Suchmaschinenmarketing

Das Suchmaschinenmarketing (*Search Engine Marketing,* SEM) dient dazu, Interessenten über Suchmaschinen auf die eigene Website aufmerksam zu machen und dadurch mehr Besucher und mehr Neukunden zu gewinnen. Das Suchmaschinenmarketing unterteilt sich folgendermaßen:

- Die Suchmaschinenwerbung (*Search Engine Advertising,* SEA) hat zum Ziel, über bestimmte Schlüsselwörter (*AdWords*) als Anzeige im Suchmaschinenportal gelistet zu werden. Die Anzeigen werden gesondert am Seitenrand oder vor den Suchergebnissen aufgeführt und sollen so zu mehr Traffic auf der eigenen Webseite führen.
- Mit der Suchmaschinenoptimierung (*Search Engine Optimization,* SEO) wird versucht, Inhalte einer Webseite, die besonders wichtig sind, von der Suchmaschine auffinden zu lassen. Das Ziel besteht darin, dass die Webseite in den Trefferlisten möglichst oft und zu Beginn – idealerweise als eines der ersten zehn Ergebnisse – aufgeführt wird.

!

Tipp

Zu den weltweit am meisten genutzten Tools für Suchmaschinenwerbung gehört Google AdWords. Diese AdWords-Plattform ermöglicht folgende Werbeformen, die auch miteinander kombiniert werden können:

- Textanzeigen: Werbekunden wählen Keywords aus, die dazu führen, dass die klassischen Textanzeigen über und unter den organischen Ergebnissen eingeblendet werden. In der Regel werden an diesen Stellen eine bis vier Textanzeigen eingefügt.
- Google-Shopping-Anzeigen: Die Aussteuerung der Produktanzeigen erfolgt über Informationen im Datenfeed. Alternativ zu den Google-Shopping-Anzeigen können Amazon-Produktanzeigen geschaltet werden.
- Display-Anzeigen: Text- oder Bildanzeigen werden auf Webseiten oder Plattformen geschaltet, die zum Google-Werbenetzwerk gehören.

Banner

Ein Banner erscheint auf den Internetseiten von Partnern und ist in der Regel mit der Webseite des Werbungstreibenden verbunden, sodass der Nutzer durch einen Klick auf das entsprechende Online-Angebot gelangt. Die Wirksamkeit von Bannern hängt nicht nur von ihrer Gestaltung, sondern auch von der Positionierung ab. Banner können auch für Pop-ups, Pop-under oder Flashsites eingesetzt werden, und zwar nicht nur, um den Absatz zu steigern, sondern auch, um die eigene Bekanntheit zu steigern.

E-Mail-Marketing

Beim E-Mail-Marketing werden Newsletter mit den neusten Informationen über das Unternehmen verschickt. Hierbei handelt es sich um eine effiziente und vor allem kostengünstige Werbeform, vorausgesetzt sie richtet sich an die relevante Zielgruppe, spricht diese richtig an und enthält bedeutsamen Inhalt (keine Spams!). Grundsätzlich lässt sich E-Mail-Marketing in zweierlei Hinsicht betreiben:

- Versand eines eigenen Newsletters: Hierfür müssen die E-Mail-Adressen der Kunden rechtmäßig erworben sein, zum Beispiel über eine Registrierung auf der Unternehmenswebseite und die Erklärung des Kunden, dass er mit dem Erhalt von Newslettern einverstanden ist.
- Versand von Newslettern über fremde Verteiler: Hier werden die Verteilerlisten anderer Unternehmen genutzt, um Werbung zu schalten. Dabei ist besonders darauf zu achten, dass auch die richtige Zielgruppe angesprochen wird.

Affiliate-Marketing

Affiliate-Marketing ist ein virtuelles Filial-Vertriebssystem, das auf erfolgsabhängiger Vergütung basiert. Mit Affiliate-Marketing-Systemen vermarkten Firmen ihre Produkte und Dienstleistungen auf Partner-Webseiten. Interessiert sich ein Kunde für eines dieser Angebote, wird er mit einem Klick direkt auf die Seiten der werbetreibenden Firma geleitet. Die Überwachung des Kundenverhaltens (*Tracking*) sowie die komplette Abrechnung übernimmt in der Regel der Affiliate-Partner.

Mobile Marketing

Mobile Marketing ist ein stark wachsender Bereich, der sich auf alle Werbemöglichkeiten rund um das Mobiltelefon konzentriert, zum Beispiel SMS. Dieser Markt ist noch relativ neu, die Wirksamkeit daher noch nicht erprobt.

Branchenportale

Zielgruppenspezifische Portale können genutzt werden, um die eigene Bekanntheit zu steigern und auf sich aufmerksam zu machen. Dabei sollte die Besonderheit jedes Portals beachtet und geprüft werden, zudem, ob die Nutzer des jeweiligen Portals tatsächlich zur Zielgruppe gehören.

Produktsuchmaschinen

Die Einbindung der Angebote eines Shops in eine Produktsuchmaschine führt dazu, auf Portalen mit Shoppingbereich oder auf Preisvergleichsseiten gelistet zu werden. Die Integration erfolgt über standardisierte Datenschnittstellen der Anbieter. Um die eigene Positionierung zu optimieren, empfiehlt es sich, eine möglichst hohe Datenqualität bereitzustellen, da die meisten Produktsuchmaschinen ihre Suchergebnisse nach Relevanz sortieren.

Internetforen

Internetforen und Unternehmensblogs nutzen die Kunden, um sich über ihre Erfahrungen auszutauschen. Für die Unternehmen besteht hier die Möglichkeit, eigene Beiträge einzustellen.

RSS-Feeds

RSS-Feeds gehen nicht vom Unternehmen aus, sondern der Nutzer fordert sie an. Er bekommt automatisch eine Benachrichtigung, sobald eine Änderung auf einer von ihm ausgewählten Webseite vorgenommen wird. Der Nutzer bleibt anonym und das Unternehmen nimmt ihn nicht zwingend in einen Verteiler auf.

Social-Network-Plattformen

Social-Network-Plattformen wie Twitter oder Facebook bieten Unternehmen die Gelegenheit, sich zu präsentieren und ihre Abonnenten oder Follower auf dem Laufenden zu halten. Besondere Werbeaktionen können hier veröffentlicht werden oder auch Pressemitteilungen oder andere Neuigkeiten. Ebenso haben Unternehmen die Möglichkeit, Werbung zu schalten, um ihren Bekanntheitsgrad zu steigern.

2.6.3.4.4 Öffentlichkeitsarbeit

Hauptziel der Öffentlichkeitsarbeit (Public Relations, PR) ist der Aufbau von Beziehungen zwischen dem Unternehmen und der Öffentlichkeit. Dabei werden vor allem die Unternehmen ins positive Licht gerückt und ihre Aktivitäten möglichst medienwirksam in den Vordergrund gestellt. Adressaten sind insbesondere Medien, Journalisten, Anleger, Kunden, aber auch Lieferanten. Zu den Instrumenten der Öffentlichkeitsarbeit gehören:

- Pressemeldungen,
- E-Mail-Newsletter,
- Pressekonferenzen,
- Interviews,
- redaktionelle Pressearbeit,
- Berichte über unternehmerische Erfolge (*success-storys*).

2.6.3.4.5 Persönlicher Verkauf

Der persönliche Verkauf zielt auf direkte Verkaufsgespräche zwischen Verkäufer und Kunden ab. Dabei ist die Akquise von Neukunden ebenso Bestandteil des Aufgabenspektrums wie die persönliche Beratung, die Bearbeitung von Reklamationen und der direkte Kundendienst. Durch den persönlichen Kontakt entstehen enge, intensivere Kundenbindungen.

2.6.3.4.6 Verkaufsförderung

Die Verkaufsförderung beschreibt das zeitlich begrenzte, personen- und sachbezogene Erweitern des Leistungsangebots mit dem Ziel, ein Produkt mit zusätzlichen Anreizen (*incentives*) zu versehen und dadurch Absatzmittler oder Käufer positiv zu beeinflussen. Das bewirkt regelmäßig auch eine Kundenbindung. Die Verkaufsförderung kann beispielsweise folgende Formen haben:

- Produktproben,
- Verköstigungen,
- Geschenke,
- Produktschulungen,
- Verkaufswettbewerbe,
- Gewinnspiele,
- Sonderangebote,
- Sonderpackungen,
- Rabatte,
- Werbekostenzuschüsse.

2.6.3.4.7 Sponsoring

Sponsoring beinhaltet eine Vereinbarung zwischen zwei Parteien, dass der Sponsor dem Gesponserten finanzielle Mittel oder Sachmittel zur Verfügung stellt. Als Gegenleistung ist der Gesponserte verpflichtet, auf den Sponsor hinzuweisen, etwa indem er dessen Logo verwendet. Diese Art von Werbung ist sehr populär im Sport, aber auch in den Bereichen Soziales, Kultur und Umwelt findet Sponsoring Anwendung.

! **Achtung**

Eine Nebenart des Sponsorings ist das *Ambush-Marketing* Hierunter fallen Marketingaktivitäten, bei denen eine Firma von den positiven Assoziationen mit einem Großereignis profitieren will, ohne die Lizenzgebühren an den Organisator zu bezahlen. Zum Beispiel verteilte der Sportartikelhersteller Nike vor dem Finale der Fußball-Weltmeisterschaft im Jahr 1994 zwischen Brasilien und Italien massenhaft Nike-Baseballmützen in den Farben der brasilianischen Mannschaft an die Fans. Diese waren während der Fernsehübertragung deutlich wahrzunehmen.

2.6.3.4.8 Produktplatzierung

Bei der Produktplatzierung (product-placement) geht es darum, Produkte so unauffällig wie möglich in Kinofilmen oder Fernsehserien auftauchen zu lassen. Ziel ist es, dass die Konsumenten diese Produkte nicht bewusst, sondern nur am Rande wahrnehmen.

2.6.3.4.9 Event-Marketing

Unter Events werden inszenierte Ereignisse verstanden, die durch erlebnisorientierte firmen- oder produktbezogene Veranstaltungen emotionale Reize darbieten und einen starken Aktivierungsprozess auslösen.[17] Hierzu gehören unter anderem:

- Messen, zum Beispiel Fachmessen oder Hausmessen,
- Ausstellungen,
- Betriebsbesichtigungen,
- Pressekonferenzen,
- Jubiläumsfeiern,
- Seminare.

17 Nufer (2011).

Um die Einzigartigkeit und das exklusive Erlebnisgefühl zu erhalten, ist es ratsam, solche Events nicht allzu häufig stattfinden zu lassen. Die Besucher solcher Events sollten eine entspannte Wohlfühlatmosphäre erleben.

Wichtig !

Wenn Sie vor der Entscheidung stehen, welche Art von Werbung für Ihr Unternehmen die beste ist, sollten Sie nicht nur das Werbebudget im Auge haben. Bedenken Sie auch deren Wirkung, die Streuverluste und die zeitliche Dimension. Grob lässt sich Folgendes sagen:

- Klassische Werbung, Sponsoring, Öffentlichkeitsarbeit und Produktplatzierung eignen sich eher für den langfristigen Aufbau eines Images. Sie sind häufig mit großen Streuverlusten verbunden und setzen hohe Werbebudgets voraus (insbesondere bei Fernsehspots).
- Online-Marketing und Event-Marketing wirken eher mittelfristig, punkten dann aber meist mit hoher Effektivität.
- Zu den kurzfristigen Werbemaßnahmen gehören insbesondere das Direktmarketing und der persönliche Verkauf. Die Streuverluste sind gering und die Kosten überschaubar.

2.6.3.5 Ausstattungspolitik

Die Ausstattungspolitik beschäftigt sich damit, wie das Umfeld, in dem Dienstleistungen erbracht werden, beispielsweise Ladenlokal, Büroräume, Kundenlounge oder Rezeption, gestaltet werden soll. Da eine Dienstleistung nicht physisch greifbar ist, fehlen dem Kunden nämlich wichtige Kriterien, um deren Qualität zu beurteilen. Hilfsweise orientiert er sich am sichtbaren Umfeld, bevor und während er eine Dienstleistung in Anspruch nimmt. Es gilt also, ein kundenspezifisches Ambiente zu erzeugen, um die Dienstleistungsqualität zu demonstrieren und zu belegen. Hierzu tragen beispielsweise folgende Aspekte bei:

- architektonische Gestaltung der Gebäude und Räume,
- Geschäftsausstattung,
- Licht- und Soundkonzepte,
- Dienstwagen (unauffällig, sportlich, protzig),
- Erscheinungsbild der Mitarbeiter (gepflegtes Äußeres, Dienstuniform),
- Design der Unternehmenswebseite.

2.6.3.6 Personalpolitik

Kaufen Kunden eine Dienstleistung ein, so kommen sie primär mit dem Personal des beauftragten Unternehmens in Kontakt. Es ist daher wichtig, dass diese Mitarbeiter den gewünschten Eindruck bei den Kunden hinterlassen. Dies setzt voraus, dass die Mitarbeiter entsprechend qualifiziert und kompetent sind. Dies zu gewährleisten ist Aufgabe der Personalpolitik. Sie umfasst alle Instrumente, mit denen direkt Einfluss genommen werden kann:

- Personalauswahl,
- Aus- und Weiterbildung,
- Personalentwicklung,
- Personalführung,
- Kommunikation mit und zwischen den Mitarbeitern,
- Freisetzung der Mitarbeiter.

2.6.3.7 Prozesspolitik

Die Prozesspolitik beschreibt alle Aktivitäten, die bei der Ausführung einer Dienstleistung von Anfang bis Ende zu erledigen sind. Ziel ist es, Prozesse effizient und kundenorientiert zu gestalten. Dies ist von Bedeutung, da ein Prozess

- beim Kunden beginnt,
- beim Kunden endet und
- einen Wert für den Kunden schafft.

Ein hilfreiches Werkzeug für die Optimierung eines Prozesses ist der sogenannte Service-Blueprint. Dabei handelt es sich um eine schematische Darstellung, die alle Details einer Dienstleistung aus Sicht der Kunden und des Anbieters enthält und aufzeigt, wie die verschiedenen Komponenten miteinander verzahnt sind. Der Service-Blueprint sortiert die Aktivitäten des Dienstleistungsprozesses nach ihrem zeitlichen Ablauf und ihrer Nähe zum Kunden. Dadurch werden wichtige Informationen auf einen Blick sichtbar:

- zeitliche Abläufe,
- Schnittstellen(-probleme),
- Entscheidungssituationen,
- Fehlerquellen und Schwachstellen,
- für den Kunden sichtbare und nicht sichtbare Bereiche.

Kern des Service-Blueprints ist die chronologische Darstellung, ausgerichtet an den folgenden Linien:

- Sichtbarkeitslinie: Alle Aktivitäten unterhalb dieser Linie sind für den Kunden unsichtbar (*backstage*), die oberhalb in seinem Blickfeld (*onstage*).
- Externe Interaktionslinie: Der für den Kunden sichtbare Bereich lässt sich nochmals unterteilen. Oberhalb der externen Interaktionslinie liegen die Aktivitäten, bei denen der Kunde selbst aktiv mitarbeitet, unterhalb davon die Tätigkeiten, die im Blickfeld des Kunden durch den Anbieter erbracht werden.
- Interne Interaktionslinie: Sie trennt im Backstage-Bereich die Aktivitäten der Serviceabteilung von denen anderer Fachabteilungen.
- Vorplanungslinie: Sie grenzt die Aktivitäten des Dienstleistungserstellungsprozesses von vorbereitenden Aktivitäten ab.
- Implementierungslinie: Unterhalb der Implementierungslinie können alle Managementaktivitäten gesondert beschrieben werden.

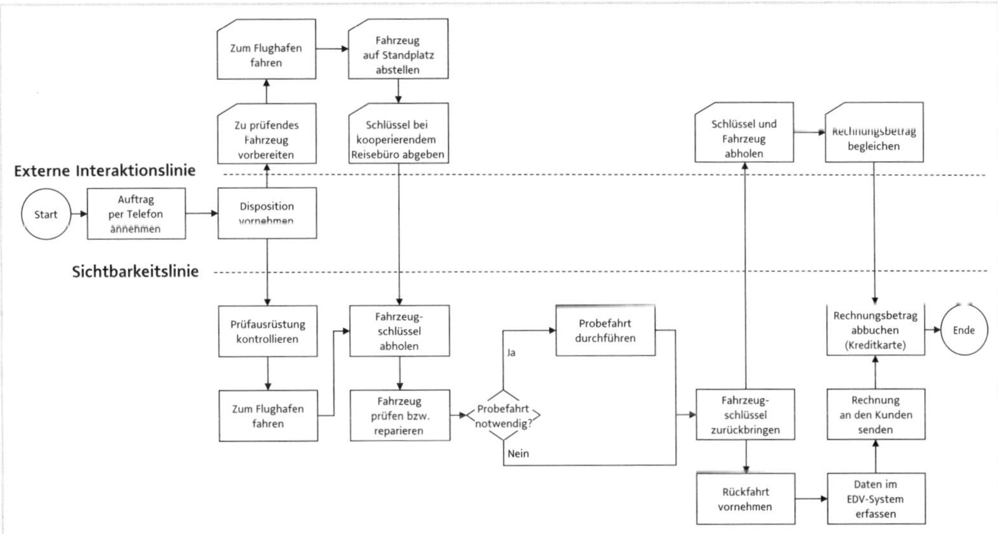

Abb. 2.35: Service-Blueprint am Beispiel des Airport-Services eines Autohauses

Der Vorteil dieser Methode liegt darin, dass die wenigen einzelnen Symbole bereits inhaltliche Aussagekraft haben. So wird einem geübten Leser beim Blick auf einem Service-Blueprint sehr schnell deutlich, an welchen Stellen Kunden in den Ablauf eintreten, wo bestimmte Ereignisse, Aktionen und Entscheidungen stattfinden und wo besondere Fehlerquellen sowie Optimierungspotenziale liegen.

2.7 Unternehmenskonzept

Im Rahmen des Unternehmenskonzepts stellen Sie nun dar, wie Sie Ihr Unternehmen intern aufstellen wollen, um Ihr Produkt erfolgreich am Markt zu platzieren.

2.7.1 Gründerprofil

Hierfür stellen Sie zunächst sich selbst kurz vor, gehen Sie dabei insbesondere auf folgende Fragen ein:

- Warum möchten Sie sich selbstständig machen?
- Welche Ziele verfolgen Sie (Visionen oder Leitbilder)?
- Über welche Ausbildung und zusätzliche Qualifikationen verfügen Sie?
- Welche relevanten Erfahrungen haben Sie bereits gemacht, zum Beispiel Berufserfahrung, Führungserfahrung, vorherige Selbstständigkeit?
- Bestehen Kontakte zu Kunden, Lieferanten, Beratern und Investoren?

Sind weitere Gründungsmitglieder beteiligt, erstellen Sie für diese ebenfalls ein solches Profil. Legen Sie zusätzlich dar, ob und inwieweit Sie

- bereits mit ihnen zusammengearbeitet haben,
- die gleichen Ziele verfolgen,
- sich gegenseitig ergänzen,
- die gleiche Risikobereitschaft aufbringen.

! **Wichtig**

Für Kapitalgeber ist die Gründerpersönlichkeit ein besonders wichtiger Aspekt. Eine Idee ist nämlich immer nur so gut wie die Person, die sie verwirklichen will.

2.7.2 Geschäftsmodell

Anschließend legen Sie dar, wie Ihr Geschäftsmodell konkret aussehen soll. Ziehen Sie dazu die Ergebnisse Ihrer Vorüberlegungen heran (vgl. Kapitel 1.5). Der Fokus liegt dabei auf der Wertschöpfungskette (*value chain*). Sie umfasst die Abfolge der Aktivitäten, die ein Unternehmen durchführt, um seine Produkte zu entwerfen, herzustellen, zu verkaufen, auszuliefern und zu betreuen, um ein marktfähiges Produkt mit einem Mehrwert zu schaffen. Der eigentliche Wertschöpfungsprozess kann anhand von fünf Primärkategorien beschrieben werden, aus denen die Wertschöpfungskette aufgebaut ist.[18] Zu den Primäraktivitäten zählen:

- Eingangslogistik,
- Operationen,
- Marketing und Verkauf,
- Ausgangslogistik,
- Kundendienst.

Diese Primäraktivitäten bilden eine Kette, die ausgehend von der Produktherstellung über den Verkauf bis hin zur Betreuung der Kunden reicht. Der Wertschöpfungsprozess wird zudem durch vier Unterstützungsaktivitäten ergänzt, dazu gehören:

- Unternehmensinfrastruktur,
- Personalwirtschaft,
- Technologieentwicklung,
- Beschaffung.

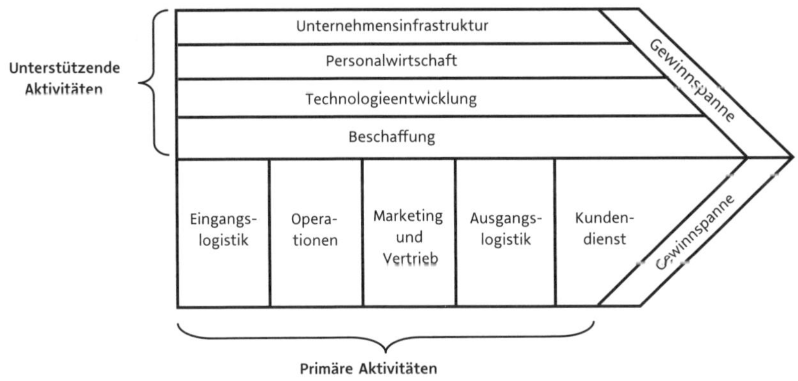

Abb. 2.36: Wertschöpfungskette

Obwohl die unterstützenden Aktivitäten nicht direkt zur Leistungserstellung beitragen, lassen sich mit ihnen Wettbewerbsvorteile durch die Gestaltung von effizienten Prozessen erzielen. Folglich hat jede einzelne Aktivität innerhalb der Wertkette das Potenzial, Differenzierungsansätze aufzuzeigen, aus denen Wettbewerbsvorteile generiert werden können.

18 Porter (2014).

Legen Sie bei der Beschreibung Ihres Geschäftsmodells auch dar, auf welche Tätigkeiten sich Ihr Unternehmen konzentrieren will (Kerngeschäft) und welche Tätigkeiten spezialisierte Unternehmen ausführen sollen. Solche Partnerschaften sind dann regelmäßig vorteilhaft, wenn die Partner bestimmte Leistungen günstiger oder besser als das eigene Unternehmen anbieten können (Make-or-buy-Entscheidung). Außerdem ergibt sich bei der Zusammenarbeit mit anderen Unternehmen häufig wertvolles Feedback zur eigenen Vorgehensweise, was zu Verbesserungen führen kann.

! **Tipp**

Beachten Sie bei der Wahl Ihrer Partnerschaften folgende Aspekte:

- Strategische Bedeutung: Leistungen, die Ihren Wettbewerbsvorteil ausmachen, sollten Sie besser nicht auf andere Unternehmen übertragen. Es besteht sonst die Gefahr, dass Ihr Partner Ihr Know-how selbst verwertet oder an Wettbewerber weitergibt.
- Preis-Leistungs-Verhältnis: Vergleichen Sie die Fähigkeiten der möglichen Partner, zum Beispiel bezüglich Qualität und Zuverlässigkeit, und deren Preise, zum Beispiel Einkaufspreise, Honorare, Lizenzgebühren und Provisionen.
- Marktangebot: Es empfiehlt sich regelmäßig, mit mehreren Anbietern zu verhandeln, um bessere Konditionen zu erhalten. Eine feste Partnerschaft führt zudem zu einer starken Abhängigkeit.

2.7.3 Organisation

Des Weiteren stellen Sie dar, wie Ihr Unternehmen strukturiert werden soll, dabei ist zwischen der Aufbau- und der Ablauforganisation zu unterscheiden.

2.7.3.1 Aufbauorganisation

Die Aufbauorganisation eines Unternehmens ist eine künstlich geschaffene Ordnung, die für eine gewisse Dauer besteht und ein zielgerichtetes, wirtschaftliches Handeln überhaupt erst ermöglicht. Ihr Sinn besteht darin, für eine klare Verteilung und Abgrenzung der betrieblichen Aufgaben zu sorgen und eine bestimmte Ordnung der Zuständigkeiten und Verantwortungen im Betrieb zu schaffen (Hierarchie). Insoweit existieren verschiedene Konzepte, die jeweils spezifische Eigenheiten sowie typische Stärken und Schwächen aufweisen. Sie lassen sich auf das jeweilige Unternehmen zuschneiden, um die Stärken zu kombinieren und die Schwächen zu reduzieren. Die wichtigsten werden im Folgenden dargestellt.[19]

2.7.3.1.1 Einliniensystem

Beim Einliniensystem soll jede untergeordnete Instanz jeweils nur von einer übergeordneten Stelle Weisungen erhalten (siehe Abb. 2.37).

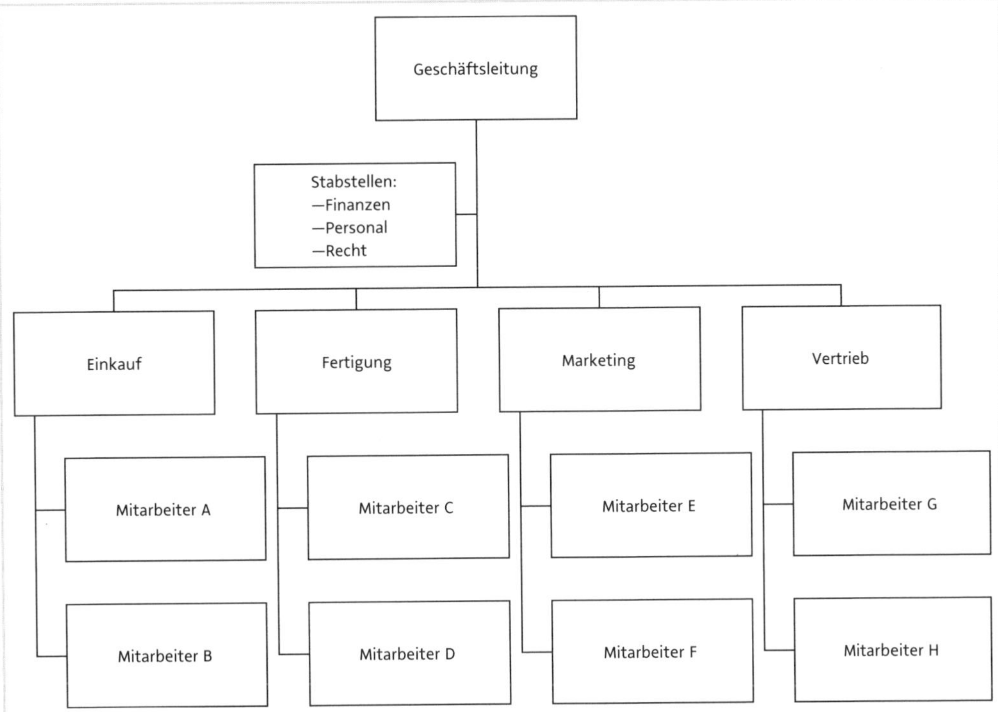

Abb. 2.37: Aufbauorganisation nach dem Einliniensystem

Dieses System besticht durch seinen verhältnismäßig einfachen und klaren Aufbau, die eindeutigen Unterstellungsverhältnisse und die genaue Kompetenzabgrenzung. Nachteilig sind die fehlende Dynamik, die oftmals zeitaufwendigen und umständlichen Kommunikationswege zwischen den Ebenen sowie eine hohe Belastung der oberen Hierarchieebenen mit Koordinationsaufgaben.

19 Bühner (2004).

2.7.3.1.2 Mehrliniensystem

Das Mehrliniensystem hingegen gliedert sich nach dem Prinzip des kürzesten Weges, was das schnelle Erteilen und Ausführen von Anweisungen fördert. Hierbei sind mehrere übergeordnete Stellen gegenüber den nachgeordneten Einheiten im Rahmen ihres jeweiligen Aufgabengebiets weisungsbefugt (siehe Abb. 2.38).

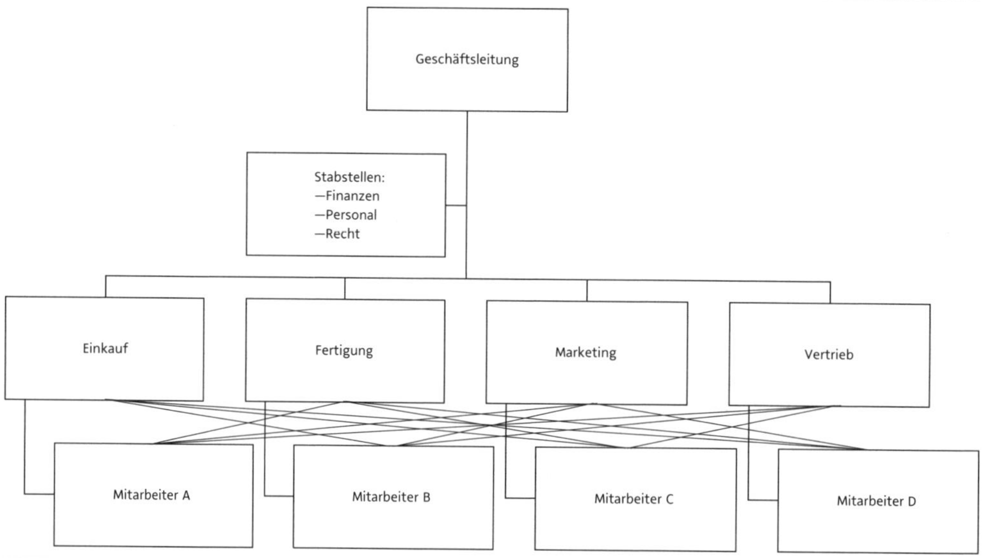

Abb. 2.38: Aufbauorganisation nach dem Mehrliniensystem

Vorteile dieses Systems sind die Spezialisierung durch die Aufteilung in Funktionsbereiche, die direkten Weisungs- und Informationswege sowie die Möglichkeit, durch das produktive Konfliktpotenzial neuartige Lösungen zu finden. Dem gegenüber stehen die Schwierigkeiten der Fehlerzurechnung, die schwierige Abgrenzung bei Zuständigkeiten und Kompetenzen sowie die Möglichkeit, dass die zunächst produktiven Konflikte persönlich oder kontraproduktiv werden.

2.7.3.1.3 Stabliniensystem

Das Stabliniensystem ist eine Verknüpfung des Einliniensystems mit dem Mehrliniensystem, so können die Vorteile beider Systeme genutzt und die Nachteile reduziert werden. Der Linie werden hier eine oder mehrere Stabsstellen zur Seite gestellt. Das Ziel ist, die jeweiligen Instanzen zu entlasten und sie qualifiziert zu unterstützen. Aus diesem Grund haben Stabstellen nur eine beratende Funktion jedoch keinerlei Weisungs- und Entscheidungsbefugnisse (siehe Abb. 2.39).

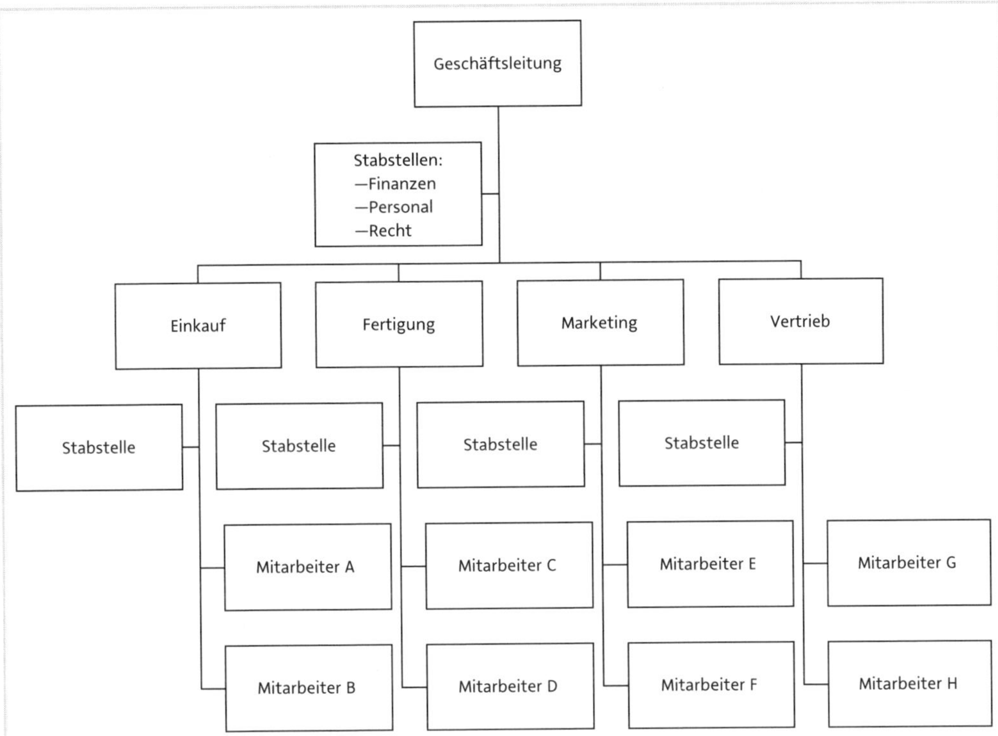

Abb. 2.39: Aufbauorganisation nach dem Stabstellensystem

Auch dieses System ist nicht vollkommen frei von Nachteilen. Da Stabstellen zumeist mit Experten besetzt werden müssen, die fachlich hoch qualifiziert sind, kann es dazu führen, dass die Stabsmitglieder sich wegen mangelnder Kompetenz hinsichtlich der Weisungsbefugnis unterfordert und demotiviert fühlen.

2.7.3.1.4 Matrixorganisation

Die Matrixorganisation setzt das Einliniensystem fort. Sie ist in ihrer Grundform mehrdimensional organisiert. Dieser Organisationsablauf zeichnet sich durch seine hohe Spezialisierung aus, die die gleichzeitige Zerlegung der betroffenen Entscheidungsprozesse in einzelne Abläufe mit sich bringt (siehe Abb. 2.40).

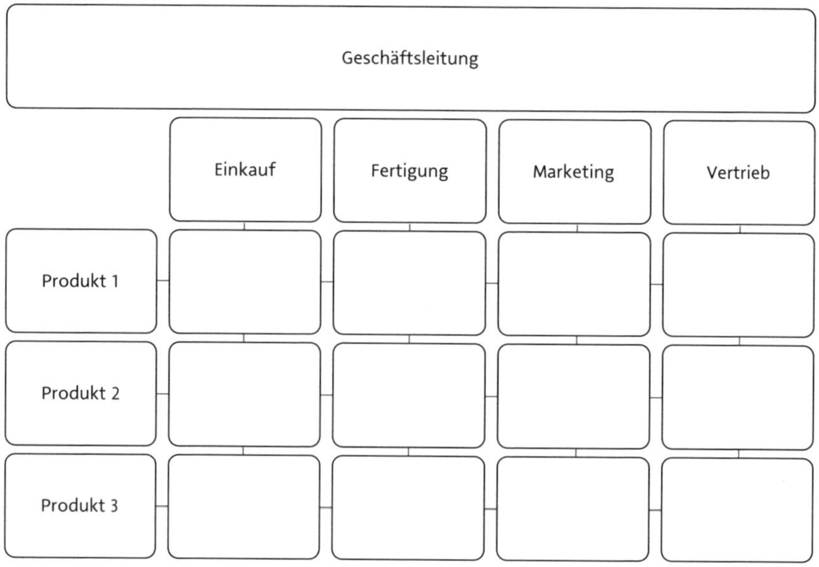

Abb. 2.40: Aufbauorganisation mit der Matrixorganisation

In der Matrixorganisation sind typischerweise alle Bereiche gleichberechtigt, in der Regel besteht daher ein hoher Kommunikationsbedarf. Außerdem können insbesondere bei der Verteilung von Ressourcen betriebsinterne Konflikte entstehen, wenn ein Produkt beispielsweise große Marketingkapazitäten beansprucht, die den anderen Produkten dann nicht mehr zur Verfügung stehen.

2.7.3.2 Ablauforganisation

Mit der Ablauforganisation sollen die Arbeitsprozesse (Workflow), die teilweise nacheinander oder nebeneinander ablaufen, optimal aufeinander abgestimmt werden. Folgende Hauptziele lassen sich daraus ableiten:

- Minimierung der Durchlaufzeiten: Die Herstellung eines Gutes oder einer Dienstleistung soll in möglichst kurzer Zeit erfolgen.
- Optimale Auslastung der Sachmittel und Arbeitskräfte: Um möglichst kostensparend zu produzieren, müssen Leerlaufzeiten vermieden oder anderweitig sinnvoll genutzt werden.
- Terminsicherung: Mithilfe der Ablauforganisation lassen sich die Termine der Fertigstellung berechnen sowie deren Einhaltung überwachen.

Für die Gestaltung von Geschäftsprozessen sind zunächst die Kernprozesse zu identifizieren. Diese werden dann in Teilprozesse und diese wiederum in Einzelaktivitäten zerlegt. Einzelaktivitäten stellen die kleinste Einheit dar und können an einem Arbeitsplatz ohne Unterbrechungen und ohne Beziehungen zu anderen Aktivitäten durchgeführt werden. Die einzelnen Schritte werden vollständig aufgezeichnet und dann zueinander in Beziehung gesetzt (siehe Abb. 2.41).

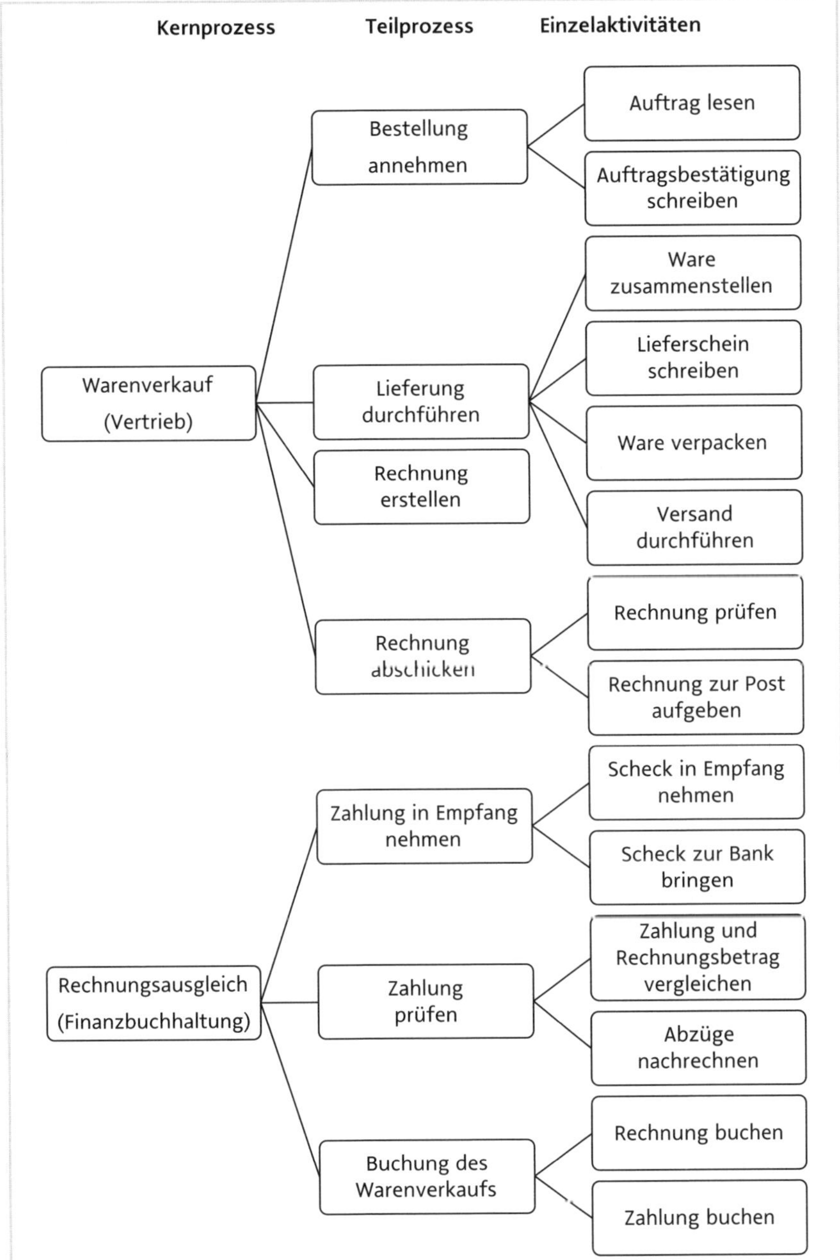

Abb. 2.41: Beispiel einer Ablauforganisation

Die Optimierung der Prozesse erfolgt mit folgenden Methoden:

- Eliminieren: Teilschritte ohne bzw. mit nur geringer Wertschöpfung sind möglichst zu streichen.
- Auslagern: Für Teilschritte, die von externen Anbietern billiger oder besser erbracht werden können, ist Outsourcing zu erwägen.
- Beschleunigen: Bisher nacheinander bearbeitete Teilprozesse können eventuell parallel bearbeitet werden. Leerzeiten sind zu vermeiden, beispielsweise durch veränderte Bearbeitungsregeln oder Bearbeitungsreihenfolgen.
- Schnittstellen minimieren: Durch Zusammenfassen mehrerer Teilprozesse oder eine Umgestaltung der Organisationsstruktur (Aufgabenbereiche, Verantwortlichkeiten) lassen sich Schnittstellen reduzieren. Angestrebt werden sollte eine Übereinstimmung von Prozessstruktur und Verantwortungsstruktur.

2.7.4 Mitarbeiter

Weiterhin sollten Sie Ihre Mitarbeiterplanung offenlegen. Dabei geht es nicht um die bloße Anzahl, sondern darum, folgende Fragen zu klären:

- Welche wichtigen Mitarbeiter beschäftigen Sie bereits?
- Welche Mitarbeiter wollen Sie noch rekrutieren?
- Wie wollen Sie sicherstellen, dass die Mitarbeiter langfristig im Unternehmen bleiben?
- Welche fehlenden Fähigkeiten oder Kapazitäten sollen durch die Mitarbeiter ausgeglichen werden?

2.7.5 Standort

Sodann ist der Unternehmensstandort (Sitz des Unternehmens) zu benennen und zu beschreiben. Kommen verschiedene Standorte in Betracht, können Sie die Auswahl des besten Standorts anhand einer Nutzwertanalyse (siehe Kapitel 2.5.3.4.2) treffen. Zur Bewertung und Auswahl eignen sich beispielsweise die im Folgenden dargestellten Kriterien.

- Marktnähe:
  - Bevölkerungsstruktur, zum Beispiel Alter, Kaufkraft, Kaufgewohnheiten,
  - Nähe zur Zielgruppe,
  - Abstand zur Konkurrenz,

  - Standorte von Partnern,
  - Materialbeschaffung (Rohstoffe, Lieferanten),
  - Arbeitsmarkt (Qualifikation, Gehaltsniveau).
- Standortkosten:
  - Miete,
  - Gebäude- und Grundstückspreise,
  - Bezugs- und Erschließungskosten, zum Beispiel für Gas, Wasser, Strom,
  - Fördermöglichkeiten, zum Beispiel Steuervergünstigungen, regionale Wirtschaftsförderung,
  - Steuerbelastung durch Gemeindesteuern.
- Infrastruktur:
  - Verkehrsanbindungen und Parkraum für Kunden und Lieferanten,
  - Transportmöglichkeiten (Bahn, Post, Straße, Flughafen),
  - Schaufenster,
  - Lagermöglichkeiten,
  - Verfügbarkeit von Kommunikationseinrichtungen, zum Beispiel Breitbandinternet,
  - Serviceeinrichtungen, zum Beispiel Banken, Rechtsanwälte, Kurierdienste,
  - Forschungseinrichtungen, zum Beispiel Nähe zu Technologiezentren oder Universitäten,
  - Sicherheit, zum Beispiel Kriminalität, Naturkatastrophen, politische und wirtschaftliche Stabilität,
  - kulturelles Angebot, zum Beispiel Gastronomie oder Freizeiteinrichtungen.
- Rechtliche Vorgaben:
  - Umweltschutzauflagen, zum Beispiel Lärmschutz, Luftreinhaltung, Entsorgung,
  - regulatorische Vorgaben, zum Beispiel durch Flächennutzungs- und Bebauungspläne,
  - Auswirkungen von Planungen der Kommune.

! **Beispiel**

Standort		A		B		C	
	Bedeutung	Bewertung	Gewichtung	Bewertung	Gewichtung	Bewertung	Gewichtung
Kundennähe	8	6	48	5	40	3	24
Abstand zur Konkurrenz	5	4	32	6	48	8	64
Miete	10	7	56	5	40	2	16
Parkraum	9	7	56	6	48	7	56
Schaufenster	9	5	40	3	24	6	48
Lager	4	6	48	8	64	5	40
Umweltschutzauflagen	1	7	56	8	64	4	32
Summe			**336**		**328**		**280**

Tab. 2.15: Nutzwertanalyse zum Standort

Ergebnis: Standort A ist der Vorzug zu geben.

2.7.6 Rechtsform

Schließlich müssen Sie angeben, in welcher Rechtsform Sie Ihr Unternehmen führen wollen und welche Gründe dafür sprechen. In Deutschland gibt es verschiedene Rechtsformen, um ein Unternehmen zu organisieren, jede hat Vor- und Nachteile. Unterschiede ergeben sich insbesondere in rechtlicher und steuerlicher Hinsicht. Zudem können sonstige Aspekte wie die persönliche Risikobereitschaft, das (Nicht-) Vorhandensein von Startkapital oder Prestige-Erwägungen, etwa eine Position als Vorstand oder Chief Executive Officer bzw. CEO, eine Rolle spielen. Jeder Existenzgründer hat individuelle Präferenzen, die bei der Wahl der passenden Rechtsform zu berücksichtigen sind.

! **Wichtig**

Die zu Beginn der Unternehmenstätigkeit gewählte Rechtsform muss nicht zwingend auf Dauer beibehalten werden. In der Zukunft können durchaus andere Gesichtspunkte in den Vordergrund rücken, sodass eine andere Rechtsform erforderlich oder empfehlenswert wird. Eine jederzeitige Umwandlung der Unternehmensform wird durch das Umwandlungsgesetz (UmwG) ermöglicht. Dies geschieht nach den Regelungen des Umwandlungssteuergesetzes (UmwStG) auch weitgehend steuerneutral.

Im Folgenden werden die wichtigsten Rechtsformen dargestellt, die in Deutschland für Existenzgründungen eine Rolle spielen.[20]

2.7.6.1 Allgemeine Merkmale

Zunächst stehen die allgemeinen Merkmale von Einzelunternehmen sowie von Personen- und Kapitalgesellschaften im Fokus, um ein grundsätzliches Verständnis der einzelnen Unternehmensformen zu erreichen.

2.7.6.1.1 Einzelunternehmen

Als Einzelunternehmen wird jede selbstständige Tätigkeit einer einzelnen, natürlichen Person (also eines Menschen) bezeichnet. Im engeren Sinne ist ein Einzelunternehmen der Handelsbetrieb eines Kaufmanns, im weiteren Sinn sind hierunter auch die Erwerbstätigkeiten von Angehörigen der Freien Berufe – insbesondere Ärzte, Rechtsanwälte, Steuerberater, Wirtschaftsprüfer – sowie von Künstlern und Wissenschaftlern zu fassen. Der Einzelunternehmer haftet unbeschränkt mit seinem Privatvermögen

2.7.6.1.2 Personengesellschaften

Personengesellschaften sind Zusammenschlüsse von mindestens zwei Personen, die einen gemeinsamen Zweck verfolgen.

Gesellschafter
Gesellschafter können insoweit nicht nur natürliche Personen sein, sondern auch juristische Personen, insbesondere Kapitalgesellschaften wie die Aktiengesellschaft oder die Gesellschaft mit beschränkter Haftung. In Deutschland sind insbesondere folgende Personengesellschaften von Bedeutung, auf die später näher eingegangen wird:

- Gesellschaft bürgerlichen Rechts (GbR oder BGB-Gesellschaft),
- offene Handelsgesellschaft (OHG),
- Kommanditgesellschaft (KG), auch als GmbH & Co. KG,
- Partnerschaftsgesellschaft.

20 Vgl. Walz (2014).

Daneben existieren als weitere Personengesellschaften zum Beispiel:
- stille Gesellschaft,
- Partenreederei,
- Europäische wirtschaftliche Interessenvereinigung (EWIV).

Rechtsfähigkeit
Allen Personengesellschaften ist gemein, dass grundsätzlich nur die Gesellschafter, nicht aber die Gesellschaft als solche Träger aller gesellschaftlichen Rechte und Pflichten sind. Allerdings ist die Teilrechtsfähigkeit von Personengesellschaften in allen wirtschaftlich relevanten Belangen mittlerweile anerkannt.

Geschäftsführung und Willensbildung
Grundsätzlich sind nur die persönlich haftenden Gesellschafter zur Geschäftsführung und Vertretung der Gesellschaft berechtigt und verpflichtet. Für die Willensbildung in der Gesellschaft gilt das Einstimmigkeitsprinzip. Dies bedeutet, dass grundsätzlich sämtliche Gesellschafter mit einer bestimmten Maßnahme einverstanden sein müssen, zum Beispiel mit dem Abschluss von Verträgen oder der Festlegung von Strategien, etwa bei der Ausrichtung eines Produkts oder für die Stoßrichtung einer Werbekampagne.

Übertragbarkeit der Mitgliedschaftsrechte
Grundsätzlich sind Mitgliedschaftsrechte nicht übertragbar. Insbesondere besteht keine automatische Teilhabe der Erben eines Gesellschafters an der Fortsetzung der Gesellschaft.

2.7.6.1.3 Kapitalgesellschaften

Bei einer Kapitalgesellschaft steht die monetäre Beteiligung der einzelnen Gesellschafter im Vordergrund (daher der Name), nicht aber deren Persönlichkeit. Voraussetzung zur Beteiligung ist somit lediglich eine Kapitaleinlage, der Gesellschafter muss nicht persönlich tätig werden. Anders als bei Personengesellschaften besteht bei Kapitalgesellschaften daher eine strikte Trennung zwischen Gesellschaft und Gesellschaftern.

Rechtsfähigkeit
Grundsätzlich handelt es sich bei einer Kapitalgesellschaft um eine juristische Person, sie allein trägt die Rechte und Pflichten. Grundlage hierfür ist der Abschluss eines Gesellschaftervertrags, der den Gesellschaftszweck und die gemeinsamen Ziele der Gesellschafter zum Inhalt hat. Anders als eine Perso-

nengesellschaft kann eine Kapitalgesellschaft von nur einer Person gegründet werden.

Arten
In Deutschland gibt es insbesondere folgende Arten von privatrechtlichen Kapitalgesellschaften:

- Aktiengesellschaft (AG), §1 Abs. 1 Satz 1 Aktiengesetz (AktG),
- Gesellschaft mit beschränkter Haftung (GmbH), §13 Abs. 1 GmbH-Gesetz (GmbHG),
- Eingetragene Genossenschaft (eG), §17 Abs. 1 Genossenschaftsgesetz (GenG),
- Eingetragener Verein (e.V.) (§21 in Verbindung mit §65 BGB),
- Stiftung des bürgerlichen Rechts (§80 Abs. 2 BGB).

Geschäftsführung und Willensbildung
Kapitalgesellschaften sind zwar rechtsfähig, aber nicht handlungsfähig, da es sich bei ihnen – gedanklich gesehen – lediglich um eine durch Kapital verdichtete, fiktive Person handelt. Sie bedürfen daher menschlicher Handlungsträger. Aus diesem Grund sind sie organschaftlich verfasst. Dies bedeutet, dass für sie natürliche Personen als besondere Organe zur Willensbildung, Geschäftsführung und Vertretung gegenüber Dritten fungieren. Geschäftsführung und Vertretung können auch durch Nicht-Gesellschafter erfolgen. So ist beispielsweise bei einer AG der Vorstand für die Geschäftsführung zuständig, während die Willensbildung durch die Hauptversammlung erfolgt. Für die Willensbildung gilt grundsätzlich das Mehrheitsprinzip, Entscheidungen beruhen also auf der Mehrheit des durch die Gesellschafter vertretenen Gesellschaftskapitals.

Übertragbarkeit der Gesellschaftsanteile
Für Kapitalgesellschaften besteht grundsätzlich die unbeschränkte Möglichkeit des Gesellschafterwechsels. Gesellschaftsanteile können demnach jederzeit veräußert oder im Rahmen der Erbfolge übertragen werden, sofern im Gesellschaftsvertrag nichts anderes vereinbart wurde.

2.7.6.2 Einzelkaufmann

Für ein Einzelunternehmen ist gesetzlich keine bestimmte Mindestkapitaleinlage vorgesehen. Dies bedeutet: Nach erfolgter Existenzgründung kann der Unternehmer zur Finanzierung aus seinem Privatvermögen jederzeit neues Kapital zuführen oder auch Kapital entziehen. Will der Kaufmann darüber hinaus Eigenkapital für sein Einzelunternehmen beschaffen, kann er stille Gesellschafter aufnehmen.

Haftung
Der Einzelunternehmer haftet unbeschränkt mit seinem Privatvermögen. Er muss also persönlich für Verbindlichkeiten seines Unternehmens gegenüber den Gläubigern in voller Höhe einstehen, wenn und soweit das Unternehmen sie nicht erfüllt.

Geschäftsführung
Die Geschäftsführung obliegt grundsätzlich dem Unternehmer, allerdings kann er sie an Angestellte bzw. Dritte weitergeben.

Handelsregister
Jeder Kaufmann ist verpflichtet, sein Unternehmen und den Ort seiner Handelsniederlassung zur Eintragung ins Handelsregister anzumelden. Das Unternehmen trägt dann den Zusatz »eingetragene Kauffrau«/»eingetragener Kaufmann« bzw. »e. K.« (auch »e. Kfm.« oder »e. Kfr.«). Die Anmeldung zum Handelsregister kann unterbleiben, sofern das Einzelunternehmen keinen in kaufmännischer Weise eingerichteten Geschäftsbetrieb benötigt (sogenannter Kleingewerbetreibender).

2.7.6.3 Freiberufler

Die Freien Berufe zeichnen sich dadurch aus, dass sie auf Grundlage besonderer beruflicher Qualifikation oder schöpferischer Begabung die persönliche, eigenverantwortliche und fachlich unabhängige Erbringung von Dienstleistungen höherer Art im Interesse der Auftraggeber und der Allgemeinheit zum Inhalt haben. Die Beurteilung, ob eine Tätigkeit diese Anforderungen erfüllt, kann im Einzelfall schwierig sein. In §1 Abs. 1 Satz 3 Partnerschaftsgesellschaftsgesetz (PartGG) sind sogenannte Katalogberufe aufgelistet, die stets als freiberufliche Tätigkeiten gelten, dazu gehören die folgenden.

- Heilberufe:
  - Ärzte,
  - Zahnärzte,
  - Tierärzte,
  - Heilpraktiker,
  - Krankengymnasten,
  - Hebammen,
  - Heilmasseure,
  - Diplom-Psychologen.

- Rechts-, steuer- und wirtschaftsberatende Berufe:
  - Rechtsanwälte,
  - Patentanwälte,
  - Notare (soweit nicht Beamte),
  - Wirtschaftsprüfer,
  - Steuerberater,
  - Steuerbevollmächtigte,
  - beratende Volks- und Betriebswirte,
  - vereidigte Buchprüfer (vereidigte Buchrevisoren).
- Naturwissenschaftliche/technische Berufe:
  - Ingenieure,
  - Wissenschaftler,
  - Handelschemiker,
  - Architekten, Stadtplaner,
  - Lotsen,
  - hauptberufliche Sachverständige,
- Informationsvermittelnde Berufe:
  - Journalisten,
  - Bildberichterstatter,
  - Dolmetscher/Übersetzer,
  - Künstler,
  - Schriftsteller,
  - Designer,
  - Dozenten,
  - Lehrer/Erzieher.

Eine Übersicht über weitere Freie Berufe bietet der Bundesverband der Freien Berufe auf seiner Internetseite (www.freie-berufe.de). Die Angehörigen der Freien Berufe zeichnen sich dadurch aus, dass sie kein Handelsgewerbe betreiben und daher nicht als Ist-Kaufleute zu qualifizieren sind. Hieraus ergeben sich zwei Besonderheiten: Zum einen unterliegen sie anders als Einzelkaufleute nicht den Vorschriften des HGB. Für sie entfallen daher vor allem folgende Pflichten:

- Eintragung ins Handelsregister,
- Führen von Büchern,
- Erstellen eines Jahresabschlusses.

Zum anderen ist für Freiberufler keine Gewerbeanmeldung erforderlich. Es können sich aber Anmeldepflichten bei Standeskammern ergeben. Außerdem gilt:

- Die Einkünfte unterliegen nicht der Gewerbesteuer.
- Freiberufler haben die Möglichkeit, sich in einer Partnerschaftsgesellschaft zusammenzuschließen.

2.7.6.4 Gesellschaft bürgerlichen Rechts

Im Rahmen einer Gesellschaft bürgerlichen Rechts (GbR oder BGB-Gesellschaft) verpflichten sich die Gesellschafter durch einen Gesellschaftsvertrag gegenseitig, die Erreichung eines gemeinsamen Zwecks in der durch den Vertrag bestimmten Weise zu fördern, insbesondere die vereinbarten Beiträge zu leisten (vgl. §705 BGB).

Gründung
Der Abschluss eines Gesellschaftsvertrags ist grundsätzlich formfrei. An den gemeinsamen Zweck werden keine hohen Anforderungen gestellt, zum Beispiel kann eine Lottogemeinschaft bestehen; in wirtschaftlicher Hinsicht treten in der Praxis insbesondere folgende Typen auf:

- Gesellschaften zur gemeinsamen Berufs-, Gewerbe- oder Verwaltungstätigkeit,
- Projektgesellschaften mit einer konkreten Zielvorgabe, zum Beispiel in der Bauwirtschaft,
- Gesellschaften zur Verhaltensabstimmung bei bereits verbundenen Personen, zum Beispiel Stimmbindungsvereinbarungen.

Vertretung
Die Führung der Geschäfte der Gesellschaft steht den Gesellschaftern gemeinschaftlich zu. Für jedes Geschäft ist die Zustimmung aller Gesellschafter erforderlich (§709 Abs. 1 BGB). Wird im Gesellschaftsvertrag die Führung der Geschäfte einem Gesellschafter oder mehreren Gesellschaftern übertragen, so sind die übrigen Gesellschafter von der Geschäftsführung ausgeschlossen (§710 Satz 1 BGB).

Haftung
Soweit die GbR Träger von Rechten und Pflichten ist, haftet sie selbst für vertragliche oder gesetzliche Schadensersatzpflichten (§31 BGB analog). Nach dem Grundsatz der akzessorischen Haftung haften zusätzlich die Gesellschafter persönlich als Gesamtschuldner für die Verbindlichkeiten der GbR. Eine entgegenstehende Vereinbarung ist Dritten gegenüber unwirksam (§128 HGB analog).

Rechte und Pflichten der Gesellschafter
Die Gesellschafter einer GbR sind zur Förderung des gemeinsamen Zwecks verpflichtet. Dies umfasst zum einen die Leistung des im Gesellschaftsvertrag vereinbarten Beitrags jedes einzelnen Gesellschafters (§705 BGB), zum anderen besteht nach allgemeiner Ansicht eine sogenannte Treuepflicht. Da-

nach darf kein Gesellschafter nach außen hin rufschädigende Äußerungen vornehmen oder Betriebsgeheimnisse preisgeben. Ebenso ergibt sich aus der Treuepflicht, dass der geschäftsführende Gesellschafter Geschäftschancen der GbR nicht für sich selbst oder ihm nahestehende Personen wahrnehmen darf. Allerdings gilt dies nur für Geschäftschancen, die sich für das Unternehmen konkret ergeben, zum Beispiel die aktuelle Bestellung eines Kunden. Ein allgemeines Wettbewerbsverbot folgt hieraus grundsätzlich nicht.

2.7.6.5 Offene Handelsgesellschaft

Nach der Legaldefinition in §105 Abs. 1 HGB ist eine offene Handelsgesellschaft eine Gesellschaft, deren Zweck auf den Betrieb eines Handelsgewerbes unter gemeinschaftlicher Firma gerichtet ist, wenn bei keinem der Gesellschafter die Haftung gegenüber den Gesellschaftsgläubigern beschränkt ist. Weiterhin bestimmt §105 Abs. 3 HGB (Brückennorm), dass auf die offene Handelsgesellschaft die Vorschriften des BGB über die Gesellschaft Anwendung finden, soweit im HGB nichts anderes vorgeschrieben ist.

Gründung
Für die Gründung einer OHG ist der Abschluss eines Gesellschaftsvertrags erforderlich. Hierin muss als Zweck der Betrieb eines Handelsgewerbes unter gemeinschaftlicher Firma festgelegt sein. Der Gesellschaftsvertrag ist formfrei und kann daher auch mündlich geschlossen werden.

Rechtsfähigkeit
§124 Abs. 1 HGB normiert die Rechtsfähigkeit der OHG. Danach kann eine OHG unter ihrer Firma Rechte erwerben und Verbindlichkeiten eingehen, Eigentum und andere dingliche Rechte an Grundstücken erwerben, vor Gericht klagen und verklagt werden.

Vertretung
Jeder Gesellschafter ist zur Vertretung der Gesellschaft ermächtigt, wenn er nicht durch den Gesellschaftsvertrag von der Vertretung ausgeschlossen ist (§125 Abs. 1 HGB). Im Gesellschaftsvertrag kann bestimmt sein, dass die Gesellschafter nur in Gemeinschaft zur Vertretung der Gesellschaft ermächtigt sein sollen (Gesamtvertretung; §125 Abs. 2 HGB). Eine weitergehende gesellschaftsvertragliche Beschränkung der Vertretungsmacht ist jedoch Dritten gegenüber unwirksam (§126 Abs. 2 HGB).

Haftung
§128 HGB bestimmt die akzessorische Haftung der Gesellschafter: »Die Gesellschafter haften für die Verbindlichkeiten der Gesellschaft den Gläubigern als Gesamtschuldner persönlich. Eine entgegenstehende Vereinbarung ist Dritten gegenüber unwirksam.«

Rechte und Pflichten der Gesellschafter
Es gelten die gleichen Grundsätze wie bei der der GbR, allerdings besteht hier zusätzlich ein Wettbewerbsverbot (§112 Abs. 1 HGB). Danach darf ein Gesellschafter ohne Einwilligung der anderen Gesellschafter weder im Handelszweig der Gesellschaft Geschäfte machen noch an einer anderen gleichartigen Handelsgesellschaft als persönlich haftender Gesellschafter teilnehmen.

Beendigung der Gesellschaft
Für die Auflösung einer OHG kommen folgende Gründe in Betracht (§131 Abs. 1 und 2 HGB):

- Ablauf der Zeit, für die sie eingegangen wurde,
- Beschluss der Gesellschafter,
- Eröffnung bzw. Ablehnung des Insolvenzverfahrens über das Vermögen der Gesellschaft,
- gerichtliche Entscheidung.

Der Tod eines Gesellschafters führt nicht zur Auflösung der Gesellschaft, sondern lediglich zum Ausscheiden des (toten) Gesellschafters (§131 Abs. 3 Nr. 1 HGB).

2.7.6.6 Kommanditgesellschaft

Nach §161 Abs. 1 HGB gilt: Eine KG ist eine »Gesellschaft, deren Zweck auf den Betrieb eines Handelsgewerbes unter gemeinschaftlicher Firma gerichtet ist ..., wenn bei einem oder bei einigen von den Gesellschaftern die Haftung gegenüber den Gesellschaftsgläubigern auf den Betrag einer bestimmten Vermögenseinlage beschränkt ist (Kommanditisten), während bei dem anderen Teil der Gesellschafter eine Beschränkung der Haftung nicht stattfindet (persönlich haftender Gesellschafter)«.

Anwendbare Vorschriften (§161 Abs. 1 HGB)
Auf die KG finden die für die OHG geltenden Vorschriften Anwendung, sofern die §§162 ff. HGB keine abweichenden Regelungen treffen (§161 Abs. 2 HGB).

Rechtsfähigkeit
Die KG ist ebenso rechtsfähig wie die OHG (§161 Abs. 2 in Verbindung mit §124 HGB).

Haftung der Gesellschafter
Der Komplementär haftet unbeschränkt für alle Gesellschaftsverbindlichkeiten. Insoweit ergeben sich keine Unterschiede zum Gesellschafter einer OHG (§161 Abs. 2 in Verbindung mit §128 HGB). Dagegen haftet der Kommanditist gegenüber den Gesellschaftsgläubigern beschränkt auf die Höhe der im Gesellschaftsvertrag bestimmten und ins Handelsregister einzutragenden Einlage (§171 Abs. 1 HS 1 HGB). Hat er diese Einlage tatsächlich geleistet, ist eine Haftung ausgeschlossen (§171 Abs. 1 HS 2 HGB).

Achtung !

Bis die Gesellschaft als Ganzes (§176 Abs. 1 HGB) oder das Eintreten eines Kommanditisten (§176 Abs. 2 HGB) ins Handelsregister eingetragen ist, haften auch die Kommanditisten wie Komplementäre, es sei denn, die Kommanditistenstellung ist dem Gläubiger bekannt.

Wichtig !

Die GmbH & Co. KG ist eine besondere Form der Kommanditgesellschaft. Der einzige Komplementär, also der einzig persönlich haftende Gesellschafter, ist hier eine GmbH. Die GmbH ist eine juristische Person, für deren Verbindlichkeiten lediglich mit dem Gesellschaftsvermögen gehaftet werden muss; kein Gesellschafter der GmbH haftet persönlich. Den Gläubigern einer GmbH & Co. KG steht also kein voll persönlich haftender Gesellschafter gegenüber.

Vertretung
Die KG wird ebenso wie die OHG von ihren persönlich haftenden Gesellschaftern vertreten. Der Kommanditist ist jedoch zur Vertretung der Gesellschaft nicht ermächtigt (§170 HGB).

2.7.6.7 Partnerschaft

Die Partnerschaft ist eine Rechtsform, die eigens für Angehörige der Freien Berufe eingeführt wurde. Sie stellt eine attraktive Alternative zur GbR dar, bei der es keine Haftungsbeschränkung gibt. Die Partnerschaft ist eine Gesellschaft, in der sich mindestens zwei Angehörige der Freien Berufe zur Ausübung ihrer Berufe verbinden. Die Möglichkeiten, sich in einer Partnerschaft zusammenzuschließen, stehen unter dem Vorbehalt des jeweiligen Berufsrechts.

! **Beispiel**

Rechtsanwälte dürfen sich nur mit Berufsangehörigen zusammenschließen, die in der Bundesrechtsanwaltsordnung aufgeführt sind (§ 59a Bundesrechtsanwaltsordnung (BRAO)). Keine Partnerschaft dürfen beispielsweise Notare, Apotheker und Vermessungsingenieure eingehen.

Kapital

Für die Partnerschaft ist kein Mindestkapital gesetzlich vorgeschrieben.

Haftung

Die Rechtsform der Partnerschaft zeichnet sich durch die Besonderheit aus, dass eine Haftungsbeschränkung bei beruflichen Fehlern möglich ist. Insoweit gilt Folgendes:

- Grundsätzlich haften für Verbindlichkeiten der Partnerschaft neben dem Vermögen der Partnerschaft die Partner als Gesamtschuldner mit ihrem privaten Vermögen (§ 8 Abs. 1 PartGG). Die Haftung kann nicht beschränkt werden, wenn es um originäre Schulden der Partnerschaft geht, die sich zum Beispiel aus Miet-, Versicherungs-, Arbeits- oder Lieferverträgen ergeben, oder um öffentlich-rechtliche Abgaben, etwa Steuern. Insoweit gilt nichts anderes als bei den anderen Personengesellschaften.
- Eine Ausnahme gilt gemäß § 8 Abs. 2 PartGG bei der Haftung für berufliche Fehler, insbesondere für daraus resultierende Schadensersatzforderungen. Hier beschränkt sich die Haftung auf diejenigen Partner, die mit der Bearbeitung eines Auftrags befasst waren. Die anderen Partner sind von der Haftung mit ihrem Privatvermögen befreit. Die persönliche Haftung eines bearbeitenden Partners kann sogar ganz entfallen, wenn dessen Bearbeitungsbeitrag von untergeordneter Bedeutung war.
- Darüber hinaus besteht nach § 8 Abs. 4 PartGG die Möglichkeit, die Haftung für Verbindlichkeiten der Partnerschaft aus Schäden wegen fehlerhafter Berufsausübung auf das Gesellschaftsvermögen zu begrenzen, wenn
  - die Partnerschaft eine zu diesem Zweck durch Gesetz vorgegebene Berufshaftpflichtversicherung unterhält und
  - der Name der Partnerschaft den Zusatz »mit beschränkter Berufshaftung«, die Abkürzung »mbB« oder eine andere allgemein verständliche Abkürzung dieser Bezeichnung enthält. In diesem Fall ist eine persönliche Haftung der Partner vollständig ausgeschlossen.

Partnerschaftsvertrag
Der Partnerschaftsvertrag bedarf der Schriftform (§3 PartGG). Er muss folgende Angaben enthalten:
- Name und Sitz der Partnerschaft,
- Name und Vorname, den in der Partnerschaft ausgeübten Beruf und den Wohnort jedes Partners,
- den Gegenstand der Partnerschaft.

Der Name der Partnerschaft muss laut §2 Abs. 1 PartGG den Namen mindestens eines Partners, den Zusatz »und Partner« oder »Partnerschaft« sowie die Berufsbezeichnungen aller in der Partnerschaft vertretenen Berufe enthalten. Das Beifügen von Vornamen ist nicht erforderlich. Hingegen dürfen die Namen anderer Personen als der Partner nicht Teil des Namens der Partnerschaft sein.

Geschäftsführung und Vertretung
Grundsätzlich ist jeder Partner nach außen hin allein vertretungsberechtigt. Er kann also ohne Mitwirkung der anderen Partner Verträge für die gesamte Partnerschaft abschließen. Die Partner können im Partnerschaftsvertrag jedoch hiervon abweichen, indem sie eine Gesamtvertretungsmacht vereinbaren. Dies hat zur Folge, dass einzelne oder alle Partner nur gemeinsam mit anderen Partnern nach außen hin handeln dürfen.

Wichtig !

Eine solche Änderung der gesetzlichen Vertretungsregelung muss im Partnerschaftsregister eingetragen werden.

Anmeldung
Die Anmeldung muss in notariell beglaubigter Form beim zuständigen Registergericht erfolgen. Das ist grundsätzlich das Amtsgericht, in dessen Bezirk die Gesellschaft ihren Sitz hat.

2.7.6.8 Gesellschaft mit beschränkter Haftung

Die GmbH als solche hat selbstständig ihre Rechte und Pflichten; sie kann Eigentum und andere dingliche Rechte an Grundstücken erwerben sowie vor Gericht klagen und verklagt werden (§13 Abs. 1 GmbHG). Somit ist sie eine juristische Person.

Formkaufmann

Die GmbH ist Formkaufmann (§13 Abs. 3 GmbHG, §6 Abs. 2 HGB), für sie gelten daher die Vorschriften des HGB.

Geschäftsführung

Die Gesellschaft wird durch ihre Geschäftsführer gerichtlich und außergerichtlich vertreten (§35 Abs. 1 GmbHG).

Haftung

Für die Verbindlichkeiten der Gesellschaft wird den Gläubigern gegenüber nur mit dem Gesellschaftsvermögen gehaftet (§13 Abs. 2 GmbHG). Jede persönliche Außenhaftung der Gesellschafter fällt weg.

Gesellschaftsvertrag

Der Gesellschaftsvertrag bedarf der notariellen Form (§2 Abs. 1 GmbHG). Er muss folgende Angaben enthalten:

- Firma und Sitz der Gesellschaft,
- den Gegenstand des Unternehmens,
- Betrag des Stammkapitals,
- Betrag der von jedem Gesellschafter auf das Stammkapital zu leistenden Einlage (Stammeinlage).

Eine GmbH kann zu jedem gesetzlich zulässigen Zweck durch eine oder mehrere Personen errichtet werden (§1 GmbHG).

Stammkapital

Das Stammkapital der Gesellschaft muss mindestens 25.000 EUR betragen (§5 Abs. 1 GmbHG).

! **Wichtig**

Eine Gesellschaft, die mit einem Stammkapital gegründet wird, das den Betrag des Mindeststammkapitals unterschreitet, darf in der Firma nicht den Zusatz »GmbH« enthalten. Sie muss dann die Bezeichnung »Unternehmergesellschaft (haftungsbeschränkt)« oder »UG (haftungsbeschränkt)« ergänzen (§5a Abs. 1 GmbHG).

Entstehung

Die GmbH als solche entsteht erst mit ihrer Eintragung im Handelsregister (§11 Abs. 1 GmbHG). Im Vorfeld der Gründung sind zwei Phasen zu unterscheiden. In dem Stadium, in dem sich einige Personen mit dem Entschluss zusammentun, eine GmbH zu gründen, entsteht zunächst eine Vorgründungsgesellschaft. Hierbei handelt es sich um eine auf Vertrag beruhende Vereinigung, deren Zweck jedenfalls darauf gerichtet ist, eine GmbH zu gründen; sie ist damit grundsätzlich eine GbR. Sollte der Zweck dieser Gesellschaft (zusätzlich) auf den Betrieb eines Handelsgewerbes gerichtet sein, so handelt es sich um eine OHG.

In dem Moment, in dem der GmbH-Vertrag in notarieller Form abgeschlossen ist, entsteht die Vor-GmbH (Firmenzusatz »GmbH i. G.« bzw. »GmbH i. Gr.«). Die davor bestehende GbR bzw. OHG endet meist in diesem Moment infolge von Zweckerreichung oder Zeitablauf (§726 BGB, §131 Abs. 1 Nr. 1 HGB). Die Vor-GmbH untersteht als Rechtsform eigener Art bereits dem Recht der GmbH, soweit dieses nicht die Eintragung voraussetzt. Handelnde im Namen der Vor-GmbH haften persönlich (§11 Abs. 2 GmbHG).

2.7.6.9 Aktiengesellschaft

Die Aktiengesellschaft ist wie die GmbH eine juristische Person (§1 Abs. 1 Satz 1 AktG).

Formkaufmann
Die AG ist Formkaufmann (§3 Abs. 1 AktG, §6 Abs. 2 HGB).

Vertretung
Die Gesellschaft wird durch den Vorstand gerichtlich und außergerichtlich vertreten (§78 Abs. 1 AktG). Er leitet die AG unter eigener Verantwortung (§76 Abs. 1 AktG).

Aufsichtsrat
Neben dem Vorstand ist der Aufsichtsrat ein weiteres Organ der AG. Seine Aufgabe besteht insbesondere darin, die Geschäftsführung zu überwachen (§111 Abs. 1 AktG). Hierfür kann er die Bücher und Schriften der Gesellschaft sowie die Vermögensgegenstände einsehen und prüfen (§111 Abs. 2 AktG). Maßnahmen der Geschäftsführung können dem Aufsichtsrat nicht übertragen werden; die Satzung kann jedoch bestimmen, dass bestimmte Arten von Geschäften nur mit seiner Zustimmung erfolgen dürfen (§111 Abs. 4 AktG).

Haftung
Für die Verbindlichkeiten der Gesellschaft wird den Gläubigern gegenüber nur mit dem Gesellschaftsvermögen gehaftet (§1 Abs. 1 Satz 2 AktG).

2.7.6.10 Steuerliche Aspekte

In steuerlicher Hinsicht ergeben sich ebenfalls erhebliche Unterschiede zwischen Personen- und Kapitalgesellschaften. So erfolgt bei Personengesellschaften keine Besteuerung der Personengesellschaft, sondern der Gesellschafter (Transparenzprinzip). Dabei werden Gewinne mit Einkommensteuer belastet. Dagegen erfolgt die Besteuerung von Kapitalgesellschaften auf zwei Ebenen, nämlich auf Ebene der Gesellschaft einerseits und auf Ebene der Gesellschafter andererseits (Trennungsprinzip):

- Auf Ebene der Gesellschaft werden Gewinne des Unternehmens mit Körperschaftsteuer belastet.
- Auf Ebene der Gesellschafter erfolgt eine weitere Besteuerung der Gewinne, wenn diese von der Gesellschaft an die Gesellschafter ausgeschüttet werden.

In den folgenden Ausführungen wird dargestellt, was jeweils für die einzelnen Steuerarten gilt.

2.7.6.10.1 Einkommensteuer

Steuersubjekt
Der Einkommensteuer unterliegen nur natürliche Personen, Kapitalgesellschaften werden hiervon also nicht erfasst.

Steuerobjekt
Bei Einzelunternehmern und Gesellschaftern von Personengesellschaften unterliegen die Einkünfte aus Gewerbebetrieb der Einkommensteuer (§2 Abs. 1 Nr. 1, §15 Einkommensteuergesetz (EStG)). Steuerpflichtig ist damit der Gewinn, der sich aus einem sogenannten Betriebsvermögensvergleich ergibt. Dies ist die Differenz zwischen dem Betriebsvermögen am Schluss des Wirtschaftsjahres und dem Betriebsvermögen am Schluss des vorangegangenen Wirtschaftsjahres, vermehrt um den Wert der Entnahmen und vermindert um den Wert der Einlagen, die sich aus der gewerblichen oder freiberuflichen Tätigkeit ergibt (§4 Abs. 1 EStG).

Freiberufler, die nicht zur Führung von Büchern verpflichtet sind, müssen die Einkommensteuer auf ihre Einkünfte aus nicht selbstständiger Arbeit abführen (§2 Abs. 1 Nr. 4, §18 EStG). Hier stellt der steuerpflichtige Gewinn den Überschuss der Betriebseinnahmen über die Betriebsausgaben dar (Einnahmen-Überschuss-Rechnung).

Bei Gesellschaftern von Kapitalgesellschaften fällt nur dann aufgrund der unternehmerischen Tätigkeit Einkommensteuer an, wenn die Gesellschaft an sie Gewinne ausschüttet, insbesondere als Dividenden. Hierbei handelt es sich nämlich um Einkünfte aus Kapitalvermögen, die nach §2 Abs. 1 Nr. 5 und §20 EStG steuerpflichtig sind.

Höhe der Steuerbelastung
Die Höhe der Einkommensteuer ergibt sich durch die Anwendung eines progressiven Steuertarifs (2017: Spitzensteuersatz 45%) unter Berücksichtigung eines Grundfreibetrags (8.822 EUR für Ledige, 17.644 EUR für Verheiratete). Hinzu kommen der Solidaritätszuschlag (2017: 5,5% der Einkommensteuer) und ggf. Kirchensteuer (abhängig vom Bundesland 8% oder 9% der Einkommensteuer).

2.7.6.10.2 Körperschaftsteuer

Kapitalgesellschaften unterliegen der Körperschaftsteuer. Steuerobjekt ist der Gewinn, der durch Betriebsvermögensvergleich zu ermitteln ist. Hierauf wird ein einheitlicher Steuersatz (2017: 15%) angewendet. Einen Grundfreibetrag gibt es nicht. Hinzu kommt der Solidaritätszuschlag (2017: 5,5% der Körperschaftsteuer).

2.7.6.10.3 Gewerbesteuer

Des Weiteren kann eine Besteuerung unternehmerisch erzielter Gewinne durch die Gewerbesteuer erfolgen.

Steuerobjekt
So unterliegt jeder stehende Gewerbebetrieb der Gewerbesteuer, soweit er im Inland betrieben wird (§2 Abs. 1 Gewerbesteuergesetz (GewStG)). Dazu zählen alle Unternehmen, die Einkünfte aus Gewerbebetrieb im Sinne von §2 Abs. 1 Nr. 1 und §15 EStG erzielen. Dagegen fallen hierunter nicht die Personen mit Einkünften aus selbstständiger Tätigkeit im Sinne von §2 Abs. 1 Nr. 4 und §18 EStG. Hieraus folgt, dass Einzelkaufleute und Gesellschafter von Personengesellschaften gewerbesteuerpflichtig sind, Angehörige der Freien Berufe, die nicht zur Führung von Büchern verpflichtet sind, hingegen nicht.

Die Tätigkeit der Kapitalgesellschaft gilt stets und in vollem Umfang als Gewerbebetrieb (§2 Abs. 1 GewStG).

Höhe der Steuerbelastung

Um die Höhe der Gewerbesteuer zu berechnen, muss zunächst der Steuermessbetrag ermittelt werden. Dies geschieht durch Anwendung der sogenannten Steuermesszahl (2017: 3,5%) auf den Gewerbeertrag. Gewerbeertrag ist dabei der einkommensteuerrechtlich ermittelte Gewinn, vermehrt und vermindert um gewerbesteuerrechtlich vorgeschriebene Beträge (§7 GewStG). Der Gewerbeertrag ist auf volle 100 EUR nach unten abzurunden und bei natürlichen Personen sowie bei Personengesellschaften um einen Freibetrag (2017: 24.500 EUR) zu kürzen. Für Kapitalgesellschaften ist kein Freibetrag zu berücksichtigen (§11 Abs. 1 GewStG). Die Höhe der festzusetzenden Gewerbesteuer berechnet sich dann durch Multiplikation des Steuermessbetrags mit dem Hebesatz der Gemeinde, in der eine Betriebsstätte zur Ausübung des stehenden Gewerbes unterhalten wird (§4 Abs. 1, §11 Abs. 1 GewStG).

! **Hinweis**

Die Hebesätze variieren in den einzelnen Städten und Gemeinden erheblich. In strukturschwachen Gegenden, zum Beispiel im ländlichen Raum, sind sie häufig sehr niedrig, um steuerliche Anreize für Unternehmen bei der Standortwahl zu schaffen.

Anrechnung der Gewerbesteuer

Einzelkaufleute und Gesellschafter von Personengesellschaften können die erhobene Gewerbesteuer teilweise auf ihre Einkommensteuer anrechnen lassen. Für Kapitalgesellschaften und deren Gesellschafter gilt dies nicht.

Der Ermäßigungsbetrag beträgt das 3,8-Fache (Stand: 2017) des maßgeblichen Gewerbesteuermessbetrags. Er ist auf die tatsächlich zu zahlende Gewerbesteuer beschränkt (§35 Abs. 1 EStG).

Steuerbelastungsvergleich

Das folgende Beispiel verdeutlicht die jeweilige Steuerbelastung bei den unterschiedlichen Rechtsformen.

!

Beispiel

Einzelunternehmer und Gesellschafter von Personengesellschaften

	EUR	EUR
Gewinn vor Steuern		100.000
Gewerbeertrag (ohne Hinzurechnungen und Kürzungen)	100.000	
Gewerbesteuerfreibetrag	– 24.500	
Gewerbesteuerlicher Gewinn	75.500	
Gewerbesteuermessbetrag (= gewerbesteuerlicher Gewinn x Steuermesszahl 3,5%)	2.642	
Gewerbesteuer (= Gewerbesteuermessbetrag x Hebesatz 400%)		– 10.568
Einkommensteuer (32,79% des Gewinns vor Steuern unter Berücksichtigung von Sonderausgaben wie Altersvorsorge und Krankenversicherung in Höhe von 8.000 EUR)		– 30.166
Solidaritätszuschlag (5,5% der Einkommensteuer)		– 1.659
Anrechnung der Gewerbesteuer (= Gewerbesteuermessbetrag x 3,8)		10.040
Gewinn nach Steuern		67.647
Effektive Steuerlast		**32.355**

Kapitalgesellschaft

Gewinn vor Steuern und Unternehmerlohn	100.000
Unternehmerlohn	– 60.000
Gewinn vor Steuern	40.000
Gewerbesteuer (= Gewinn vor Steuern x Steuermessbetrag 3,5% x Hebesatz 400%)	– 5.600
Körperschaftsteuer (15% von 40.000)	– 6.000
Solidaritätszuschlag (5,5% der Körperschaftsteuer)	– 330
Gewinn nach Steuern	28.070
Effektive Steuerlast	**11.930**

Besteuerung auf Gesellschafterebene bei Dividendenausschüttung

Dividende vor Steuern	28.070
Abgeltungssteuer (= 25% der Dividende)	– 7.017

Solidaritätszuschlag (5,5% der Abgeltungssteuer)	– 385
Dividende nach Steuern	20.668
Einkommensteuer auf Unternehmerlohn (ca. 25,72% von 52.000 EUR unter Berücksichtigung von Sonderausgaben wie Altersvorsorge und Krankenversicherung)	– 13.374
Solidaritätszuschlag (5,5% der Einkommensteuer)	– 735
Effektive Steuerlast (= Steuern auf Dividende und Unternehmerlohn)	**21.511**

Dieses Beispiel zeigt, dass die effektive Belastung der Gewinne von Einzelunternehmern und Gesellschaftern (= 32.151 EUR) in etwa der bei Gesellschaftern von Kapitalgesellschaften entspricht, denen der Gewinn vollständig ausgeschüttet wird (= 21.511 EUR + 11.930 EUR = 33.441 EUR). Allerdings ist zu bedenken, dass die Gesellschafter einer Kapitalgesellschaft nicht verpflichtet sind, bei der Gesellschafterversammlung eine Ausschüttung des Gewinns zu beschließen. Sie können vielmehr festlegen, dass der Gewinn in eine Rücklage eingestellt wird und somit in der Gesellschaft verbleibt (Thesaurierung). In diesem Fall greift nur die effektive Steuerbelastung auf Ebene der Kapitalgesellschaft, sie liegt also im Beispiel bei 11.900 EUR. Außerdem kann der Unternehmerlohn, der den Gewinn der Kapitalgesellschaft als Betriebsausgabe mindert, entsprechend den tatsächlichen Bedürfnissen der Gesellschafter variabel gestaltet werden. Auf diese Weise lässt sich bei Kapitalgesellschaften der mit der steuerlichen Belastung einhergehende Verlust an liquiden Mitteln deutlich senken.

! **Wichtig**

Für Kapitalgesellschaft besteht insofern eine »steuerliche Manövriermasse«, das gibt es bei Einzelunternehmen und Personengesellschaften nicht.

2.7.6.11 Weitere Aspekte

Neben den steuerlichen Belastungen sind weitere Aspekte bei der Rechtsformwahl zu berücksichtigen.

2.7.6.11.1 Gründungsaufwand

So fällt der Aufwand bei Gründung der einzelnen Unternehmensformen unterschiedlich hoch aus. Dies bezieht sich nicht nur auf die Zeit für das Aufsuchen eines Notars sowie die Meldungen bei Behörden und Registern, sondern insbesondere auf die Kosten, die durch Aufnahme der unternehmerischen Tätigkeit entstehen.

Bei Kapitalgesellschaften sind die Gründungskosten relativ hoch. Sie ergeben sich insbesondere aus

- Notarkosten,
- Handelsregistergebühren und
- Gebühren für Gewerbeanmeldung.

ARBEITSHILFE ONLINE

Tipp

In bestimmten Fällen kann eine GmbH oder eine UG (haftungsbeschränkt) in einem vereinfachten Verfahren mit einem zu beurkundenden »Musterprotokoll« gegründet werden (ein solches steht als Arbeitshilfe online bereit). Das führt bei einem Stammkapital von 1 EUR zu einer Absenkung der Notarkosten auf circa 105 EUR. Die Kosten der Registereintragung beim Amtsgericht betragen dann 150 EUR zuzüglich der Veröffentlichungskosten von 1 EUR.

2.7.6.11.2 Buchführungspflicht

Kaufleute sind stets buchführungspflichtig, bei Einzelunternehmen und Personengesellschaft ist also die Kaufmannseigenschaft zu prüfen. Eine Buchführungspflicht besteht bei Freien Berufen und Minderkaufleuten daher nicht, insoweit reicht steuerlich eine Einnahmen-Überschuss-Rechnung aus.

2.7.6.11.3 Publizitätspflicht

Unternehmen, bei denen kein persönlich haftender Gesellschafter eine natürliche Person ist – also nicht nur Kapitalgesellschaften, sondern auch GmbH & Co. KG –, sind publizitätspflichtig. Insoweit müssen Bilanz und Anhang sowie abhängig von der Größe des Unternehmens weitere Informationen im elektronischen Bundesanzeiger offengelegt werden. Zudem sind bei gewissen Größenordnungen zahlreiche statistische Meldungen erforderlich. Dabei geht es vor allem um Umsatzerlöse und Mitarbeiterzahlen (Voll- und Teilzeit); hierzu zählen zum Beispiel folgende Auswertungen:

- Monats- und Jahresbericht für Betriebe des verarbeitenden Gewerbes sowie des Bergbaus,
- vierteljährliche Verdiensterhebung,
- Monatserhebung im Einzelhandel und Gastgewerbe,
- Monatserhebung im Großhandel,

- Strukturerhebung im Dienstleistungsbereich,
- konjunkturstatistische Erhebung in bestimmten Dienstleistungsbereichen.

2.7.6.12 Gründerszene in Deutschland

Einen weiteren Anhaltspunkt dafür, welche Rechtsform sinnvoll ist, gibt ein Blick auf die aktuelle Gründerszene in Deutschland. Tab. 2.16 vermittelt einen Eindruck, wie es bei gewerblichen Tätigkeiten aussieht.

Insgesamt	58.131
Einzelunternehmen	45.160
Offene Handelsgesellschaft	151
Kommanditgesellschaft	142
Gesellschaft mit beschränkter Haftung & Co. KG	1.404
Gesellschaft des bürgerlichen Rechts	2.910
Aktiengesellschaft	113
Gesellschaft mit beschränkter Haftung	7.831
– davon GmbH	6.514
– davon Unternehmergesellschaft (haftungsbeschränkt)	1.317
Private Company Limited by Shares	62
Genossenschaft	28
Eingetragener Verein	76
Sonstige Rechtsformen	254

Tab. 2.16: Gewerbeanmeldungen nach Rechtsformen (Januar bis November 2016); Quelle: Statistisches Bundesamt, Unternehmen und Arbeitsstätten

Hieraus ergibt sich, dass der weit überwiegende Teil der Existenzgründungen als Einzelunternehmen gestartet sind. Das liegt vornehmlich daran, dass

- die Gründung einfach und kostengünstig ist und
- eine Haftungsbegrenzung von Kunden, Lieferanten und Banken nicht akzeptiert wird, da sie sich nicht ohne persönliche Sicherheiten auf Geschäftsbeziehung einlassen wollen.

Außerdem erfreut sich die GmbH einschließlich der Sonderform UG (haftungsbeschränkt) einiger Beliebtheit. Dies lässt sich damit begründen, dass sie alle Vorteile einer Kapitalgesellschaft bietet, vor allem den Ausschluss der persönlichen Haftung und die Abschottung der steuerlichen Belastung, dabei aber

- das geringste Stammkapital erfordert (UG bereits ab 1 EUR),
- die Gründungskosten niedrig gehalten werden können, insbesondere durch Verwendung der Mustervorlage.

Im Vergleich spielen die anderen Rechtsformen bei Existenzgründungen praktisch keine Rolle.

2.8 Zeitplan

Der Zeitplan (auch Realisierungsfahrplan) ist die zeitliche und inhaltliche Planung der Meilensteine bei der Umsetzung Ihrer Geschäftsidee. Meilensteine sind maximal zehn definierte Phasen, an deren Ende ein konkretes, messbares Ergebnis steht, zum Beispiel die Fertigstellung eines Prototyps, der Start des Geschäftsbetriebs oder die erste Produktauslieferung.

Wichtig !

Eine Darstellung zur Unternehmensentwicklung schafft Glaubwürdigkeit beim Leser. Zeigen Sie daher kurz auf, wie der derzeitige Stand der Produktentwicklung und Unternehmensgründung ist und welche Maßnahmen Sie noch verwirklichen wollen.

Geben Sie zunächst an, wie weit Ihre Produktentwicklung fortgeschritten ist. Von Bedeutung ist insbesondere, ob

- bereits ein Prototyp hergestellt wurde,
- die notwendigen Prüfungen bestanden oder Zulassungen, etwa Konzessionen, erteilt wurden,
- gewerbliche Schutzrechte, zum Beispiel Patent oder Marke, angemeldet und eingetragen wurden.

Erläutern Sie dann, in welchem Stadium sich die Gründung und der Aufbau Ihres Unternehmens befinden. Maßgeblich ist insoweit, ob

- bereits ein Gesellschaftsvertrag geschlossen wurde (ggf. mit notarieller Beurkundung),
- das Unternehmen im Handelsregister eingetragen wurde,
- Geschäftsräume, Produktionsanlagen und Lager zur Verfügung stehen,
- Verträge abgeschlossen wurden, zum Beispiel mit Lieferanten, Vermietern, Händlern und Mitarbeitern.

Geben Sie außerdem die wichtigsten Maßnahmen an, die Sie in den nächsten drei bis fünf Jahren noch umzusetzen haben. Dabei sind die technischen, wirtschaftlichen und rechtlichen Abhängigkeiten darzustellen. Zum Beispiel macht es regelmäßig keinen Sinn, eine Werbekampagne zu starten, wenn Sie noch nicht liefern können.

!

Tipp

Der Zeitplan lässt sich am besten in einem Gantt-Diagramm grafisch veranschaulichen. Hierbei wird der Prozess mit einer zeitlichen Unterteilung und der Aneinanderreihung von Aktivitäten auf horizontalen Verlaufsbalken dargestellt. Die zeitliche Einteilung lässt sich hier auf die horizontale Achse verlegen, sie stellt die zeitliche Abfolge von einzelnen Aktivitäten dar (siehe Abb. 2.42).

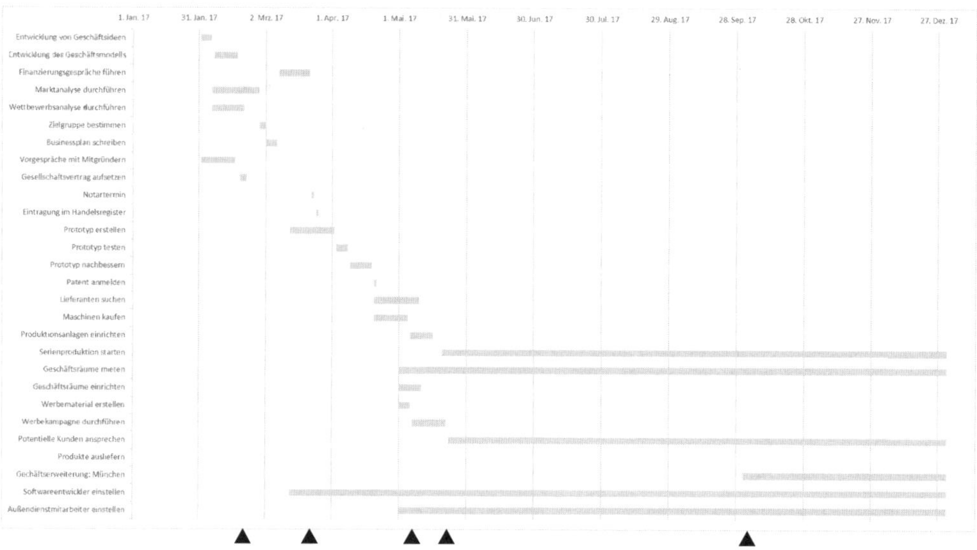

Abb. 2.42: Beispiel eines Gantt-Plans

Ein Gantt-Plan lässt sich häufig nicht gut lesbar auf einer DIN-A4-Seite darstellen. In diesem Fall empfiehlt es sich, ihn auf einer DIN-A3-Seite auszudrucken und – ordentlich gefaltet – in den Anhang zum Businessplan aufzunehmen.

2.9 Chancen und Risiken

Geben Sie im nächsten Schritt einen Überblick über die Chancen und Risiken, die mit Ihrem Vorhaben verbunden sind, und ergänzen Sie, wenn möglich, eine Einschätzung der Eintrittswahrscheinlichkeit.

Wichtig

Eine fundierte Betrachtung der Chancen und Risiken schafft Vertrauen in Ihre Person und Ihr Unternehmen. Dies beweist nämlich, dass Sie nicht »blauäugig« sind, sondern sich intensiv mit Ihrer Geschäftsidee, den sich hieraus bietenden Möglichkeiten, aber natürlich auch mit den Risiken, die den Erfolg gefährden oder gar das Vorhaben beenden könnten, auseinandergesetzt haben.

!

Führen Sie zur Ermittlung der Chancen und Risiken zunächst eine SWOT-Analyse (siehe Kapitel 1.2.2) durch. Damit analysieren Sie, welche Chancen und Risiken für Ihre Geschäftsidee konkret bestehen und inwieweit aufgrund Ihrer Stärken und Schwächen die Chancen erhöht und die Risiken vermieden oder zumindest gemindert werden können.

Tipp

Bei der Einschätzung der Chancen und Risiken sollten Sie realistisch bleiben. Wenn eine abschließende Beurteilung nicht möglich ist, legen Sie zumindest dar, welche Folgen im besten Fall (*Best Case*) und im schlimmsten Fall (*Worst Case*) eintreten können. Bei der Einschätzung Ihrer Stärken und Schwächen ist ein gewisses Selbstbewusstsein unschädlich, solange Sie nicht übertreiben.

!

Zu den Chancen gehören alle externen Faktoren, die dazu führen, dass das Unternehmen auf dem Markt bestehen und sich eventuell sogar weiterentwickeln kann, beispielweise:

- Bestehen eines Alleinstellungsmerkmals,
- konkrete Kundenanfragen,
- hohe Nachfrage, zum Beispiel durch viele potenzielle Käufer oder weil das Produkt aktuell im Trend liegt,
- Markt nicht gesättigt,
- steigendes Marktwachstum,
- niedriger Konkurrenzdruck, zum Beispiel weil es keine Konkurrenten gibt oder sie aus dem Markt austreten.

Risiken sind dagegen alle Faktoren, die zum Misserfolg des Unternehmens führen können, beispielsweise die im Folgenden dargestellten.

- Marktrisiken:
  - allgemeine Wirtschaftslage, zum Beispiel schwindende Kaufkraft, Rezession,
  - Zahlungsausfälle,
  - geringe Marktakzeptanz,
  - höhere Kosten als geplant,
  - starker Wettbewerb,
  - hohe Wahrscheinlichkeit für das Auftreten von Substitutionsprodukten,

  - verstopfte Absatzkanäle, zum Beispiel im Handel,
  - kein Zugang zu Rohstoffen.
- Technologische Risiken:
  - Ausfall von Produktionsanlagen,
  - Qualitätsmängel in der Produktion,
  - fehlende Kompatibilität mit fremden Produkten,
  - fehlende technische Infrastruktur,
  - Auftauchen neuer Technologien.
- Politische Risiken:
  - gesetzliche Verbote,
  - hohe Umweltauflagen.
- Soziale Risiken:
  - demografische Veränderungen in der Zielgruppe,
  - Wandel von Trends,
  - Änderung des Bewusstseins in der Bevölkerung.
- Personalrisiko:
  - Kündigung wichtiger Mitarbeiter,
  - Arbeitsausfälle, zum Beispiel wegen Krankheit, Elternzeit oder Streiks,
  - Betriebsunfälle.

Schließlich sollten Sie zusätzlich angeben, welche Maßnahmen Sie treffen werden, um die Eintrittswahrscheinlichkeit oder zumindest die Auswirkungen der Risiken zu minimieren (siehe Tab. 2.17).

Risiko	**Eintrittswahrscheinlichkeit**	**Gegenmaßnahmen**
Allgemeine Wirtschaftslage	Gering	
Geringe Marktakzeptanz	Hoch	Vertriebsabsprachen, Produktverbesserungen, Preisanpassungen
Zahlungsausfälle	Mittel	Bonitätsprüfungen der Kunden, Factoring
Verstopfte Absatzkanäle	Hoch	Direktvertrieb, Pull-Strategie
Ausfall von Produktionsanlagen	Gering	Ersatzmaschinen vorhalten, Betriebsunterbrechungsversicherung
Kündigung wichtiger Mitarbeiter	Mittel	Hohes Gehalt, Vereinbarung von Wettbewerbsverboten
Betriebsunfälle	Gering	Einhaltung von Arbeitsschutzstandards, Betriebsunfallversicherung

Tab. 2.17: Risiken, Eintrittswahrscheinlichkeiten und Maßnahmen

2.10 Finanzplan

Was in Ihrem Businessplan nun noch fehlt, ist der Finanzplan. Dieser soll dem Leser einen Überblick darüber schaffen, ob und inwieweit Ihr Unternehmen wirtschaftlich tragfähig ist. Er kann an den Zahlen erkennen, wie lange sich das Unternehmen ohne Fremdkapitalzuschüsse halten kann, wie ertragreich es ist, wie risikobehaftet es in finanzieller Hinsicht ist und welcher Unternehmenswert erwartet werden kann. Erst auf dieser Grundlage entscheidet sich der Leser, ob und inwieweit er in Ihr Unternehmen investieren wird (dies gilt insbesondere für Kapitalgeber).

Üblicherweise besteht der Finanzplan aus folgenden Teilen:

- Kapitalbedarfsplan,
- Liquiditätsplan,
- Plan-Jahresabschlüsse.

!

Wichtig

Bei der Aufstellung dieser Pläne sollte ein Zeitraum von mindestens drei Jahren betrachtet werden. Beim Kapitalbedarfsplan und beim Liquiditätsplan sollte das erste Jahr monatsgenau dargestellt werden, da dies für eine Existenzgründung der kritischste Zeitraum ist. Für das zweite und dritte Jahr reicht üblicherweise eine Betrachtung in Vierteljahren. Die Plan-Jahresabschlüsse sind jeweils für ein ganzes Jahr aufzustellen.

Achten Sie außerdem peinlich genau darauf, dass Ihre Finanzplanung mit den vorherigen Angaben in Ihrem Businessplan übereinstimmt. Insbesondere müssen Ausgaben, zum Beispiel Notargebühren, Miete, Gehälter, für Anschaffungen von Produktionsanlagen und Werbeanzeigen, exakt zu dem Zeitpunkt erfasst werden, wie Sie es im Zeitplan angegeben haben.

ARBEITSHILFE ONLINE

Tipp

Eine Excel-Tabelle steht als Arbeitshilfe online zur Verfügung. Mit ihr können Sie Ihren Finanzplan erstellen.

2.10.1 Kapitalbedarfsplan

Mit dem Kapitalbedarfsplan (häufig auch Investitionsplan genannt) wird der Bedarf an Kapital für eine Unternehmensgründung ermittelt. Darin wird aufgeführt, in welcher Höhe Finanzmittel notwendig sind, um das Unternehmen zu gründen und so lange am Laufen zu halten, bis es sich von alleine trägt. Die Differenz zwischen Eigenkapital und Kapitalbedarf ist durch Fremdkapital zu decken. Ein Kapitalbedarfsplan setzt sich aus einer ganzen Reihe von Positionen zusammen.

- Anschaffungskosten des Anlagevermögens: Hierzu zählen alle Kosten für die Anlagen, durch die die Betriebsbereitschaft hergestellt werden soll, zum Beispiel die für
  - Gebäude und Grundstücke,
  - Produktionsanlagen, zum Beispiel Maschinen,
  - Werkzeuge,
  - Betriebs- und Geschäftsausstattung, zum Beispiel Möbel, EDV- und Telekommunikationsanlage, Software, Kopiergeräte,
  - Dienstfahrzeuge, zum Beispiel Pkws, Gabelstapler, Bagger,
  - Patent-, Lizenz- und Franchise-Gebühren,
  - betriebliche Steuern, zum Beispiel Gewerbesteuer.
- Anschaffungskosten des Umlaufvermögens: Dies sind die Kosten für die Erstbestückung und eventuell erste Folgebestückungen des Lagers, zum Beispiel Vorräte an
  - Waren,
  - Roh-, Hilfs- und Betriebsstoffen.
- Betriebsmittel (Kosten in der Anlaufphase): Dazu gehören alle Kosten, die bis zur voraussichtlichen Erwirtschaftung des ersten Umsatzes (typischerweise drei bis sechs Monate) entstehen, zum Beispiel die für
  - Personal (Gehälter einschließlich sämtlicher Nebenkosten),
  - Beratungsleistungen,
  - Leasingraten,
  - Werbung und Marketing,
  - Miete,
  - Kapitaldienst (Zinsaufwendungen und Tilgungsraten).
- Einmalige Gründungskosten: Das sind alle Ausgaben, die durch die Errichtung des Unternehmens entstehen, darunter
  - Notargebühren, zum Beispiel für die Beurkundung des Gesellschaftsvertrags,
  - Honorare für Unternehmensberater, zum Beispiel Rechtsanwälte, Steuerberater, Unternehmenscoachs,
  - Gebühren für Anmeldungen und Genehmigungen, zum Beispiel Eintrag ins Handelsregister.
- Aufwendungen für den privaten Lebensunterhalt: Da ein Betrieb nicht nur Gewinne erwirtschaften, sondern auch den Lebensunterhalt des Gründers sichern muss, ist es notwendig, Privatausgaben in den Kapitalbedarfsplan mit einzubeziehen. Hier ist dann der Mindestunternehmerlohn einzustellen. Zum privaten Kapitalbedarf gehören zum Beispiel Ausgaben für
  - Miete und Nebenkosten für die privat genutzte Wohnung,
  - Lebensmittel/Hausrat,

  - Kleidung,
  - Raten für private Darlehen, zum Beispiel Verbraucherkredite, BAföG,
  - besondere Anlässe wie Weihnachten, Geburtstage, Reparaturen,
  - Versicherungen, zum Beispiel Krankenversicherung, Altersvorsorge, Unfallversicherung, private Haftpflichtversicherung,
  - Unterhaltsverpflichtungen, zum Beispiel gegenüber Ehegatten und Kindern,
  - private Steuern, zum Beispiel Einkommensteuer, Solidaritätszuschlag.
- Reserve für Unvorhergesehenes: Schließlich sollte sicherheitshalber eine Reserve von mindestens 10% der gesamten vorstehenden Kosten eingeplant werden, um einen Puffer für nicht geplante Ausgaben zu haben, zum Beispiel bei höheren Preisen für Rohstoffe oder Schäden.

Praxis-Beispiel

Beispiel: Kapitalbedarfsplan

		EUR
1.	**Investitionen in das Anlagevermögen**	
1.1	Grundstück/Gebäude inklusive Nebenkosten	0
1.2	Bau- bzw. Umbaumaßnahmen	35.000
1.3	Maschinen, Geräte	0
1.4	Einrichtungen/Büroausstattung	249.800
1.5	Firmenfahrzeuge	0
1.6	Patent-, Lizenz- oder Franchise-Gebühr	0
	Summe [1.]	**284.800**
2.	**Investitionen in das Umlaufvermögen**	
2.1	Roh-, Hilfs- und Betriebsstoffe	0
2.2	Wareneinkauf	0
	Summe [2.]	**0**
3.	**Betriebsmittel (Kosten der Anlaufphase von drei Monaten)**	
3.1	Personal (inklusive Nebenkosten)	0
3.2	Geschäftsführergehalt (inklusive Nebenkosten)	18.000
3.3	Miete zuzüglich Nebenkosten	26.400
3.4	Marketing, Werbung	78.480

		EUR
3.5	Kraftfahrzeugkosten	0
3.6	Reisekosten	150
3.7	Telefon, Fax, Internet	300
3.8	Büromaterial	450
3.9	Verpackung	0
3.10	Reparatur/Instandhaltung	600
3.11	Versicherungen (zum Beispiel Haftpflicht)	420
3.12	Beiträge	0
3.13	Leasing	0
3.14	Beratung/Buchführung	450
3.15	Sonstige Aufwendungen	0
3.16	Zinsaufwendungen	1.500
3.17	Einmalige Gründungskosten	2.500
3.18	Sonstige betriebliche Steuern	0
3.19	Tilgungen	1.000
3.20	Privatentnahme	35.000
3.21	Ggf. Auftragsvorfinanzierung	0
	Summe [3.]	**165.250**
4.	**Einmalige Gründungskosten**	
4.1	Beratungskosten/Aus- und Fortbildungskosten	2.000
4.2	Anmeldung/Genehmigung/Eintragung ins Handelsregister/Notar	500
4.3	Kautionen	0
4.4	Markteinführungskosten/Werbung	0
	Summe [4.]	**2.500**
5.	**Reserve für Unvorhergesehenes [(1. + 2. + 3. + 4.) × 10%]**	**45.255**
6.	**Gesamter Kapitalbedarf [1. + 2. + 3. + 4. + 5.]**	**497.805**
7.	**Eigenkapital**	**160.000**
8.	**Durch Fremdkapital zu deckender Kapitalbedarf [6. – 7.]**	**337.805**

2.10.2 Liquiditätsplan

Um den Geschäftsbetrieb Ihres Unternehmens aufrechterhalten zu können, müssen ständig kurzfristig verfügbare Geldmittel vorhanden sein. Schließlich müssen Sie Ihren finanziellen Verpflichtungen nachkommen, zum Beispiel Lieferantenrechnungen, Gehälter und Mieten zahlen können, also entsprechend liquide sein. Anderenfalls droht Zahlungsunfähigkeit und damit die Insolvenz. Damit die erforderliche Liquidität gewährleistet bleibt, ist eine ständige Überwachung der Zahlungsfähigkeit wichtig. Der Liquiditätsplan ist dabei ein Hilfsmittel, mit ihm lassen sich die voraussichtlichen Einzahlungen und Auszahlungen samt Fristigkeit und Höhe ermitteln. Er zeigt an, wie viel Kapital zu welchem Zeitpunkt dem Unternehmen zufließt und wie viel Kapital zu welchem Zeitpunkt aus dem Unternehmen abfließt. Grundlage sind Detailpläne wie

- Kapitalbedarfsplan (Maschinen, Roh-, Hilfs- und Betriebsstoffe, Lizenzen),
- Personalplan (Gehälter, Sozialabgaben, Personalnebenkosten),
- Umsatzplanung (Auftragseingang, Zahlungseingang).

Wichtig !

Damit die Liquidität sichergestellt ist, müssen die Einzahlungen in Summe stets größer sein als die Auszahlungen. Ist dies nicht der Fall, muss dem Unternehmen Kapital zugeführt werden.

Bei der Liquiditätsplanung sollten Bruttowerte (also einschließlich Umsatzsteuer) angesetzt werden, da Sie diese zunächst einmal vereinnahmen bzw. verausgaben. Zwar erhalten Sie die in den Lieferantenrechnungen ausgewiesene Umsatzsteuer vom Finanzamt als Vorsteuer wieder zurück und Sie müssen die in Ihren Rechnungen ausgewiesene Umsatzsteuer an das Finanzamt abführen, diese Zahlungseingänge und -ausgänge hängen aber von Ihrem Umsatzsteuer-Voranmeldungszeitraum ab. So umfasst der Voranmeldungszeitraum allgemein das Kalendervierteljahr, beträgt die Steuer für das vorangegangene Kalenderjahr jedoch mehr als 7.500 EUR, ist der Kalendermonat Voranmeldungszeitraum. Macht die Steuer für das vorangegangene Kalenderjahr nicht mehr als 1.000 EUR aus, kann das Finanzamt den Unternehmer von der Verpflichtung, Voranmeldungen abzugeben und Vorauszahlungen zu entrichten, befreien. Nimmt der Unternehmer seine berufliche oder gewerbliche Tätigkeit auf, ist im laufenden und folgenden Kalenderjahr Voranmeldungszeitraum der Kalendermonat (§ 18 Abs. 2 Umsatzsteuergesetz (UStG)).

! Tipp

In der Praxis bereitet es oft große Schwierigkeiten, die Höhe von zukünftigen Umsätzen und den tatsächlichen Zeitpunkt der Einzahlungen – der von der Zahlungsmoral künftiger Kunden abhängt – genau und realistisch zu schätzen. Dies gilt insbesondere für Existenzgründer, die noch keine diesbezüglichen Erfahrungen gesammelt haben. Hilfsweise lassen sich insoweit Betriebsvergleichszahlen heranziehen, zum Beispiel die Durchschnittsumsätze vergleichbarer Betriebe. Diese erhalten Sie beispielsweise bei:

- Industrie- und Handelskammern (für alle Branchen),
- Handwerkskammern (für alle Gewerke),
- Fachkammern, zum Beispiel Rechtsanwaltskammer, Ärztekammer,
- Fachverbänden, zum Beispiel Psychologenverband, Hotel- und Gaststättenverband,
- Institut für Handelsforschung,
- Börsenverein des Deutschen Buchhandels,
- Betriebsberatung Einzelhandel (BBE).

! Beispiel: Finanzplan

	Geschäftsjahr 01												**Geschäftsjahr 02**				**Geschäftsjahr 03**	
	Monat												**Quartal**				**Halbjahr**	
	1	2	3	4	5	6	7	8	9	10	11	12	1	2	3	4	1	2
Mitgliederzahl	20	60	100	140	180	220	260	300	340	380	420	460	580	700	820	940	1.180	1.420

2.10.3 Plan-Jahresabschlüsse

Die Plan-Jahresabschlüsse bestehen aus Plan-Gewinn-und-Verlust-Rechnungen sowie Plan-Bilanzen.

2.10.3.1 Gewinn- und Verlustrechnung

Mit der Gewinn- und Verlustrechnung (auch Rentabilitätsvorschau) wird untersucht, ob das geplante Unternehmen zu einem Plan-Gewinn oder zu einem Plan-Verlust führen wird, also rentabel ist. Dazu werden die Erträge und Aufwendungen gegenübergestellt, die in einem Jahr anfallen. Sind die Erträge höher als die Aufwendungen, erzielt das Unternehmen einen Gewinn, anderenfalls einen Verlust.

Die Gewinn- und Verlustrechnung weicht insbesondere in folgenden Punkten von der Liquiditätsplanung ab:

- Bei der Gewinn- und Verlustrechnung wird nicht auf den tatsächlichen Zeitpunkt der Ein- bzw. Auszahlung abgestellt. Vielmehr liegt bereits ein Ertrag vor, wenn Sie Ihren Kunden eine Rechnung stellen, und ein Aufwand bereits dann, wenn Sie eine Rechnung von Ihren Geschäftspartnern erhalten.
- Erträge und Aufwendungen sind immer dem Jahr zuzuordnen, in dem sie wirtschaftlich entstanden sind. Im Rahmen der Finanzbuchhaltung sind daher die einzelnen Jahre voneinander abzugrenzen, zum Beispiel durch Bildung von Rückstellungen sowie aktiver und passiver Rechnungsabgrenzungsposten.
- Erträge und Aufwendungen werden mit Netto-Beträgen (also ohne Umsatzsteuer) erfasst.
- Nicht auszahlungswirksame Aufwendungen, zum Beispiel planmäßige und außerplanmäßige Abschreibungen auf abnutzbare Wirtschaftsgüter des Anlagevermögens oder Abschreibungen auf Forderungen aus Lieferung und Leistungen aufgrund der Zahlungsunfähigkeit von Kunden, stellen zwar Aufwendungen dar, sind aber keine Auszahlungen. Beispiel: Wenn Sie einen Firmenwagen zum Brutto-Preis von 71.400 EUR kaufen, ist dieser Betrag in der Liquiditätsplanung in dem Monat der Anschaffung aufzuführen. Im Rahmen der Gewinn- und Verlustrechnung ist nur der Netto-Betrag geteilt durch die voraussichtliche Nutzungsdauer von sechs Jahren als jährlicher Aufwand zu erfassen: 60.000 EUR / 6 Jahre = 10.000 EUR.

! **Beispiel: Finanzplan**

		1. Jahr	2. Jahr		3. Jahr	
		Aktuelles Jahr	**Aktuelles Jahr**	**Änderung gegenüber Vorjahr**	**Aktuelles Jahr**	**Änderung gegenüber Vorjahr**
1.	Umsatzerlöse	215.395	682.084	466.689	1.166.723	484.639
2.	Erhöhung oder Verminderung des Bestands an fertigen und unfertigen Erzeugnissen	0	0	0	0	0
3.	Andere aktivierte Eigenleistungen	0	0	0	0	0
4.	Sonstige betriebliche Erträge	133.109	504.706	371.597	721.008	216.303
5.	Materialaufwand					
a)	Aufwendungen für Roh-, Hilfs- und Betriebsstoffe und für bezogene Waren	121.008	458.824	337.815	655.462	196.639
b)	Aufwendungen für bezogene Leistungen	90.672	90.672	0	90.672	0
6.	Personalaufwand					
a)	Löhne und Gehälter	60.000	180.100	120.100	265.200	85.100
b)	Soziale Abgaben und Aufwendungen für Altersversorgung und für Unterstützung,	12.000	36.020	24.020	53.040	17.020
7.	Abschreibungen					
a)	Auf immaterielle Vermögensgegenstände des Anlagevermögens und Sachanlagen	39.059	39.059	0	39.059	0
b)	Auf Vermögensgegenstände des Umlaufvermögens, soweit diese die in der Kapitalgesellschaft üblichen Abschreibungen überschreiten	0	0	0	0	0
8.	Sonstige betriebliche Aufwendungen	140.319	55.462	–84.857	55.462	0

		1. Jahr	2. Jahr		3. Jahr	
		Aktuelles Jahr	**Aktuelles Jahr**	**Änderung gegenüber Vorjahr**	**Aktuelles Jahr**	**Änderung gegenüber Vorjahr**
	Ergebnis vor Zinsen und Steuern (EBIT)	**–114.555**	**326.653**	**441.208**	**728.836**	**402.184**
9.	Erträge aus Beteiligungen	0	0	0	0	0
10.	Erträge aus anderen Wertpapieren und Ausleihungen des Finanzanlagevermögens	0	0	0	0	0
11.	Sonstige Zinsen und ähnliche Erträge	0	0	0	0	0
12.	Abschreibungen auf Finanzanlagen und auf Wertpapiere des Umlaufvermögens	0	0	0	0	0
13.	Zinsen und ähnliche Aufwendungen	6.000	6.000	0	6.000	0
14.	Steuern vom Einkommen und vom Ertrag	0	95.635	95.635	215.586	119.951
15.	Ergebnis nach Steuern	–120.555	225.018	345.573	507.250	282.232
16.	Sonstige Steuern	0	0	0	0	0
17.	Jahresüberschuss/Jahresfehlbetrag	–120.555	225.018	345.573	507.250	282.232
	Steuern vom Einkommen und vom Ertrag					
	Körperschaftsteuer	0	48.098		108.425	
	Solidaritätszuschlag	0	2.645		5.963	
	Gewerbesteuer (Hebesatz = 400%)	0	44.891		101.197	
	Gesamt	**0**	**95.634**		**215.585**	

2.10.3.2 Plan-Bilanz

Die Plan-Bilanzen geben einen Überblick über die Vermögens- und Eigenkapitalentwicklung. Hier wird der Art und Höhe des Vermögens auf der Aktivseite (Mittelverwendung) die Herkunft des Vermögens auf der Passivseite (Mittelherkunft) gegenübergestellt:

! **Beispiel: Plan-Bilanz**

Geschäftsjahr 01

Aktiva

A. Anlagevermögen

I. Immaterielle Vermögensgegenstände:	
1. Selbst geschaffene gewerbliche Schutzrechte und ähnliche Rechte und Werte	0 EUR
2. Entgeltlich erworbene Konzessionen, gewerbliche Schutzrechte und ähnliche Rechte und Werte sowie Lizenzen an solchen Rechten und Werten	0 EUR
3. Geschäfts- oder Firmenwert	0 EUR
4. Geleistete Anzahlungen	0 EUR
II. Sachanlagen:	
1. Grundstücke, grundstücksgleiche Rechte und Bauten einschließlich der Bauten auf fremden Grundstücken	0 EUR
2. Technische Anlagen und Maschinen	0 EUR
3. Andere Anlagen, Betriebs- und Geschäftsausstattung	170.861 EUR
4. Geleistete Anzahlungen und Anlagen im Bau	0 EUR
III. Finanzanlagen:	
1. Anteile an verbundenen Unternehmen	0 EUR
2. Ausleihungen an verbundene Unternehmen	0 EUR
3. Beteiligungen	0 EUR
4. Ausleihungen an Unternehmen, mit denen ein Beteiligungsverhältnis besteht	0 EUR
5. Wertpapiere des Anlagevermögens	0 EUR
6. Sonstige Ausleihungen	0 EUR

B. Umlaufvermögen

I. Vorräte:	
1. Roh-, Hilfs- und Betriebsstoffe	0 EUR
2. Unfertige Erzeugnisse, unfertige Leistungen	0 EUR
3. Fertige Erzeugnisse und Waren	0 EUR
4. Geleistete Anzahlungen	0 EUR

Geschäftsjahr 01	
II. Forderungen und sonstige Vermögensgegenstände:	
1. Forderungen aus Lieferungen und Leistungen	
2. Forderungen gegen verbundene Unternehmen	0 EUR
3. Forderungen gegen Unternehmen, mit denen ein Beteiligungsverhältnis besteht	0 EUR
4. Sonstige Vermögensgegenstände	
III. Wertpapiere:	
1. Anteile an verbundenen Unternehmen	0 EUR
2. Sonstige Wertpapiere	0 EUR
IV. Kassenbestand, Bundesbankguthaben, Guthaben bei Kreditinstituten und Schecks	69.181 EUR
C. Rechnungsabgrenzungsposten	0 EUR
D. Aktive latente Steuern	0 EUR
E. Aktiver Unterschiedsbetrag aus der Vermögensverrechnung	0 EUR
Summe Aktiva	**240.042 EUR**

Passiva	
A. Eigenkapital	
I. Gezeichnetes Kapital	25.000 EUR
II. Kapitalrücklage	135.000 EUR
III. Gewinnrücklagen:	
1. Gesetzliche Rücklage	0 EUR
2. Rücklage für Anteile an einem herrschenden oder mehrheitlich beteiligten Unternehmen	0 EUR
3. Satzungsmäßige Rücklagen	0 EUR
4. Andere Gewinnrücklagen	0 EUR
IV. Gewinnvortrag/Verlustvortrag	0 EUR
V. Jahresüberschuss/Jahresfehlbetrag	–120.555 EUR
B. Rückstellungen	
1. Rückstellungen für Pensionen und ähnliche Verpflichtungen	0 EUR
2. Steuerrückstellungen	4.597 EUR
3. Sonstige Rückstellungen	

C. Verbindlichkeiten:		
1.	Anleihen	0 EUR
	davon konvertibel	
2.	Verbindlichkeiten gegenüber Kreditinstituten	196.000 EUR
3.	Erhaltene Anzahlungen auf Bestellungen	0 EUR
4.	Verbindlichkeiten aus Lieferungen und Leistungen	0 EUR
5.	Verbindlichkeiten aus der Annahme gezogener Wechsel und der Ausstellung eigener Wechsel	0 EUR
6.	Verbindlichkeiten gegenüber verbundenen Unternehmen	0 EUR
7.	Verbindlichkeiten gegenüber Unternehmen, mit denen ein Beteiligungsverhältnis besteht	0 EUR
8.	Sonstige Verbindlichkeiten	0 EUR
	davon aus Steuern	0 EUR
	davon im Rahmen der sozialen Sicherheit	0 EUR
D. Rechnungsabgrenzungsposten		0 EUR
E. Passive latente Steuern		0 EUR
Summe Passiva		**240.042 EUR**

2.10.4 Betriebswirtschaftliche Kennzahlen

Anhand der vorgenannten Bestandteile ist es möglich, betriebswirtschaftliche Kennzahlen zu ermitteln. Mit deren Hilfe lassen sich Aussagen treffen zu

- Vermögensstruktur,
- Finanzlage (Liquidität) und
- Ertragslage (Rentabilität).

Im Folgenden werden einige wichtige Kennzahlen vorgestellt.

2.10.4.1 Kennzahlen zur Vermögensstruktur

Die Kennzahlen zur Vermögensstruktur geben Auskunft über die Zusammensetzung der Vermögenswerte, der Schulden und des Eigenkapitals.

Eigenkapitalquote

Die Eigenkapitalquote zeigt, wie hoch der Anteil des Eigenkapitals am Gesamtkapital ist.

Eigenkapitalquote !

$$\text{Eigenkapitalquote} = \frac{\text{Eigenkapital}}{\text{Gesamtkapital}}$$

Je höher die Eigenkapitalquote ausfällt, desto ausgeprägter sind die finanzielle Stabilität des Unternehmens und die Unabhängigkeit gegenüber Fremdkapitalgebern. Banken bewerten daher die Bonität von Unternehmen mit hoher Eigenkapitalquote besser.

Fremdkapitalquote

Die Fremdkapitalquote zeigt den Anteil des Fremdkapitals am Gesamtkapital eines Unternehmens.

Fremdkapitalquote !

$$\text{Fremdkapitalquote} = \frac{\text{Fremdkapital}}{\text{Gesamtkapital}}$$

Sie dient dazu, das Kapitalrisiko zu beurteilen. Bei einem steigenden Anteil von kurz-, mittel- oder langfristigem Fremdkapital kann auch die Neuaufnahme von Krediten schwieriger werden. Zudem steigt das Risiko der Kündigung von Krediten.

Anlagenintensität

Die Anlagenintensität gibt an, wie hoch der Anteil des Anlagenvermögens im Verhältnis zum Gesamtvermögen ist.

Anlagenintensität !

$$\text{Anlagenintensität} = \frac{\text{Anlagevermögen}}{\text{Gesamtvermögen}}$$

Sie ist ein Maßstab für die Flexibilität eines Unternehmens. Je höher das Verhältnis ausfällt, desto höher ist der Anteil des Anlagevermögens am Gesamtvermögen.

Umlaufvermögenintensität
Die Umlaufvermögenintensität zeigt, wie hoch der Anteil des Anlagenvermögens im Verhältnis zum Gesamtvermögen ist.

! **Umlaufvermögenintensität**

$$\text{Umlaufvermögenintensität} = \frac{\text{Umlaufvermögen}}{\text{Gesamtvermögen}}$$

Sie ist ein Indikator für die Flexibilität eines Unternehmens. Eine sinkende Fristigkeit des Vermögens erhöht die Liquidität und senkt den Fixkostenanteil.

2.10.4.2 Kennzahlen zur Finanzlage

Die nachfolgenden Kennzahlen geben Auskunft darüber, ob die Finanzierungsregeln eingehalten werden oder nicht.

! **Wichtig**

Die goldene Finanzregel besagt, dass langfristig gebundenes Vermögen (Grundstücke, Anlagen, Lizenzen) durch langfristiges Kapital (Eigenkapital, Darlehen) gedeckt werden sollte, da ansonsten ein Liquiditätsengpass droht. Die silberne Finanzierungsregel fordert eine Fristenübereinstimmung zwischen Kapital (Passiva) und Vermögen (Aktiva).

Anlagedeckungsgrad I
Der Anlagedeckungsgrad I setzt das Anlagevermögen in Beziehung zum Eigenkapital.

! **Anlagedeckungsgrad I**

$$\text{Anlagedeckungsgrad I} = \frac{\text{Eigenkapital}}{\text{Anlagevermögen}}$$

Der Deckungsgrad I muss nicht 100% betragen; jedoch sollte beachtet werden, dass die Kreditwürdigkeit eines Unternehmens weiter gesichert bleibt. Banken verlangen häufig einen Deckungsgrad I von 30%.

Anlagedeckungsgrad II
Für den Anlagedeckungsgrad II fließt zusätzlich das langfristige Fremdkapital in die Berechnung mit ein.

Anlagedeckungsgrad II !

$$\text{Anlagedeckungsgrad II} = \frac{\text{Eigenkapital + langfristiges Fremkapital}}{\text{Anlagevermögen}}$$

Diese Kennziffer gibt an, inwieweit das Anlagevermögen durch langfristig vorhandenes Kapital gedeckt ist.

Liquidität ersten Grades

Die Liquidität ersten Grades (*cash ratio*) gibt das Verhältnis der flüssigen Mittel (Kasse, Bank, diskontfähige Wechsel, Schecks, börsenfähige Wertpapiere; nicht aber Forderungen) zu den kurzfristigen Zahlungsverpflichtungen an.

Liquidität ersten Grades !

$$\text{Liquiditätssgrad I} = \frac{\text{liquide Mittel}}{\text{kurzfristige Verbindlichkeiten}}$$

Diese Kennziffer erlaubt eine Analyse, inwieweit ein Unternehmen seine derzeitigen kurzfristigen Zahlungsverpflichtungen allein durch seine liquiden Mittel erfüllen kann. Die Praxisnorm liegt zwischen 5% und 10%.

Liquidität zweiten Grades

Die Liquidität zweiten Grades (*quick ratio* oder auch *acid test ratio* (ATR)) gibt das Verhältnis des Geldvermögens zuzüglich Wertpapierbestand und kurzfristige Forderungen zu den kurzfristigen Verbindlichkeiten eines Unternehmens an.

Liquidität zweiten Grades !

$$\text{Liquiditätssgrad II} = \frac{\text{liquide Mittel + kurzfristige Forderungen}}{\text{kurzfristige Verbindlichkeiten}}$$

Die Liquidität zweiten Grades ist ein Maß dafür, ob ein Unternehmen in der Lage ist, seine kurzfristigen Verbindlichkeiten zu bezahlen. Ist sie kleiner als der Wert 1, wird ein Teil der kurzfristigen Verbindlichkeiten nicht durch kurzfristig zur Verfügung stehendes Vermögen gedeckt. Dadurch kann ein Liquiditätsengpass entstehen. Die Praxisnorm liegt zwischen 100% und 120%.

Liquidität dritten Grades

Die Liquidität dritten Grades (*current ratio*) gibt das Verhältnis des Umlaufvermögens zu den kurzfristigen Verbindlichkeiten eines Unternehmens an.

! **Liquidität dritten Grades**

$$\text{Liquiditätsgrad III} = \frac{\text{Umlaufvermögen}}{\text{kurzfristige Verbindlichkeiten}}$$

Ist die Liquidität dritten Grades kleiner als der Wert 1, wird ein Teil der kurzfristigen Verbindlichkeiten nicht durch das Umlaufvermögen gedeckt. Unter Umständen muss dann Anlagevermögen zur Deckung der Verbindlichkeiten verkauft werden. Daher sollte diese Liquiditätskennziffer immer größer als der Wert 1 sein, wobei man nach der sogenannten Banker's Rule einen Mindestwert von 2 anpeilen sollte.

2.10.4.3 Kennzahlen zur Ertragslage

Eigenkapitalrentabilität

Die Kennzahl Eigenkapitalrentabilität bringt die Verzinsung des eingesetzten Eigenkapitals zum Ausdruck.

! **Eigenkapitalrentabilität**

$$\text{Eigenkapitalrentabilität} = \frac{\text{Gewinn vor Steuern}}{\text{Eigenkapital}}$$

Im Vergleich zu anderen Unternehmen der gleichen Branche gilt allgemein: Je höher die Eigenkapitalrentabilität ist, desto positiver fällt die Beurteilung des Unternehmens aus.

Gesamtkapitalrentabilität

Die Kennzahl Gesamtkapitalrentabilität (auch Gesamtrentabilität) gibt die Verzinsung des gesamten Kapitaleinsatzes im Unternehmen an.

! **Gesamtkapitalrentabilität**

$$\text{Gesamtkapitalrentabilität} = \frac{\text{Jahresüberschuss} + \text{Steuern} + \text{Zinsen}}{\text{Gesamtkapital}}$$

Da die Gesamtkapitalrentabilität die Verzinsung des gesamten im Unternehmen investierten Kapitals angibt, also inklusive Fremdkapital, ist sie aussagefähiger als die Eigenkapitalrentabilität. Hier wird die Effizienz des gesamten eingesetzten Kapitals, unabhängig von seiner Finanzierung, betrachtet.

Umsatzrentabilität

Die Umsatzrentabilität (auch Umsatzrendite) stellt den auf den Umsatz bezogenen Gewinnanteil dar.

Umsatzrentabilität !

$$\text{Umsatzrentabilität} = \frac{\text{Gewinn vor Steuern}}{\text{Umsatz}}$$

Diese Kennzahl lässt erkennen, wie viel das Unternehmen in Bezug auf 1 EUR Umsatz verdient hat. Zum Beispiel bedeutet eine Umsatzrendite von 10%, dass mit jedem umgesetzten Euro ein Gewinn von 10 Cent erwirtschaftet wurde. Eine steigende Umsatzrentabilität deutet bei unverändertem Verkaufspreis auf eine zunehmende Produktivität im Unternehmen hin, während eine sinkende Umsatzrentabilität auf sinkende Produktivität und damit auf steigende Kosten hinweist.

Return on Investment (ROI)

Der Return on Investment gibt an, welche Rendite das gesamte im Unternehmen eingesetzte Kapital erwirtschaftet hat.

Return on Investment !

$$\text{Return on Investment} = \frac{\text{Gewinn}}{\text{Gesamtkapital}}$$

Er stellt das Gewinnziel bzw. den prozentualen Anteil des Gewinns am Gesamtkapital dar.

Beispiel: Bilanzanalyse !

	1. Jahr	2. Jahr	3. Jahr
Vermögensstruktur			
Eigenkapitalquote	16,43%	47,90%	65,66%
Fremdkapitalquote	83,57%	52,10%	34,34%
Anlagenintensität	71,18%	23,87%	7,89%
Umlaufvermögenintensität	28,82%	76,13%	92,11%
Finanzlage			
Anlagedeckungsgrad I	23,09%	200,65%	832,10%
Anlagedeckungsgrad II	140,49%	418,88%	1267,26%

	1. Jahr	2. Jahr	3. Jahr
Liquiditätsgrade			
Liquiditätsgrad I	k. A.	k. A.	k. A.
Liquiditätsgrad II	k. A.	k. A.	k. A.
Liquiditätsgrad III	k. A.	k. A.	k. A.
Ertragslage			
Eigenkapitalrentabilität	– 305,62 %	121,25 %	93,67 %
Gesamtkapitalrentabilität	– 47,72 %	59,17 %	62,01 %
Umsatzrentabilität	– 55,97 %	47,01 %	61,95 %
Return on Investment	– 21,84 %	40,76 %	43,16 %

2.10.5 Finanzierungsmöglichkeiten

Ein Blick auf die Gründerszene in Deutschland im Jahr 2015 bezüglich der Mittel, die für die Ingangsetzung der Unternehmen benötig wurden, zeigt, dass weniger als ein Viertel aller Existenzgründer auf Fremdfinanzierung angewiesen sind (siehe Tab. 2.18).

Weder Sach- noch Finanzmittel (sogenannte Karenzgründer)	9 %
Nur Sachmittel	26 %
Auch Finanzmittel	65 %
– davon nur Eigenmittel	42 %
– davon auch externe Mittel	23 %

Tab. 2.18: Ressourcennutzung bei Existenzgründungen in Deutschland (2015); Quelle: Metzger, KfW-Gründungsmonitor 2016

Weiterhin zeigt sich, dass nur 8 % aller Existenzgründer einen Bedarf an externem Kapital von mehr als 25.000 EUR hatten (Makrofinanzierer). Dagegen genügten 15 % aller Existenzgründer ein Fremdkapital von höchstens 25.000 EUR (Mikrofinanzierer). Der Bedarf an Finanzmitteln betrug im Mittel 15.800 EUR, wovon etwa die Hälfte (8.100 EUR) durch Fremdkapital gedeckt wurde. Diese Zahlen zeigen, dass das tatsächlich benötigte Fremdkapital in den meisten Fällen vielfach überschätzt wird.

Wenn Sie im Rahmen der Kapitalbedarfsplanung festgestellt haben, dass Sie nicht über genügend eigene Finanzmittel verfügen, ist zu überlegen, ob Sie sich Fremdkapital beschaffen können. Dazu bestehen mehrere Möglichkeiten, von denen die wichtigsten im Folgenden beschrieben werden.

2.10.5.1 Freunde und Familie

Gründer können neben ihren eigenen Mitteln diejenigen von Familienangehörigen, Freunden oder Partnern (auch die »3 Fs« für *family, friends and fools*) in das Unternehmen investieren. Dies setzt allerdings voraus, dass hierfür grundsätzlich Bereitschaft besteht und die Mittel auch verfügbar sind. Der Vorteil dieser Finanzierung liegt darin, dass die Beschaffung der Mittel einfach und formlos möglich ist. Außerdem sind die Zins- und Tilgungsraten frei verhandelbar und tendenziell günstig. Bei Zahlungsschwierigkeiten wird vielfach Nachsicht geübt.

Wichtig !

Unterschätzen Sie aber nicht die emotionalen Auswirkungen dieser Finanzierungsform. Es ist eine Sache, wenn Sie Ihr eigenes Vermögen riskieren. Wenn Ihr Unternehmen aber ein Misserfolg wird, stehen Sie am Ende nicht nur ohne Geld, sondern möglicherweise auch ohne Freunde da.

2.10.5.2 Banken

Banken gewähren ausschließlich Kredite. Diese sind in der Regel kurzfristig und sehr flexibel zu bekommen. Für einen Kredit erhalten die Banken keine Anteile oder Mitspracherechte am Unternehmen, sondern lediglich Zinsen. Die Kredite werden allerdings nur gegen Sicherheiten gewährt (vgl. Kapitel 3.1.2). Der klassische Bankkredit kommt daher für Existenzgründer nur selten infrage. Er wird eher bei einem späteren Finanzierungsbedarf gewährt, zum Beispiel in der Expansionsphase, wenn bereits Umsätze und Gewinne erzielt wurden und von Wirtschaftsprüfern, Buchprüfern oder Steuerberatern bestätigte Jahresabschlüsse vorliegen.

2.10.5.3 Öffentliche Förderprogramme

Des Weiteren gibt es zahlreiche Förderprogramme der Europäische Union, des Bundes und der Länder. Dabei handelt es sich meistens um Darlehen, aber es kommen auch Bürgschaften und Zuschüsse, die nicht zurückgezahlt werden müssen, infrage. Typisch für öffentliche Förderdarlehen sind insbesondere günstige Zinsen, lange Laufzeiten und häufig eine verhältnismäßig lange Zeitspanne, bis mit der Rückzahlung begonnen werden muss.

!

Tipp

Eine komplette Übersicht über alle Förderprogramme des Bundes, der Länder und der Europäischen Union enthält die Internetdatenbank www.foerderdatenbank.de.

Im Folgenden werden die für Existenzgründer wichtigsten Förderprogramme dargestellt.

ERP-Gründerkredit – StartGeld

Damit wird Gründern sowie Freiberuflern und kleinen Unternehmen, die noch keine fünf Jahre am Markt aktiv sind, eine zinsgünstige Finanzierung von Vorhaben in Deutschland mit einem Fremdfinanzierungsvolumen bis 100.000 EUR ermöglicht. Gefördert werden alle Formen der Existenzgründung, also

- die Errichtung oder die Übernahme von Unternehmen sowie der Erwerb einer tätigen Beteiligung,
- Nebenerwerb, der mittelfristig auf den Haupterwerb ausgerichtet ist,
- Festigungsmaßnahmen innerhalb von fünf Jahren nach Aufnahme der Geschäftstätigkeit,
- erneute Unternehmensgründung, wenn keine Verbindlichkeiten aus einer früheren selbstständigen Tätigkeit mehr bestehen.

ERP-Kapital für Gründung

Gründern sowie Freiberuflern und Mittelständlern, die noch keine drei Jahre am Markt aktiv sind, wird eine zinsgünstige und nachrangige Finanzierung von Vorhaben in Deutschland bis zu 500.000 EUR ermöglicht. Zudem werden die durchleitenden Banken von den Risiken auf Grundlage einer Bundesgarantie entlastet.

KfW-Unternehmerkredit

Das Programm wendet sich an in- und ausländische Unternehmen der gewerblichen Wirtschaft (produzierendes Gewerbe, Handwerk, Handel, Leasinggesellschaften und sonstiges Dienstleistungsgewerbe) und Freiberufler, die seit mindestens fünf Jahren am Markt aktiv sind. Gewährt werden bis zu 25 Mio. EUR, wobei die Kreditdauer bis zu 20 Jahre betragen kann. Gefördert werden auch Vorhaben im Ausland.

KfW-Kapital für Arbeit und Investitionen

Dieses Programm richtet sich an etablierte Unternehmen, die mit ihren Investitionen Arbeitsplätze schaffen oder sichern. Der Finanzierungsanteil kann bis zu 100% der förderfähigen Investitionskosten betragen, wobei der Kreditbetrag auf maximal 4 Mio. EUR pro Vorhaben begrenzt ist. Bei Auslandsinvestitionen sind grundsätzlich nur die auf den deutschen Investor entfallenden Kosten förderfähig.

ERP-Beteiligungsprogramm

Diese Förderung dient der Erweiterung der Eigenkapitalbasis von kleinen und mittleren Unternehmen durch Bereitstellung von Kapital über Kapitalbeteiligungsgesellschaften. Diese erhalten zu diesem Zweck aus dem ERP-Beteiligungsprogramm Refinanzierungskredite, die aufgrund der Garantie einer Bürgschaftsbank gewährt werden. Finanziert werden in der Regel Beteiligungen bis zu 1,25 Mio. EUR, jedoch soll die Beteiligung das vorhandene Eigenkapital nicht übersteigen. Eine wiederholte ERP-geförderte Beteiligung ist zulässig, solange der jeweilige Höchstbetrag nicht überschritten wird. In Ausnahmefällen sind Beteiligungen bis zu 2,5 Mio. EUR möglich.

ERP-Innovationsprogramm

Ziel dieses Programms ist die langfristige zinsgünstige Finanzierung marktnaher Forschung, es dient der Entwicklung neuer Produkte, Produktionsverfahren oder Dienstleistungen sowie ihrer wesentlichen Weiterentwicklung. Die Finanzierung wird entweder als integriertes Finanzierungspaket gewährt, das aus einem klassischen Darlehen (Fremdkapitaltranche) und aus einem Nachrangdarlehen (Nachrangtranche) besteht, oder als reine Fremdkapital finanzierung.

Mikrokreditfonds Deutschland

Hiermit will die Bundesregierung den Zugang zu Kapital für kleinere unternehmerische Tätigkeiten verbessern. Antragsberechtigt sind natürliche Personen sowie Kleinst- und Kleinunternehmen. Die Förderung erfolgt in Form eines Darlehens. Die Kredithöhe beträgt bis zu 20.000 EUR bei einer Laufzeit von bis zu vier Jahren.

Gründungszuschuss

Die Bundesagentur für Arbeit kann gründungsinteressierte Arbeitslose, die Arbeitslosengeld I beziehen, mit dem Gründungszuschuss fördern. Hierbei handelt es sich um eine Ermessensleistung, es gibt also keinen Rechtsanspruch. Die Förderdauer beträgt bis zu 15 Monate und ist in zwei Phasen unterteilt.

- Phase 1: In den ersten sechs Monaten nach dem Unternehmensstart erhält der Gründer einen Zuschuss in Höhe seines individuellen monatlichen Arbeitslosengeldes sowie ebenfalls monatlich eine Pauschale von 300 EUR für seine soziale Absicherung (Kranken-, Pflegeversicherung, Altersvorsorge).

- Phase 2: Nach Ablauf der ersten sechs Monate kann sich eine zweite Förderphase von weiteren neun Monaten anschließen. In diesem Zeitraum wird nur noch die Pauschale von 300 EUR für die Sozialversicherung gezahlt. Um diese zu erhalten, muss der Gründer seine Geschäftstätigkeit und seine hauptberuflichen unternehmerischen Aktivitäten nachweisen.

Einstiegsgeld

Diese Förderung kann beantragt werden, wenn der Gründer Arbeitslosengeld II erhält und aus der Arbeitslosigkeit heraus mit einer sozialversicherungspflichtigen Tätigkeit beginnt, deren monatliches Arbeitsentgelt mehr als 450 EUR beträgt, oder wenn er eine hauptberufliche selbstständige Tätigkeit aufnimmt. Der Grundbetrag des Einstiegsgeldes wird auf Grundlage des monatlichen Regelbedarfs errechnet. Ergänzend dazu kann ein Betrag gewährt werden, der die vorherige Dauer der Arbeitslosigkeit und die Größe des Haushalts berücksichtigt. Auch besondere persönliche Umstände können bei der Bemessung des Einstiegsgeldes berücksichtigt werden.

Die Förderdauer beträgt maximal 24 Monate. Ob und in welcher Höhe man auf Antrag schon vor Aufnahme der Beschäftigung Geld erhält, entscheidet die jeweilige persönliche Ansprechpartnerin bzw. der persönliche Ansprechpartner beim zuständigen Jobcenter. Dabei wird insbesondere geprüft, ob der Antragsteller durch die neue Erwerbstätigkeit voraussichtlich dauerhaft nicht mehr auf Arbeitslosengeld II angewiesen sein wird und ob die Förderung für die Eingliederung in den allgemeinen Arbeitsmarkt erforderlich ist. Bei Gründerinnen und Gründern werden vor einer positiven Förderentscheidung außerdem die prognostizierte wirtschaftliche Tragfähigkeit des Unternehmens sowie die persönliche Eignung für die angestrebte Selbstständigkeit geprüft.

Innovationsgutscheine

Der Bund und einige Bundesländer geben Innovationsgutscheine an kleine und mittlere Unternehmen aus, die damit unter bestimmten Voraussetzungen eine finanzielle Förderung für die Planung, Entwicklung und Umsetzung neuer Produkte oder Dienstleistungen bzw. für deren qualitative Verbesserung erhalten. Mit den BMWi-Innovationsgutscheinen können etwa bis zu 50% der Ausgaben für externe Beratungsleistungen zu Potenzialanalysen (maximal 5.500 EUR), Realisierungskonzepten (maximal 13.750 EUR) und Projektmanagement (maximal 8.250 EUR) abgedeckt werden. In Baden-Württemberg gibt es beispielsweise den Innovationsgutscheine A über 2.500 EUR für wissenschaftliche Tätigkeiten im Vorfeld der Entwicklung eines innovativen

Produkts, einer Dienstleistung oder einer Verfahrensinnovation, zum Beispiel für Technologie- und Marktrecherchen, Machbarkeitsstudien, Werkstoffstudien, Designstudien sowie Studien zur Fertigungstechnik. Der Innovationsgutscheine B über 5.000 EUR ist für umsetzungsorientierte Forschungs- und Entwicklungstätigkeiten gedacht, die darauf ausgerichtet sind, innovative Produkte, Produktionsverfahren und Dienstleistungen bis zur Markt- bzw. Fertigungsreife auszugestalten, zum Beispiel Konstruktionsleistungen, Service-Engineering, Prototypenbau, Design, Produkttests zu Qualitätssicherung und Umweltverträglichkeit.

EXIST-Gründerstipendium

Hiermit werden Studierende, Absolventen sowie Wissenschaftler aus Hochschulen und außeruniversitären Forschungseinrichtungen unterstützt, die ihre Gründungsidee realisieren und in einen Businessplan umsetzen möchten. Die Gründungsvorhaben sollten innovative technologieorientierte oder wissensbasierte Projekte mit signifikanten Alleinstellungsmerkmalen und guten wirtschaftlichen Erfolgsaussichten sein. Die Stipendiaten erhalten nicht rückzahlungspflichtige Zuschüsse zur Sicherung des persönlichen Lebensunterhalts (promovierte Gründer: 3.000 EUR/Monat, Absolventen mit Hochschulabschluss: 2.500 EUR/Monat, technische Mitarbeiter: 2.000 EUR/Monat, Studierende 1.000 EUR/Monat sowie einen Kinderzuschlag von 150 EUR/Monat und Kind), für Sachausgaben (bis zu 10.000 EUR für Einzelgründungen, für Teams maximal 30.000 EUR) sowie für Coaching (maximal 5.000 EUR). Die Höchstförderdauer liegt bei einem Jahr.

Förderung unternehmerischen Know-hows

Dieses Programm richtet sich an junge Unternehmen, die nicht länger als zwei Jahre am Markt sind (Jungunternehmen), Unternehmen ab dem dritten Jahr nach der Gründung (Bestandsunternehmen) und Unternehmen, die sich in wirtschaftlichen Schwierigkeiten befinden – Letztere unabhängig vom Unternehmensalter (Unternehmen in Schwierigkeiten) –, die der EU-Mittelstandsdefinition für kleine und mittlere Unternehmen entsprechen. Gefördert werden allgemeine Beratungen zu allen wirtschaftlichen, finanziellen, personellen und organisatorischen Fragen der Unternehmensführung, spezielle Beratungen, um strukturellen Ungleichheiten zu begegnen, und solche zur Unternehmenssicherung.

Wichtig !

Öffentliche Förderdarlehen müssen immer über die Hausbank beantragt werden (Hausbankprinzip). Sie prüft zunächst die fachlichen und kaufmännischen Qualifikationen des Gründers, den Businessplan und alle weiteren notwendigen Unterlagen. Nur wenn die Hausbank von den unternehmerischen Fähigkeiten und dem

Vorhaben überzeugt ist, leitet sie die Unterlagen weiter. Außerdem ist zu beachten, dass Fördermittel regelmäßig vor Beginn des Vorhabens zu beantragen sind. Im Nachhinein werden keine Fördermittel bewilligt. Gehen Sie daher im Vorfeld keine finanziellen Bindungen ein, bei denen Sie die Fördermittel fest einplanen.

2.10.5.4 Business-Angels

Business-Angels sind vermögende Privatinvestoren mit unternehmerischem Hintergrund, die Kapital für alle Gründungsphasen, insbesondere die frühen Seed- und Start-up-Phasen, zur Verfügung stellen. Meist bringt ein Business-Angel seine Erfahrungen aus der eigenen beruflichen Laufbahn zusätzlich als ideellen Wert ins Unternehmen ein.

2.10.5.5 Inkubatoren

Diese Institutionen kümmern sich um das »Ausbrüten« und die »Aufzucht« junger Unternehmen. Das Ziel ist, die Überlebensfähigkeit der jungen Unternehmen zu steigern, den Zeitraum bis zum Markteintritt zu verkürzen sowie benötigte Ressourcen (vergünstigt) bereitzustellen. Inkubatoren unterstützen ihre Start-ups auch bei der Beantragung von Fördermitteln. Mittlerweile verfügen viele Hochschulen und Städte/Gemeinden über solche Inkubatoren-Angebote.

2.10.5.6 Crowd-Investing

Beim Crowd-Investing (Schwarmfinanzierung) wird das Kapital von vielen kleinen Geldgebern gemeinsam aufgebracht. Ermöglicht wird dies über Internetplattformen, auf denen sich die Start-ups einer Vielzahl an Investoren präsentieren können. Weckt ein Start-up das Interesse der Benutzer der Plattform, kann daraus ein Investment entstehen. Bekannte Crowd-Investing-Plattformen sind beispielsweise:

- Kickstarter (www.kickstarter.com),
- Seedmatch (www.seedmatch.de),
- Crowd Nine (www.crowdnine.de).

2.10.5.7 Venture-Capitalists

Venture-Capitalists sind Unternehmen oder Fonds, die sich auf befristete Risikokapitalbereitstellung spezialisiert haben. Sie investieren in rasch wachsende (junge) Unternehmen, dafür vereinbaren sie vertraglich Informations-, Kontroll- und Mitspracherechte und bieten zumindest passive Führungsunterstützung an. Venture-Capital wird entweder direkt von Unternehmen (Corporate-Venture-Capital) oder institutionellen Captive-Fonds (mit Banken, Versicherungen, Pensionsfonds oder Privatpersonen als Investoren) zur Verfügung gestellt.

Venture-Capitalists verlangen – anders als Banken – in der Regel keine Sicherheiten vom Existenzgründer. Allerdings erwarten sie im Gegenzug ein überdurchschnittliches Wachstum und hohe Renditen sowie eine Exit-Option, das heißt die Möglichkeit, vollständig auszusteigen, etwa durch Verkauf der Anteile bei einer Übernahme des Unternehmens. Da sie ein starkes Interesse an der positiven Entwicklung ihrer Beteiligungsunternehmen haben, unterstützen sie häufig das Management aktiv und helfen bei der Umsetzung der Planungen.

Die in der Praxis gängigste Finanzierungsform ist die Gewährung sogenannter *convertible notes*. Hierbei handelt es sich um ein Wandeldarlehen, das zunächst als Kredit gewährt wird, um später im Rahmen eines festgelegten Ereignisses, zum Beispiel einer weiteren Finanzierungsrunde, in Anteile umgewandelt zu werden. Dieser Kredit ist mit einem Zins, einem Höchstwert (Cap) und einem Abschlag (Discount) ausgestattet.

Beispiel !

Ein Venture-Capitalist investiert 100.000 EUR bei einem Höchstwert (Cap) von 1 Mio. EUR. Findet nun eine neue Finanzierungsrunde statt, kann der Erstinvestor wählen, ob er den Kredit weiterlaufen lässt oder ihn in Eigenkapital umwandelt:

- Wird das Unternehmen nun mit 2 Mio. EUR bewertet, also doppelte so hoch wie der vereinbarte Cap, erwirbt der Venture-Capitalist im Fall der Umwandlung 10% statt bloß 5% der Anteile.
- Ergibt die Bewertung nur 0,8 Mio. EUR, liegt sie also unter dem vereinbarten Cap, erhält der Venture-Capitalist im Fall der Umwandlung einen Abschlag (Discount), der je nach Vereinbarung zwischen 10% und 30% liegen kann. Bei einem Abschlag von 30% erhält der Erstinvestor 17,86% der Anteile statt 12,5%.

2.11 Anhang

Der Anhang bildet den Abschluss Ihres Businessplans. Hier sind wichtige Unterlagen enthalten, die Ihre zuvor getätigten Aussagen noch einmal untermauern sollen.

! **Wichtig**

Der Anhang dient nur der zusätzlichen Information. Alles Wesentliche sollte im Hauptteil Ihres Businessplans stehen.

Der Anhang kann beispielsweise die im Folgenden genannten Dokumente (in Kopie!) enthalten.

- Planungsrechnungen:
  - detaillierter Finanzplan (insbesondere Umsatzplan),
  - Preiskalkulationen,
  - Best-/Worst-Case-Berechnungen,
  - Personalplan,
  - Zeitplan.
- Nachweise zum Unternehmer:
  - tabellarischer Lebenslauf,
  - Zeugnisse,
  - Qualifikationen/Zertifikate.
- Behördliche Genehmigungen und Zulassungen:
  - Gewerbeanmeldung,
  - Handelsregisterauszug,
  - Betriebserlaubnisse,
  - Konzessionen,
  - Bestätigung der Eintragung in die Handwerksrolle,
  - Urkunden zu gewerblichen Schutzrechten, zum Beispiel Erteilungsurkunde oder Offenlegungsschrift zu Patenten, Auszüge aus dem Marken- und Designregister,
  - Anerkennung des Finanzamtes einer freiberuflichen Tätigkeit.
- Verträge und Vertragsentwürfe:
  - Betriebsübernahmevertrag,
  - Gesellschaftsvertrag,
  - Lieferantenverträge,
  - Franchise-Verträge.
- Technische Dokumentationen:
  - technische Zeichnungen,
  - Bedienungsanleitung,
  - Produktionsprozessbeschreibungen und -skizzen.

- Wirtschaftliche Dokumente:
  - Jahresabschlüsse bei Unternehmensübernahmen,
  - Stellungnahme einer fachkundigen Stelle,
  - Marktforschungsergebnisse von Markttests,
  - Werbematerialien, zum Beispiel Prospekte.

Tipp !

Es empfiehlt sich, die einzelnen Unterlagen im Anhang fortlaufend zu nummerieren und im Hauptteil auf diese Nummern zu verweisen, sodass der Leser schnell das richtige Dokument finden kann.

3 Präsentation des Businessplans

Nachdem Sie den Businessplan fertig gestellt haben, können Sie sich – falls erforderlich – auf die Suche nach Kapitalgebern machen. Hierfür reicht es regelmäßig nicht aus, potenziellen Interessenten einfach den Businessplan zuzuschicken, vielmehr wird es bei Interesse auch zu Rückfragen kommen. Dann gilt es, Ihre Geschäftsidee in einem persönlichen Gespräch überzeugend zu präsentieren und letzte Zweifel an Ihrem Businessplan auszuräumen, sodass einer Investition in Ihr Vorhaben keine Hindernisse mehr entgegenstehen. In der Praxis ergeben sich für Existenzgründer zwei wichtige Gelegenheiten, um an Kapital heranzukommen, nämlich

- das Bankgespräch und
- Situationen, in denen sie einen Elevator-Pitch anbringen können.

3.1 Bankgespräch

Die Bank oder Sparkasse gehört zu den wichtigsten Geschäftspartnern eines Unternehmers. So werden der gesamte Zahlungsverkehr mit Lieferanten und Kunden, die Kreditaufnahme sowie die Beantragung öffentlicher Fördermittel über die Hausbank des Unternehmens abgewickelt.

3.1.1 Auswahl der Hausbank

Es ist daher wichtig, sich zunächst nach einem geeigneten Kreditinstitut umzusehen, das zu Ihrem Unternehmen und Ihrer Branche passt. Bei der Hausbank handelt es sich um eine Bank oder Sparkasse, bei der Sie Ihr Geschäftskonto einrichten und ggf. Kredite aufnehmen. Auf folgende Punkte sollten Sie dabei achten:

- Welche Konditionen werden angeboten?
- Gibt es in Ihrer Branche oder bei Ihren Geschäftspartnern eine Bank, die besonders häufig genutzt wird?
- Ist die Beratung der Bank vertrauensvoll und gründlich?
- Ist Ihnen der Kundenberater sympathisch?
- Kennt der Kundenberater Ihren Markt oder kann er zumindest auf entsprechende Informationen zugreifen?
- Ist Ihr Kundenberater in der Lage und auch bereit, Sie über öffentliche Förderprogramme zu informieren?
- Welchen Service bietet die Bank?
- Wurde Ihnen die Bank empfohlen?
- Werden Kreditentscheidungen vor Ort getroffen oder in der Zentrale?

3.1.2 Vorbereitung

Auf das Bankgespräch sollten Sie sich gründlich vorbereiten, dabei sind vor allem die folgenden Aspekte zu berücksichtigen.

Zusammenstellung der Unterlagen
In dem Gespräch werden insbesondere die wirtschaftlichen Erfolgsaussichten Ihres Vorhabens und Ihre persönliche finanzielle Lage thematisiert. Stellen Sie daher alle Unterlagen zusammen, die Ihre Argumentation unterstützen. Hierzu gehören der Businessplan sowie die folgenden Dokumente (sofern nicht bereits im Anhang des Plans enthalten):

- Lebenslauf mit beruflichem Werdegang,
- Arbeits- und Prüfungszeugnisse,
- detaillierter Finanzplan,
- Verträge und Vertragsentwürfe,
- Kapitaldienstberechnung (Übersicht über die voraussichtlichen Zins- und Tilgungsraten für die zu beantragende Kreditsumme),
- Nachweis über vorhandenes Eigenkapital,
- ggf. Bestätigung über eine Existenzgründungsberatung durch einen Berater.

Bei bereits bestehenden Unternehmen kommen weitere Unterlagen hinzu, zum Beispiel:

- Jahresabschlüsse,
- betriebswirtschaftliche Auswertungen,
- Auftragsentwicklung in den Vorjahren,
- Übersicht über bestehende Kredite und Kreditlinien,
- Liste der wichtigsten Geschäftspartner, zum Beispiel Großkunden, Lieferanten und Kooperationspartner,
- Organigramm.

Stellen Sie außerdem eine Liste der Sicherheiten auf, mit denen Sie den Kredit absichern können. Eine Bank wird Ihnen nämlich nur dann einen Kredit geben, wenn sie sicher ist, dass sie das geliehene Geld von Ihnen zurückbekommen wird. Ob und zu welchen Konditionen Sie einen Kredit erhalten, hängt maßgeblich von Ihrer Kreditwürdigkeit ab. Diese können Sie zwar anhand Ihrer bisherigen Kontoführung, Ihrer privaten und ggf. betrieblichen Vermögensverhältnisse sowie einer SCHUFA-Auskunft nachweisen. Dennoch verlangen Banken regelmäßig zusätzliche Sicherheiten, auf die sie im Fall des Ausfalls der Zins- und Tilgungsraten zurückgreifen können. Mögliche Sicherheiten sind insbesondere:

- Grundpfandrechte (Grundschuld/Hypothek),
- Bankguthaben,

- Wertpapiere,
- Lebensversicherungen mit Rückkaufswert,
- Bürgschaften,
- Maschinen,
- Kfz,
- Kundenforderungen,
- Warenlager,
- Ladeneinrichtung.

Businessplan kritisch hinterfragen

Die beste Vorbereitung auf das Bankgespräch ist die intensive Auseinandersetzung mit dem Businessplan und seinen Inhalten. Sie sollten sich daher nach Fertigstellung Ihres Businessplans nochmals intensiv mit allen Aspekten beschäftigen und genau prüfen, welche Stärken, aber auch welche Schwächen vorhanden sind. Erstellen Sie eine Kurzfassung Ihres Businessplans, in der Sie Ihre fachlichen, kaufmännischen und unternehmerischen Fähigkeiten, das Vorhaben, das Angebot, Absatz- und Kundenstruktur, den Wettbewerb und die Marktposition sowie die Rechtsform und eventuell haftende Gesellschafter beschreiben.

Tipp !

Sprechen Sie den Businessplan mit Dritten durch, um ihn auf Schwachstellen zu untersuchen. Unterstützung können Sie dabei von Gründungsberatern oder ggf. von Familienangehörigen und Freunden erhalten.

Information über Förderprogramme

Holen Sie Information über Förderprogramme ein, die für Ihr Unternehmen infrage kommen (vgl. Kapitel 2.10.5.3). Bei den meisten Anträgen muss nämlich die Hausbank eingeschaltet werden.

Terminvereinbarung

Nun können Sie einen Termin vereinbaren. Geben Sie gleich an, was Sie vorhaben und wie hoch der Kredit sein soll. Fragen Sie nach einem hierauf spezialisierten Kundenberater und erkundigen Sie sich bei ihm, welche Unterlagen er genau benötigt. Sagen Sie ihm ggf. auch, um welches Förderprogramm Sie sich bemühen wollen.

! **Tipp**

Je mehr Informationen Sie bei der Terminvereinbarung dem Kundenberater geben, desto gründlicher kann er sich auf das Gespräch vorbereiten. Auch sollten Sie aus diesem Grund die geforderten Unterlagen rechtzeitig bei der Bank einreichen. Der Kundenberater kann Ihnen dann eventuell bereits beim ersten Termin einen Finanzierungsvorschlag unterbreiten.

3.1.3 Termin

Kommt es zu einem Bankgespräch, sind die im Folgenden dargestellten Details zu beachten.

Auftreten

Bleiben Sie stets glaubwürdig und authentisch! Ihre Sprache, Ihr Auftreten und auch Ihre Kleidung sollten zu Ihrer Person und Ihrem Vorhaben passen. Treten Sie nicht als Bittsteller auf, sondern seien Sie selbstbewusst. Sie werden Ihr Gegenüber nur dann überzeugen können, wenn Sie deutlich machen, dass Sie voll und ganz hinter Ihrem Vorhaben stehen. Machen Sie dem Bankberater klar, dass Sie ihn auch künftig gut informieren werden und an einer vertrauensvollen Zusammenarbeit interessiert sind.

Hinzuziehen von Beratern

Berater, die Sie bei der Erstellung des Businessplans unterstützt haben, dürfen regelmäßig am Bankgespräch teilnehmen. Allerdings spielen die Hauptrolle immer Sie selbst, der Berater sollte sich nur auf Nachfrage zu speziellen Themen, zum Beispiel zu steuerlichen Fragen oder zur Bewertung von Sicherheiten, unterstützend einbringen. Ein Bankberater würde Sie nämlich nicht als vertrauenswürdig einschätzen, wenn Sie Ihr eigenes Vorhaben nicht selbst erklären können.

Präsentation

Gehen Sie nicht unvorbereitet zur Bank. Je besser Sie sich inhaltlich auf das Bankgespräch vorbereiten, desto größer sind die Chancen, dass Sie Ihr Ziel erreichen. In der Regel beginnt das Gespräch mit einer kurzen Präsentation Ihres Vorhabens. Vermeiden Sie es, Ihren Businessplan einfach vorzulesen, konzentrieren Sie sich stattdessen auf die wichtigsten Punkte. Dies sind insbesondere Angaben zu folgenden Fragen:

- Worin genau besteht Ihre Geschäftsidee?
- Welchen Nutzen hat Ihr Produkt für den Kunden?
- Wie sehen der Markt und der Wettbewerb aus?
- Welche Zielgruppe peilen Sie an?

- Verfügt Ihr Produkt über ein Alleinstellungsmerkmal?
- Wie wollen Sie Ihr Produkt vermarkten (insbesondere Preisgestaltung und Werbung)?
- Wie hoch schätzen Sie Ihr Absatzpotenzial ein?
- Wie hoch ist die Rentabilität?
- Weshalb sind Ihre Investitionen notwendig?
- Wie hoch ist Ihr Bedarf an Fremdkapital?

Wichtig !

Die Präsentation sollten Sie frei und verständlich vortragen. Vermeiden Sie es, in Ihrem Businessplan herumzublättern, und verwenden Sie möglichst keine ungeläufigen Fachbegriffe. Zwischenfragen des Bankberaters sollten Sie zulassen und sich dadurch nicht aus dem Konzept bringen lassen.

Im Anschluss an die Präsentation wird der Bankberater in der Regel auf einzelne Aspekte Ihres Businessplans eingehen und versuchen, (echte oder vermeintliche) Widersprüche oder Unzulänglichkeiten aufzudecken. Hierdurch will er auch überprüfen, ob Sie Ihr Vorhaben tief durchdacht haben und die notwendigen fachlichen und persönlichen Kompetenzen mitbringen, auch auf irritierende Fragen souverän zu antworten. Erst wenn Sie Ihr Gegenüber von Ihrem Vorhaben und Ihrer Persönlichkeit überzeugt haben, können die eigentlichen Kreditverhandlungen beginnen. Dabei geht es dann um Aspekte wie

- die Höhe des Kredits,
- Zahlungskonditionen (Zins- und Tilgungsraten, Dauer),
- Möglichkeiten außerordentlicher Tilgungszahlungen,
- die Gestellung von Sicherheiten,
- eventuell das Beantragen von Förderprogrammen.

3.1.4 Nachbearbeitung

Für ihre Entscheidung benötigt die Sparkasse oder Bank je nach Kredithöhe wenige Tage bis Wochen. Ist das Bankgespräch erfolgreich verlaufen, sollten Sie weiterhin den Kontakt zu Ihrem Bankberater suchen und die Beziehung zur Bank pflegen. Informieren Sie ihn regelmäßig über Ihre Fortschritte – selbst dann, wenn Sie derzeit nicht beabsichtigen, neue Kredite aufzunehmen – und teilen Sie ihm rechtzeitig mit, wenn sich erhebliche Abweichungen von Ihren Planungen ergeben. Selbst wenn Sie im vergangenen Jahr die gesetzten Ziele nicht erreicht haben, können Sie der Bank Ihren Unternehmergeist beweisen, indem Sie neue Strategien für das nächste Jahr entwickeln.

Falls die Bank Ihr Vorhaben nicht finanzieren will, sollten Sie eine Nachbetrachtung zum Termin anstellen:

- Warum hat die Bank die Kreditvergabe abgelehnt? (Fragen Sie ggf. nach!)
- Kam Ihre Präsentation beim Bankberater gut an?
- Waren Sie in der Lage, Rückfragen zu beantworten?
- War die Kritik des Bankberaters an Ihrem Businessplan berechtigt?

Überarbeiten Sie Ihr Konzept dementsprechend und holen Sie sich ggf. fachkundige Unterstützung, zum Beispiel von einem Steuerberater, Rechtsanwalt oder Gründungsberater. Nehmen Sie dann Kontakt zu weiteren Kreditinstituten auf und präsentieren Sie dort Ihren (nachgebesserten) Businessplan.

3.2 Elevator-Pitch

Ein Elevator-Pitch (Aufzugspräsentation) ist eine kurze, informative und prägnante Präsentation einer Geschäftsidee zu einem Produkt. Der dahinterstehende Gedanke ist, dass die Präsentation in der kurzen Zeit, die eine Fahrstuhlfahrt dauert, durchgeführt werden soll. Beim Elevator-Pitch muss also nicht der gesamte Businessplan dargelegt werden, sondern es geht darum, die Zuhörer innerhalb kürzester Zeit (in 30 Sekunden bis zu drei Minuten) neugierig zu machen, sodass sie anschließend zu einem ausführlichen Gespräch bereit sind.

Die Anlässe für einen Elevator-Pitch sind mannigfaltig und können sich jederzeit ergeben. Egal ob auf Messen, Partys, bei öffentlichen Auftritten, in E-Mails oder auf Ihrer Homepage, vor Investoren oder potenziellen Kunden, überall gewinnen kurze, bestechende Präsentationen an Bedeutung. Ein wirkungsvoller Elevator-Pitch ist wie eine kurze Theaterinszenierung, die dem Zuhörer in Erinnerung bleiben soll. Nun hinterlässt es keinen sonderlichen Eindruck, wenn Sie lediglich aufsagen,

- wer Sie sind,
- was Sie machen und
- was andere davon haben.

Stattdessen empfiehlt es sich in den meisten Fällen, die Dramaturgie Ihres Elevator-Pitchs nach dem AIDA-Prinzip aufzubauen:[1]

- *Attention* (Aufmerksamkeit),
- *Interest* (Interesse),
- *Desire* (Wünsche),
- *Action* (Aktion).

Wichtig !

Um Ihren Zuhörer zu beeindrucken, müssen Sie sich in dessen Situation versetzen. Stellen Sie sich daher im Vorfeld folgende Fragen:

- Steht Ihnen ein potenzieller Geldgeber, Kunde, Lieferant, Kooperationspartner oder Mitarbeiter gegenüber?
- Was interessiert ihn am meisten?
- Womit können Sie ihn ködern?

3.2.1 Attention

Bereits in den ersten Sekunden entscheidet sich, ob Sie die Aufmerksamkeit Ihres Zuhörers auf sich ziehen können. Damit das gelingt, bieten sich verschiedene Einstiegsmöglichkeiten an.

- Kraftvolle Frage: Sie beginnt mit einem Fragewort und lädt den Zuhörer dazu ein, eine Antwort zu geben. Damit regt sie dessen Phantasie und Kreativität an. Beispiel: »Warum ist es eigentlich nicht möglich, ...?«
- Interessante Geschichte: Berichten Sie über ein Ereignis, das Ihnen oder einem anderen widerfahren ist, bei dem sich ein Problem aufgetan hat, für das es bisher keine Lösung gibt. Insoweit ist es wichtig, dass sich der Zuhörer in die Geschichte einfinden kann. Am besten ist es natürlich, wenn er das Problem auch schon einmal hatte. So kann er sich die Vorteile Ihres Produkts leichter vorstellen. Beispiel: »Neulich ist mir Folgendes passiert: ...«
- Metapher: Versuchen Sie, Bilder im Kopf des Zuhörers zu malen. Der Gebrauch bildhafter Analogien ist insbesondere vorteilhaft, wenn das eigentliche Thema kompliziert ist. Beispiel: »Stellen Sie sich eine Welt vor, in der ...«
- Überraschende Information: Machen Sie eine Aussage über eine Tatsache, die den meisten Menschen nicht bekannt ist. Wichtig ist, dass diese Tatsache Emotionen auslöst, insbesondere Empörung, die reflexhaft dazu motiviert, nach einer Lösung zu suchen. Beispiel: »Untersuchungen haben ergeben, dass ...«

1 Vgl. Bohinc (2014) und Skambraks (2012).

3.2.2 Interest

Sobald Sie die Aufmerksamkeit des Zuhörers haben, gilt es, sein Interesse für Ihr Vorhaben zu wecken. Legen Sie dar,

- worin das Kernproblem Ihrer potenziellen Kunden besteht,
- inwieweit Ihr Produkt dieses Problem löst,
- welchen Nutzen der Kunde durch Ihr Produkt hat,
- was Sie anders machen als Ihre Wettbewerber (Alleinstellungsmerkmale hervorheben!).

! **Tipp**

Verraten Sie nicht den tatsächlichen Trick, wie Ihr Produkt das Kundenproblem löst. Diese Details sollten erst in Folgegesprächen erklärt werden.

3.2.3 Desire

Im nächsten Schritt müssen Sie den Zuhörer dazu bringen, dass er mehr über Ihr Vorhaben erfahren will. Dabei ist zu beachten, dass nicht bloße Zahlen, Daten und Fakten die Menschen bewegen, sondern vielmehr die Frage, was Ihre Idee für sie bedeutet. Es ist daher wichtig herauszufinden, welche Wünsche des Zuhörers sich mit Ihrer Geschäftsidee verwirklichen lassen. Die Möglichkeiten sind vielfältig:

- Gewinn: Erläutern Sie, welchen wirtschaftlichen Vorteil der Zuhörer von Ihrem Vorhaben hat, zum Beispiel hohe Rendite bei Investoren, gute Auftragslage für Lieferanten, Kostensenkungen oder Zeitersparnisse bei Kunden.
- Freude: Lassen Sie erkennen, wie viel Spaß Ihr Gegenüber mit Ihrem Produkt haben kann.
- Sicherheit: Erklären Sie, wie sich ein konkretes Problem des Zuhörers durch Ihr Produkt lösen lässt.
- Anerkennung: Legen Sie dar, inwieweit Ihre Geschäftsidee dem Image oder Prestige des Zuhörers zuträglich ist.
- Altruismus: Menschen sind soziale Wesen. Sie sind nicht immer auf den eigenen Vorteil bedacht, sondern möchten gerne auch anderen Menschen helfen. Zeigen Sie daher auf, inwiefern der Zuhörer daran mitwirken kann, dass die Welt ein bisschen besser wird.

3.2.4 Action

Wenn Sie mit Ihrem Elevator-Pitch Erfolg gehabt haben, ergibt sich danach entweder ein Folgetermin oder zumindest das Versprechen des Zuhörers, sich mit Ihrer Geschäftsidee intensiver zu beschäftigen. Nutzen Sie diese Gelegenheit und vereinbaren Sie direkt einen Termin. Oder Sie senden so bald wie möglich Ihre Unterlagen an den Zuhörer, bevor sein Interesse nachlässt, weil er sich wieder mit anderen Themen befasst.

3.2.5 Grundregeln

Beim Elevator-Pitch überzeugen Sie nicht nur durch Inhalte, sondern auch durch Ihre persönliche Ausstrahlung. Damit Ihr Elevator-Pitch gelingt, sollten Sie daher die folgenden Regeln beachten.

- Auftreten:
  - Strahlen Sie Begeisterung aus, damit der Funke auf den Zuhörer überspringen kann.
  - Nehmen Sie eine aufrechte Körperhaltung ein, um den Zuhörer Selbstbewusstsein und Tatkraft zu vermitteln.
  - Halten Sie direkten Blickkontakt. Hierdurch erhält Ihr Gegenüber den Eindruck, persönlich angesprochen zu werden und Teil Ihrer Geschäftsidee zu sein.
  - Achten Sie auf Ihre Handbewegungen. Hände sind wichtige Kommunikationsmittel, mit denen Sie die Aufmerksamkeit auf sich lenken und Dinge beschreiben können. Stecken Sie Ihre Hände nicht in die Tasche, spielen Sie nicht mit etwas herum und zeigen Sie nicht mit dem Finger auf Ihren Zuhörer! Wenn Sie nicht wissen, was Sie mit Ihren Händen machen sollen, halten Sie sie einfach oberhalb der Gürtellinie.
- Sprache:
  - Sprechen Sie klar und deutlich, damit der Zuhörer Sie verstehen kann.
  - Sprechen Sie etwas langsamer, als Sie es sonst tun. Dadurch können Sie sich besser darauf konzentrieren, was Sie sagen wollen, und verhaspeln sich nicht so schnell.
  - Machen Sie gelegentlich eine Pause. Der Zuhörer muss Ihren Gedanken folgen können.
  - Modulieren Sie Ihre Stimme ein wenig, sprechen Sie zum Beispiel mal langsam, mal schnell und mal laut, mal leise. Eine monotone Stimmlage sorgt beim Zuhörer nach einer gewissen Zeit für Langeweile.
  - Vermeiden Sie Fremdwörter, Abkürzungen oder Fachbegriffe. Denn wenn der Zuhörer bestimmte Begriffe nicht kennt, kann er Ihren Ausführungen möglicherweise nicht mehr folgen.

- Sprechen Sie möglichst in Bildern. Dadurch verankern Sie Ihre Inhalte emotional besser im Gehirn Ihres Gegenübers.

- Übung macht den Meister! Es empfiehlt sich, den Elevator-Pitch nicht nur alleine zu proben, sondern ihn auch im Familien- oder Freundeskreis vorzutragen. Lassen Sie sich von diesen Personen Feedback geben.

»Weißt du, wie du Gott zum Lachen bringen kannst?
Erzähl ihm deine Pläne.«
Blaise Pascal

Abkürzungsverzeichnis

Abs.	Absatz
AG	Aktiengesellschaft
AGB	Allgemeine Geschäftsbedingungen
AktG	Aktiengesetz
BGB	Bürgerliches Gesetzbuch
BRAO	Bundesrechtsanwaltsordnung
CPC	cost per click
CPO	cost per order
CPV	cost per view
DIHK	Deutscher Industrie- und Handelskammertag
DPMA	Deutsches Patent- und Markenamt
e.V.	eingetragener Verein
e. K.	eingetragene Kauffrau/eingetragener Kaufmann
eG	eingetragene Genossenschaft
EStG	Einkommensteuergesetz
EUIPO	European Union Intellectual Property Office, Amt der Europäischen Union für geistiges Eigentum
EWIV	Europäische wirtschaftliche Interessenvereinigung
GbR	Gesellschaft bürgerlichen Rechts
GenG	Genossenschaftsgesetz
GewStG	Gewerbesteuergesetz
GmbH	Gesellschaft mit beschränkter Haftung
GmbHG	GmbH-Gesetz
HGB	Handelsgesetzbuch
HS	Halbsatz
HWK	Handwerkskammer
IHK	Industrie- und Handelskammer
KEF	kritische Erfolgsfaktoren
KG	Kommanditgesellschaft

MBO	Management-Buy-out
MVP	minimum viable product, mindestlebensfähiges Produkt
OHG	offene Handelsgesellschaft
PartGG	Partnerschaftsgesellschaftsgesetz
PR	Public Relations
ROI	Return on Investment
SEA	Search Engine Advertising
SEM	Search Engine Marketing
SEO	Search Engine Optimization
UmwG	Umwandlungsgesetz
UmwStG	Umwandlungssteuergesetz
USP	Unique Selling Proposition, Alleinstellungsmerkmal
UStG	Umsatzsteuergesetz
ZDH	Zentralverband des Deutschen Handwerks

Literaturverzeichnis

Ansoff, Harry Igor (1965): Checklist for Competitive and Competence Profiles; Corporate Strategy, S. 98–99.

Becker, Jochen (2013): Marketing-Konzeption: Grundlagen des zielstrategischen und operativen Marketing-Managements. München.

Becker, Jochen (2005): Das Marketingkonzept. Zielstrebig zum Markterfolg!, München.

Birley, Sue/Westhead, Paul (1996): A taxonomy of business start-up reasons and their impact on firm growth and size, Journal of Business Venturing, Vol. 9, S. 7–31.

BMWi (Bundesministerium für Wirtschaft und Energie): Business Model Canvas, abrufbar unter www.existenzgruender.de (13.3.2017).

BMWi (Bundesministerium für Wirtschaft und Energie) (2015): Übersicht – Was gehört in Ihren Businessplan?, abrufbar unter www.bmwi.de (13.3.2017).

Bohinc, Thomas (2014): Kommunikation im Projekt: Schnell, effektiv und ergebnisorientiert informieren, Offenbach.

Bruhn, Manfred/Meffert, Heribert (2012): Handbuch Dienstleistungsmarketing: Planung – Umsetzung – Kontrolle, Wiesbaden.

Bühner, Rolf (2004): Personalmanagement, München.

Carter, Nancy M./Garner, William B./Shaver, Kelly G./Gatewood, Elizabeth J. (2003): The career reasons of nascent entrepreneurs, Journal of Business Venturing, Vol. 18, S. 13–39.

Coenenberg, Adolf G./Fischer, Thomas M./Günther, Thomas (2016): Kostenrechnung und Kostenanalyse, Stuttgart.

Deckers, Ralf/Heinemann, Gerd (2008): Trends erkennen – Zukunft gestalten: Vom Zukunftswissen zum Markterfolg, Businessvillage.

Eckardt, Gordon H. (2010): Business-to-Business-Marketing: Eine Einführung für Studium und Beruf, Stuttgart.

Frank, Hermann/Mitterer, Gerald (2009): Opportunity Recognition – State of the Art und Forschungsperspektiven, Journal of Business Economics (ehemals Zeitschrift für Betriebswirtschaft), S. 367 ff.

Fueglistaller, Urs (2005): Kreativität und Innovation – Wo Ideen entstehen und wie sie zu Innovationen transformiert werden, in: KMU-Magazin, Ausgabe 7, S. 14–16.

Gabler Wirtschaftslexikon, Stichwort »SWOT-Analyse«, abrufbar unter www.wirtschaftslexikon.gabler.de (13.3.2017).

Jacobsen, Liv Kirsten (2003): Bestimmungsfaktoren für Erfolg im Entrepreneurship, Dissertation FB Erziehungswissenschaft, FU Berlin.

Kano, Noriaki/Seraku, Nobuhiku/Takahashi, Fumio/Tsuji, Shinichi (1984): Attractive Quality and Must-be Quality; Journal of the Japanese Society for Quality Control, 14(2) S. 147–156.

Kim, W. Chan/Mauborgne, Renée (2005): Der Blaue Ozean als Strategie. Wie man neue Märkte schafft, wo es keine Konkurrenz gibt, München/Wien.

Kotler, Philip/Armstrong, Gary/Lloyd, C. Harris/Nigel, Piercy (2016): Grundlagen des Marketing, München.

McClelland, David C. (1987): Characteristics of successful entrepreneurs, in: Journal of Creative Behavior, 21, S. 219–233.

Meffert, Heribert (2011): Marketing: Grundlagen marktorientierter Unternehmensführung, Heidelberg.

Meffert, Heribert/Bruhn, Manfred/Hadwich, Karsten (2015): Dienstleistungsmarketing: Grundlagen – Konzepte – Methoden, Heidelberg.

Meffert, Heribert/Burmann, Christoph/Kirchgeorg, Manfred (2012): Marketing, Heidelberg.

Meffert, Heribert/Burmann, Christoph/Koers, Martin (2005): Markenmanagement: Identitätsorientierte Markenführung und praktische Umsetzung, Wiesbaden.

Metzger, Georg: KfW-Gründungsmonitor 2016, abrufbar unter www.kfw.de (13.3.2017).

Moore, Geoffrey A. (2014): Crossing the Chasm: Marketing and Selling Disruptive Products to Mainstream Customers (Collins Business Essentials).

Nufer, Gerd (2011): Wirkungen von Event-Marketing – Theoretische Fundierung und empirische Analyse, Heidelberg.

Oberschmid, Hannes/Stugger, Andreas (2006): Kreativitätstechniken, abrufbar unter http://www.informatik.uni-oldenburg.de/~sos/kurse08/Kreativitaets-Techniken.pdf (13.3.2017).

Osterwalder, Alexander/Pigneur, Yves (2011): Business Model Generation – Ein Handbuch für Visionäre, Spielveränderer und Herausforderer, Frankfurt/New York.

Pillkahn, Ulf (2007): Trends und Szenarien als Werkzeuge der Strategieentwicklung, Erlangen.

Porter, Michael E. (2014): Wettbewerbsvorteile: Spitzenleistungen erreichen und behaupten, Frankfurt am Main.

Porter, Michael E. (2013): Wettbewerbsstrategie: Methoden zur Analyse von Branchen und Konkurrenten, Frankfurt am Main/New York.

Ries, Eric (2014): Lean Startup: Schnell, risikolos und erfolgreich Unternehmen gründen, München.

Schlicksupp, Helmut (1998): Ideenfindung: Innovation, Kreativität und Ideenfindung, Würzburg.

Schumpeter, Joseph Alois (1911): Theorie der wirtschaftlichen Entwicklung, Leipzig.

Shapero, Albert/Sokol, Lisa (1982): The social dimensions of entrepreneurship, in: Kent, Celvin A./Sexton, Donald L./Vesper, Karl H. (Hg.) (1982): Encyclopedia of Entrepreneurship, Englewood Cliffs, New Jersey.

SINUS Markt- und Sozialforschung GmbH: abrufbar unter www.sinus-institut.de/sinus-loesungen/sinus-milieus-deutschland (13.3.2017).

Skambraks, Joachim (2012): 30 Minuten Elevator Pitch, Offenbach.

Stähler, Patrick (2001): Geschäftsmodelle in der digitalen Ökonomie, Lohmar.

Statistisches Bundesamt (2016): Unternehmen und Arbeitsstätten. Gewerbeanzeigen, abrufbar unter www.destatis.de (13.3.2017).

Voigt, Karl-Ingo: Handbuch zur Businessplan-Erstellung, online abrufbar unter www.landkreis-schweinfurt.de/wirtschaft/download/04_Businessplan.pdf (13.3.2017).

Walz, Robert (2014): Beck'sches Formularbuch Zivil-, Wirtschafts- und Unternehmensrecht, München.

Der Autor

Dr. Bernhard Plum ist Jurist und Professor für Wirtschaftsrecht und BWL an der Fakultät Wirtschaftsingenieurwesen der Hochschule Furtwangen. Er ist Gründer und wissenschaftlicher Leiter des Innovations- und Gründungszentrums der Hochschule.

Stichwortverzeichnis

Symbole

4-Actions-Framework 47

A

Abkürzungsverzeichnis 74
Ablauforganisation 204
Absatzkanal 182, 186
Absatzkredit 181
Affiliate-Marketing 191
Aktiengesellschaft (AG) 221
Allgemeine Geschäftsbedingungen (AGB) 181
Ambush-Marketing 194
Anlagedeckungsgrad I 246
Anlagedeckungsgrad II 246
Anlagenintensität 245
Aufbauorganisation 200
Ausstattungspolitik 195

B

Bankgespräch 261
Banner 191
Betriebswirtschaftliche Kennzahlen 244
Blue-Ocean-Strategy 44
Branchenportale 192
Buchführungspflicht 227
Business-Angels 256
Business-Model-Canvas 53
Businessplan 59
— Abbildungsverzeichnis 73
— Anhang 258
— Aufbau 64
— Gliederung 70
— Präsentation 261
— Tabellenverzeichnis 73
— Überwachungsinstrument 63
— Umfang 68
— Zusammenfassung 76
Businessplan, Adressaten 59

C

Crowd-Investing 256

D

Deckblatt 69
der Gewinn- und Verlustrechnung 239
Design 168
Design-Thinking 38
Diffusion 31
Direktmarketing 189
Direktvertrieb 182
Distributionspolitik 182
Diversifikation 149

E

Eigenkapitalquote 245
Eigenkapitalrentabilität 248
Einkommensteuer 222
Einstiegsgeld 254
Einzelkaufmann 211
Einzelunternehmen 209
Elevator-Pitch 266
— AIDA-Prinzip 267
E-Mail-Marketing 191
Entdeckungsansatz 36
Entrepreneur 17
Entstehungsansatz 38
ERRC-Grid 48
Erwartungen der Kunden 92
— Fragebogen 92
Eventmarketing 194
Existenzgründer
— Motive 13
— Unternehmerpersönlichkeit 17

F

Finanzierung
— Bank 251
Finanzplan 233
Franchising 83

Freie Berufe 212
Fremdfinanzierung 250
Fremdkapitalquote 245
Freunde und Familie 251

G
Gantt-Diagramm 230
Gesamtkapital-Rentabilität 248
Geschäftsidee 31, 77
— Machbarkeit 96
Geschäftsidee, bewerten 51
Geschäftsmodell 52, 198
— Einnahmequellen 56
— Konzept 52
— Schlüsselaktivitäten 57
— Schlüsselpartner 57
— Schlüsselressourcen 56
Gesellschaft bürgerlichen Rechts (GbR) 214
Gesellschaft mit beschränkter Haftung (GmbH) 219
Gewerbesteuer 223
Gründerprofil 198
Gründungsstrategie 28
Gründungszuschuss 253

H
Handelsbeschränkung 98
Handelsmarken 172
Herstellermarken 172
Hype-Cycle 34

I
indirekter Vertrieb 184
Inkubatoren 256
Innovation 31
Innovationsgutscheine 254
Internationale Markenstrategie 173
Internetforen 192
Invention 31
Investitionsplan 233

K
Kano-Modell 89
Kapitalbedarfsplan 233
Kapitalgesellschaft 210
Kerngeschäft 200
Klassische Werbung 189
Kommanditgesellschaft 216
Kommunikationspolitik 188
Konditionenpolitik 180
Körperschaftsteuer 223
Kreativität 49
Kreativitätstechnik 49
Kritische Erfolgsfaktoren (KEF) 127
Kundenbedürfnis 86
Kundenbeziehung 56
Kundendienst 174
Kundennutzen 85
— Geltungsnutzen 89
— Grundnutzen 88
Kundenzufriedenheit 89

L
Lean Startup
— mindestlebensfähiges Produkt 43
— umsetzbare Daten 44
Lean-Startup 42
lgruppe, Bestimmung“ 140
Liquiditätsgrad I 247
Liquiditätsgrad II 247
Liquiditätsgrad III 247
Liquiditätsplan 237
Literaturverzeichnis 75
Logistik 187

M
Markenname 171
Marketingkonzept 143
Marketingmaßnahmen“ 164
Marketingziel 144
Markierung“ 170
Marktanalyse 102
Marktarealstrategie 152
Marktdaten 109
Markteintrittsbarriere 146

Markteintrittsstrategie 146
Marktentwicklung 118
Marktgröße 110
Marktparzellierungsstrategie 151
Marktpotenzial 115
Marktsättigungsgrad 116
Marktsegmentierung 138
Marktsegmentierungsstrategie 152
Marktstimulierungsstrategie 150
Marktstruktur 122
Markttreiber 120
Marktvolumen 111
Marktwachstum 112
Massenmarktstrategie 152
Mitarbeiterplanung 206
Mobile Marketing 192

N

No-Name-Produkt 171
nternehmensumfeld,
soziokulturelles 106
Nutzeninnovation 46
Nutzwertanalyse 51

O

offene Handelsgesellschaft 215
Öffentliche Förderprogramme 251
Öffentlichkeitsarbeit 193
Onlinemarketing 189
Outsourcing 80

P

Partnerschaft 217
Partnerschaftsvertrag 219
Personalpolitik 196
Personengesellschaft 209
Persönlicher Verkauf 193
PESTEL-Analyse 104
Plan-Bilanz 241
Plan-Jahresabschluss 238
Ppositionierung“ 141
Preisdifferenzierung“ 179
Preisentscheidung 176
Preispolitik 175
Preisstrategien 178
Produktbeschreibung 78
Produktlebenszyklus 120, 161
Produktplatzierung 194
Produktpolitik 166
Produktsuchmaschinen 192
Prototyp 35, 41
Prozesspolitik 196
Public Relations (PR) 193
Publizitätspflicht 227

Q

Qualität 169

R

Rabatte 180
Rechtsform 208
Return on Investment (ROI) 249
RSS-Feeds 192

S

schäftsidee, Neuheitsgrad 33
Schutzrechte Dritter 97
Schwarmfinanzierung 256
Selbsterkenntnis 13
Service-Blueprint 196
Sinus-Milieus 139
SMART-Formel 144
Social-Network-Plattformen 192
Sortimentsbreite 167
Sortimentspolitik 167
Sortimentstiefe 167
Sozialversicherungsrechtlicher
Status 83
Split-Test 44
Sponsoring 194
Strategy-Canvas 46
Substitut 125
Suchmaschinenmarketing 190
SWOT-Analyse 22, 231
SWOT-Analyse, Chanc 26
SWOT-Analyse, Risiken der 27
Swot-Analyse, Särken der 23
SWOT-Analyse, Schwächen der 25

T
Teamgründung 30
Technologien 32
— Einteilung 32
— Lebenszyklus 32
Tornado-Phänomen 161
Trend 118
— Makrotrend 119
— Megatrend 119
— Mikrotrend 119

U
Umlaufvermögenintensität 246
Umsatzrendite 249
Umsatzrentabilität 249
Unternehmenskonzept 198
Unternehmensnachfolge 79
Unternehmensstandort 206
Unternehmensumfeld 103
— PESTEL-Analyse 104
— politisches 105
— rechtliches 108
Unternehmensumfeld, ökologische-geografisches 108
Unternehmensumfeld, ökonomisches 105
Unternehmensumfeld, technologisches 107
Unternehmenswebseite 190
Unternehmerpersönlichkeit 16
Unternehmerteam 31
— Zusammensetzung 31

V
Venture-Capitalists 257
Verkaufsförderung 193
Verpackung" 173
Vertriebspolitik 182

W
Wettbewerber 130
— Kurzprofil 130
— Marktanteil 132
Wettbewerbsanalyse 99, 128
Wettbewerbsprodukte 133
— Preis-Leistungs-Verhältnis 135

Z
Zeitplan 229
Zielgruppe 41, 161
Zielmarkt 102
Zielmarktbestimmung 137

Inklusive Arbeitshilfen online

Exklusiv für Buchkäufer!

Ihre Arbeitshilfen zum Download:

- http://mybook.haufe.de/
- Buchcode: PGQ-4655